KOSMOS

W0361682

Stefan Korth · Bernd Koch

Stars am Nachthimmel

Der sichere Wegweiser
zu den **50** schönsten
Himmelsobjekten

KOSMOS

Inhalt

Morgendämmerung in der Sierra Nevada

Die Sommermilchstraße

Der Omega-Nebel

Eine Balkonsternwarte

Komet Hale-Bopp

Gute Reise!

Es ist Januar, auf den Feldern liegt noch Schnee. Der Himmel ist klar, die Luft beißend kalt, alles ist ruhig. Über der verschneiten Landschaft steht der gleißend helle Vollmond. Im Garten des Vorstadtreihenhauses tut sich plötzlich etwas: Eine vermummte Gestalt öffnet die Terrassentür und zerrt einen sperrigen Gegenstand heraus. Begleitet von scharrenden Geräuschen und leise gezischten Flüchen wird ein Gestell auf dem Rasen platziert. Nun hört man ein Klappern, etwas wird in eine lange Röhre auf dem Stativ gesteckt. Die Person neben diesem Aufbau bewegt die Röhre jetzt langsam nach oben, kauert sich am unteren Ende zusammen und scheint irgendetwas hoch oben anzupeilen. Dann – Stille. Für Sekunden hört man nur, wie der Atem durch den Schal vor dem Mund gepresst wird. „Hm, aha“, ist zu vernehmen. Wieder klappert es, wieder rudert die Röhre durch die Luft. Jetzt sind auch leise, unwirsche Kommentare zu hören: „Aber man sieht ja nix...wo ist denn nur...ich versteh' das nicht...“, dann nur noch Seufzer. Eine knappe halbe Stunde später kommt erneut Bewegung in den Körper neben dem eigentümlichen Gestell – es wird zurück ins Haus getragen, die Sterne und der Vollmond sind wieder allein über dem Garten.
Was hier beschrieben wird, hat sich leider schon oft zugetragen. Erfahrungsgemäß haben Astro-Einsteiger große Probleme, sich mit ihrem Fernrohr in dem Getümmel unterschiedlich heller Sterne am Him-

Der sonnennahe Planet Merkur und die abnehmende Mondsichel am Morgenhimmel, fotografiert mit einem 135-mm-Teleobjektiv

mel zurechtzufinden. Gerade die ersten Augenblicke, die ein junger Sternfreund oder eine junge Himmelsbeobachterin mit dem neuen, vielleicht geschenkten Fernrohr verbringt, sind aber häufig entscheidend dafür, ob er oder sie der Leidenschaft des „Sterneguckens" erliegt oder nicht. Einmal frustriert, kann das Thema Astronomie ganz schnell erledigt sein, und das Fernrohr steht fortan in der Ecke. Aber: Astrofrust muss nicht sein!

Dieses Buch führt Sie Schritt für Schritt an die Himmelsbeobachtung mit einem Einsteigerfernrohr heran. Mit vielen Tipps aus der Praxis und detaillierten Aufsuch- und Beobachtungsanleitungen möchten wir Sie sicher durch die ersten Nächte mit Ihrem neuen Teleskop geleiten und Ihnen so die verschiedenen Himmelsobjekte vorstellen. Egal was für ein Instrument Sie besitzen, Sie werden schnell merken, welch atemberaubende Augenblicke es Ihnen bescheren kann.

In den vergangenen Jahren sind viele Einsteigerteleskope mit Objektivöffnungen von 50 bis 200 mm auf den Markt gekommen. Alle diese Geräte haben natürlich ihre Eigenheiten. Diese im Detail zu berücksichtigen, ist im Rahmen des vorliegenden Buches kaum möglich. Sie erfahren hier aber bei jedem Objekt, welcher Anblick Sie mit Instrumenten verschiedener Öffnung erwartet.

Auch durch eine sorgfältige Auswahl der Beobachtungsobjekte haben wir uns bemüht, es möglichst vielen Sternfreunden recht zu machen. Nach Sonne, Mond und den Planeten unseres Sonnensystems möchten wir Sie ermutigen, sich weiter in die Tiefen des Raums vorzuwagen, wo die so genannten Deep-Sky-Objekte wie Sternhaufen, Nebel und Galaxien auf Sie warten. Wenn erfahrene Deep-Sky-Beobachter hierbei das eine oder andere Objekt vermissen oder sich über die Aufnahme eines anderen wundern sollten, so liegt das daran, dass wir bei der Auswahl durchaus persönlichen Vorlieben gefolgt sind. Aber mit diesem Buch beginnt Ihre Reise durch den Kosmos ja auch erst, einmal mit einem guten Himmelsatlas ausgestattet, steht Ihnen noch die spannende Suche nach Tausenden weiterer Himmelsobjekte offen. Wer sich von der Schönheit des Universums und seinen gewaltigen Dimensionen inspirieren lässt, wird feststellen, dass es selbst nach Jahren der aktiven Himmelsbeobachtung noch viel zu entdecken und zu bewundern gibt. Wir wünschen uns, dass Sie auch dann das Staunen über einen ganz besonderen Teil der uns umgebenden Natur noch nicht verlernt haben.

Die Autoren in der Sternwarte von Bernd Koch

Stefan Korth & Bernd Koch

Ein paar Dinge vorab

Was Sie erwartet

Bevor Sie Ihre Reise zu fernen Sternhaufen, Nebeln und Galaxien antreten, möchten wir Ihnen neben den folgenden Erläuterungen ein paar Tipps aus der Beobachtungspraxis mit auf den Weg geben und Sie dazu ermuntern, zunächst einen Blick auf die Himmelsobjekte in unserem Sonnensystem zu werfen. Im Hauptteil des Buches werden Ihnen dann auf 50 Doppelseiten 54 nach ihrer abendlichen Sichtbarkeitsperiode sortierte „Deep-Sky-Objekte" vorgestellt, ferne Objekte in den Tiefen des Alls, die sich als geeignete Einstiegsobjekte für frisch gebackene Teleskopbesitzer erwiesen haben und die Ihnen einen Überblick über die „Bevölkerung" unserer Galaxis und ihrer mehr oder weniger nahen Nachbarschaft vermitteln werden. Durch die Zuordnung der Objekte zu den verschiedenen Jahreszeiten können Sie schnell auf die jeweils aktuellen Beobachtungsziele zugreifen. Eine Übersichtskarte zeigt Ihnen zu Beginn eines jeden Quartalsabschnitts (Frühling, Sommer, Herbst und Winter) die Positionen der Objekte an der Himmelskugel. Auf diese Weise können Sie sich auch mit den Sternbildern und ihren Namen vertraut machen (siehe auch Tabelle *Sternbildnamen*). Zur schnellen Suche finden Sie darunter jeweils eine Übersichtstabelle der Objekte und am Ende jedes Kapitels eine Checkliste, in die Sie Ihre eigenen Beobachtungen eintragen können.

Sterne werden im Allgemeinen mit einem griechischen Buchstaben (s. Tabelle S. 9), gefolgt von dem Genitiv des lateinischen Sternbildnamens (z. B. α Aquilae) bezeichnet oder in Kurzform mit einem griechischen Buchstaben und der Abkürzung des lateinischen Sternbildnamens (α Aql). Diese Bezeichnung werden Sie häufig bei der Wegbeschreibung zu den Objekten finden. Die meisten hellen Sterne haben jedoch neben ihrer offiziellen Bezeichnung auch einen häufig aus dem Arabischen stammenden Eigennamen (α Aql = Atair), der – sofern vorhanden – hier dann auch verwendet wird.

Sternbildnamen

Deutscher Name	Lateinischer Name	Lateinischer Genitiv	Abkürzung
Adler	Aquila	Aquilae	Aql
Andromeda	Andromeda	Andromedae	And
Bärenhüter	Bootes	Bootis	Boo
Becher	Crater	Crateris	Crt
Delfin	Delphinus	Delphini	Del
Drache	Draco	Draconis	Dra
Dreieck	Triangulum	Trianguli	Tri
Eidechse	Lacerta	Lacertae	Lac
Einhorn	Monoceros	Monocerotis	Mon
(Fluss) Eridanus	Eridanus	Eridani	Eri
Fische	Pisces	Piscium	Psc
Füchschen	Vulpecula	Vulpeculae	Vul

Fuhrmann	Auriga	Aurigae	Aur
Füllen	Equuleus	Equulei	Equ
Giraffe	Camelopardalis	Camelopardalis	Cam
Großer Bär	Ursa Maior	Ursae Maioris	UMa
Großer Hund	Canis Maior	Canis Maioris	CMa
Haar der Berenike	Coma Berenices	Comae Berenices	Com
Hase	Lepus	Leporis	Lep
Herkules	Hercules	Herculis	Her
Hinterdeck	Puppis	Puppis	Pup
Jagdhunde	Canes Venatici	Canum Venaticorum	CVn
Jungfrau	Virgo	Virginis	Vir
Kassiopeia	Cassiopeia	Cassiopeiae	Cas
Kepheus	Cepheus	Cephei	Cep
Kleiner Bär	Ursa Minor	Ursae Minoris	UMi
Kleiner Hund	Canis Minor	Canis Minoris	CMi
Kleiner Löwe	Leo Minor	Leonis Minoris	LMi
Krebs	Cancer	Cancri	Cnc
Leier	Lyra	Lyrae	Lyr
Löwe	Leo	Leonis	Leo
Luchs	Lynx	Lyncis	Lyn
Nördliche Krone	Corona Borealis	Coronae Borealis	CrB
Orion	Orion	Orionis	Ori
Pegasus	Pegasus	Pegasi	Peg
Perseus	Perseus	Persei	Per
Pfeil	Sagitta	Sagittae	Sge
Rabe	Corvus	Corvi	Crv
Schild	Scutum	Scuti	Sct
Schlange	Serpens	Serpentis	Ser
Schlangenträger	Ophiuchus	Ophiuchi	Oph
Schütze	Sagittarius	Sagittarii	Sgr
Schwan	Cygnus	Cygni	Cyg
Skorpion	Scorpius	Scorpii	Sco
Steinbock	Capricornus	Capricorni	Cap
Stier	Taurus	Tauri	Tau
Waage	Libra	Librae	Lib
Walfisch	Cetus	Ceti	Cet
Wassermann	Aquarius	Aquarii	Aqr
Wasserschlange	Hydra	Hydrae	Hya
Widder	Aries	Arietis	Ari
Zentaur	Centaurus	Centauri	Cen
Zwillinge	Gemini	Geminorum	Gem

Der Aufbau der Doppelseiten

Zahlen, Daten, Fakten

Oben links auf jeder der 50 Doppelseiten ab Seite 24 (siehe Grafik unten) gibt Ihnen eine kleine Tabelle Auskunft über

- die Position des Objektes an der Himmelskugel mit den Koordinaten Rektaszension und Deklination für die Epoche 2000.0
- seine Helligkeit in Größenklassen (^{m}), sofern sie sich angeben lässt
- seine Ausdehnung in Bogenminuten (1' = 1/60°)
- den Öffnungsdurchmesser, den ein Instrument zur Beobachtung dieses Objektes mindestens haben sollte
- seine Sichtbarkeitsperiode.

Letztere bezieht sich grundsätzlich auf die Abendstunden der jeweiligen Monate. Wenn Sie natürlich auch vor frühem Aufstehen oder gar Beobachtungen die ganze Nacht hindurch nicht zurückschrecken, können Sie die Sichtbarkeitsperiode der Himmelsobjekte erheblich erweitern. Werden zwei Objekte auf einer Seite beschrieben, ist immer ein Mittelwert ihrer Koordinaten angegeben.

Ein Steckbrief

Es folgt eine kurze Beschreibung des jeweiligen Beobachtungsobjektes, in der Sie erfahren, um was für ein Objekt es sich handelt, wie weit es entfernt ist und einiges andere mehr. An dieser Stelle finden Sie auch jeweils ein paar Worte dazu, was Sie bei einer Beobachtung des Objektes mit Instrumenten verschiedener Größe erwarten dürfen. Dass dabei häufig Instrumente mit einer Öffnung von

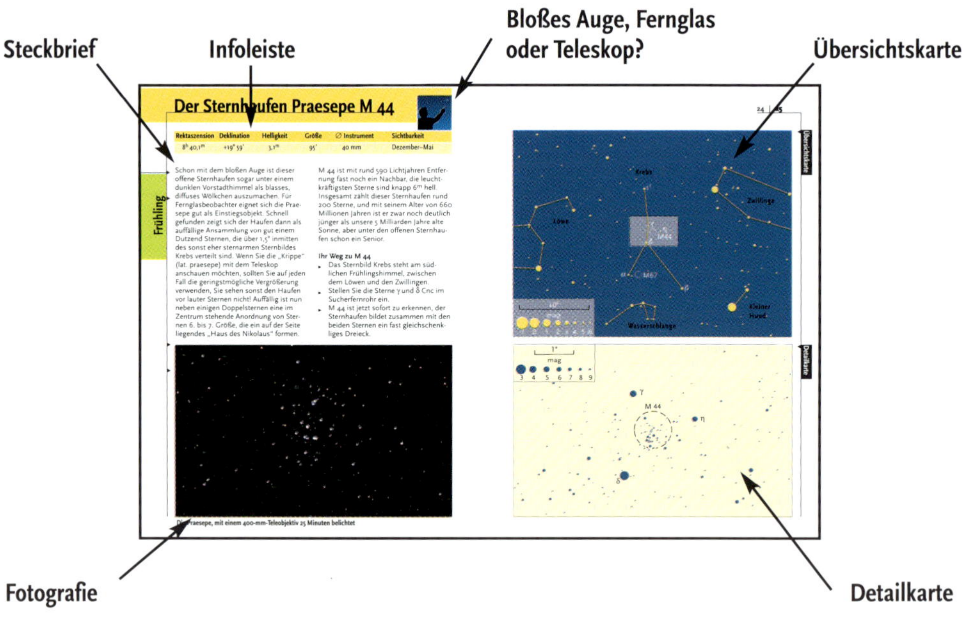

114 mm erwähnt werden hat seinen Grund darin, dass Fernrohre dieser Größe die populärsten auf dem Teleskopmarkt sind. Daneben geben wir Ihnen Tipps zu sinnvollen Vergrößerungen, die von Objekt zu Objekt sehr unterschiedlich ausfallen können. Da die visuelle Deep-Sky-Beobachtung aber auch stark von Faktoren wie Beobachtungserfahrung, Standort, Sichtbedingungen und körperlicher Verfassung abhängig ist, sind die empfohlenen Vergrößerungen nur als Orientierungshilfen zu verstehen. Experimentieren Sie ruhig damit, was Ihre Astroausrüstung hergibt!

Die Navigation

Damit Ihnen die Orientierung am Himmel keine Probleme bereitet, haben wir in diesem Buch besonderen Wert auf detaillierte und möglichst einfache Aufsuchanleitungen zu den einzelnen Objekten gelegt. Auf jeder rechten Seite finden Sie dazu zwei Sternkarten: Eine Übersichtskarte oben auf der Seite zeigt Ihnen, in welchem Sternbild sich das Objekt befindet und in welcher Ecke Sie suchen müssen. Den markierten Bereich, einen engeren Himmelsausschnitt unmittelbar um das Zielobjekt herum, finden Sie darunter noch einmal auf einer Detailkarte in größerem Maßstab dargestellt. Dort ist der Aufsuchweg eingezeichnet, der auf der linken Seite unter der Rubrik „Ihr Weg zu …" zudem ausführlich in Worten beschrieben wird. Ausgehend von einem hellen Stern werden Sie so über einprägsame Sternanordnungen oder Einzelsterne mit Ihrem Fernrohr zu dem Himmelsobjekt geführt – „Starhopping". Das menschliche Gehirn kann sich kleine Dreiecke oder andere einfache geometrische Figuren leicht merken, gleiches gilt auch für ihre Proportionen. Sie werden daher beim Blick durch Ihr Sucherfernrohr die beschriebenen Sternanordnungen am Himmel sehr einfach wiederfinden können. Schnell werden Sie dabei auch feststellen, dass die Orientierung am Himmel mit diesem kleinen Trick gar nicht so schwierig ist. Mit ein bisschen Übung können Sie auf diese Weise später mit einem Sternatlas beliebige Himmelsobjekte im Handumdrehen finden.
Bei den Wegbeschreibungen werden Sie auch immer wieder auf Entfernungsangaben in Grad (°) stoßen. Damit können Sie grob abschätzen, wie weit Ihr Fernrohrschwenk ausfallen muss.

TIPP
Um herauszufinden, wie groß das Gesichtsfeld Ihres Teleskops oder Sucherfernrohrs in Grad ist, stellen Sie, bevor Sie loslegen, einfach einmal den Mond ein. Zwei Vollmonddurchmesser entsprechen ungefähr einem Grad.

Das griechische Alphabet

α	Alpha	η	Eta	ν	Nü	τ	Tau
β	Beta	θ	Theta	ξ	Xi	υ	Ypsilon
γ	Gamma	ι	Jota	ο	Omikron	φ	Phi
δ	Delta	κ	Kappa	π	Pi	χ	Chi
ε	Epsilon	λ	Lambda	ρ	Rho	ψ	Psi
ζ	Zeta	μ	Mü	σ	Sigma	ω	Omega

Alle Karten sind so gehalten, dass sie auch nachts mit einer blendfreien roten Taschenlampe benutzt werden können, die die Dunkeladaption Ihrer Augen nicht stört (siehe *Nützliche Utensilien*, S. 13).

Sternkarten und Orientierung

Auf den Sternkarten in diesem Buch ist Norden oben und Westen rechts. Auch am Himmel ist Westen rechts und Osten links, so kennen wir es ja auch vom Sonnenauf- und -untergang. Je nach Teleskop und verwendetem Zubehör muss man hier aber genau aufpassen: Normalerweise erzeugt ein astronomisches Teleskop ohne weiteres Zubehör ein auf dem Kopf stehendes, seitenverkehrtes Bild. Das Bild ist um 180° gedreht, so z. B. auch in einem einfachen Newton-Reflektor. Nur Ferngläser werden ab Werk mit Prismen geliefert, die das Bild so drehen, wie es für den Beobachter ohne optische Hilfsmittel auch orientiert ist. Das ist auch notwendig, denn Binokulare werden hauptsächlich zu Beobachtungen auf der Erde eingesetzt. Bei Linsenfernrohren, Schmidt-Cassegrain- und Maksutov-Systemen werden häufig Zenitprismen eingesetzt, um die Beobachtung höher stehender Himmelsobjekte zu erleichtern. Diese Bauteile vertauschen Norden und Süden – das Bild ist jetzt also aufrecht stehend, aber seitenverkehrt. Wenn Sie ein solches Teleskopsystem besitzen, müssen Sie bei der Benutzung der seitenrichtig und aufrecht orientierten Karten in diesem Buch sehr genau aufpassen.
Was aber tun, wenn die eigene Optik ein seitenverkehrtes Bild liefert? Eine einfache Möglichkeit ist, die Karten auf Transparentpapier abzupausen und diese dann von hinten zu betrachten – so haben Sie eine seitenverkehrte, aufrechte Sternkarte vor sich. Abhilfe können auch so genannte Amici-Prismen schaffen, mit denen ähnlich wie beim Fernglas ein aufrechtes, seitenrichtiges Bild erzeugt wird. Die Grafik unten wird Ihnen helfen, die verschiedenen Orientierungen nachzuvollziehen.

Die Astrofotos

Als kleines „Highlight“ sehen Sie im unteren Teil jeder linken Seite eine Aufnahme des Objektes, jeweils entstanden mit Amateurmitteln. Auf Seite 131 finden Sie eine Liste der dabei verwendeten Instrumente. Achtung: Die Bilder zeigen auf jeden Fall deutlich mehr, als man selbst in größeren Einsteigerteleskopen sehen kann, denn im Gegensatz zum Auge können Film und CCD-Chip Licht über einen längeren Zeitraum sammeln.
Dennoch kann gerade eine Amateuraufnahme eine gute Hilfe am Teleskop sein, um schwache Details des gerade beobachteten Objektes im Okular zu identifizieren.

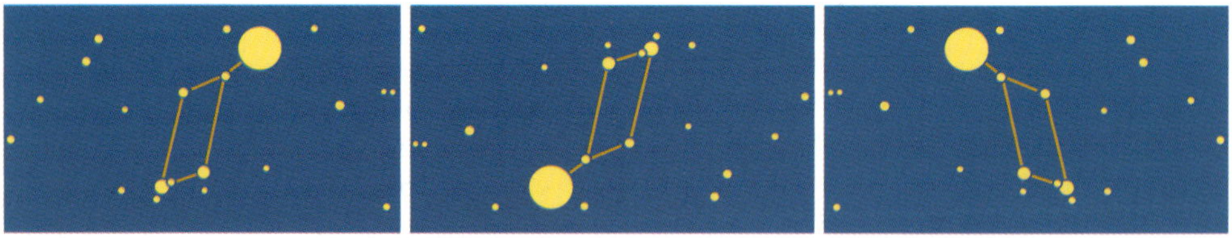

Ansicht im Fernglas . . . im Teleskop . . . im Teleskop mit Zenitprisma

Der Standort
Für den Spaß am Hobby Astronomie ist der Beobachtungsstandort ganz entscheidend. Während Sie Sonne, Mond und Planeten auch problemlos von einer Großstadt aus beobachten können, sollten Sie für die Deep-Sky-Beobachtung ein möglichst dunkles, abgelegenes Plätzchen finden, am besten mit freiem Blick nach Süden. Gar keine Frage, wer den Himmel einmal auf dem Land fernab jeglicher Großstadtbeleuchtung gesehen hat, wird den nachhaltigen Eindruck, den das gestirnte Firmament dann hinterlässt, so schnell nicht wieder vergessen. Wenn Sie auf dem Land wohnen, haben Sie daher Glück. Praktisch in jeder klaren Nacht können Sie mit besten Beobachtungsbedingungen rechnen. Die meisten Sternfreundinnen und Sternfreunde wohnen jedoch dort, wo die meisten anderen Bürger auch wohnen: in mehr oder weniger großen Städten mit Unmengen an künstlicher Beleuchtung. Hier tut man sich schwer, schwache Gasnebel oder das Glimmen entfernter Galaxien zu erhaschen.
Wenn Sie ein Auto zur Verfügung haben, können Sie abends bei klarem Himmel zu einem geeigneten Beobachtungsort aufs Land hinausfahren. Den Platz sollten Sie aber unbedingt bei Tag aussuchen und auf seine Tauglichkeit hin testen. Wichtig ist auch, dass die Entfernung zu Ihrem Wohnort nicht zu groß ist, sonst sitzen Sie schnell pro Fahrt eine Stunde im Auto. Mag Ihnen das für den Hinweg noch erträglich erscheinen, kann der Rückweg nach einer langen Beobachtungsnacht zu einer echten Tortur werden.
Den folgenden kleinen Fragenkatalog sollten Sie bei der Auswahl eines Beobachtungsortes auf jeden Fall beachten:
- Können Sie den Beobachtungsplatz auf legalen Straßen erreichen?
- Sind die Anfahrtswege auch im Winter befahrbar?
- Können Sie in Ruhe beobachten?
- Fühlen Sie sich sicher?

Wenn Sie den Aufwand scheuen oder aber nicht die Möglichkeit haben, an einen ländlichen Standort zu gelangen, müssen Sie nach Kompromissen suchen. Es gibt Beobachter, die stadtnahe Beobachtungsorte mit dem Fahrrad aufsuchen und die Ausrüstung im Fahrradanhänger transportieren. Andere beobachten von Hinterhöfen, Gärten oder Balkons aus – diese Standorte haben den enormen Vorteil, dass sie schnell erreichbar sind und Sie daher oft beobachten können. Die Objekte in diesem Buch sind so ausgewählt, dass sie Ihnen auch an derartigen Beobachtungsstandorten noch etwas bieten, denn ausgiebige Astroexkursionen nehmen nur die wenigsten Beobachter auf sich. Damit Ihre Nachbarn allerdings gar nicht erst auf dumme Gedanken kommen, laden Sie sie am besten einmal zu einer Sonnenbeobachtung oder einer kleinen Beobachtungssitzung am Abend ein.
Bei der Suche nach guten Beobachtungsplätzen können Sie natürlich auch Kontakt

TIPP
Wenn Sie Wirtschaftswege benutzen müssen, um Ihren Beobachtungsplatz zu erreichen, sichern Sie sich vorher bei den entsprechenden Behörden ab, damit Sie nicht in Konflikt mit anderen Interessengruppen wie z. B. Jägern oder Landwirten geraten.

zu örtlichen Volkssternwarten oder Planetarien aufnehmen, Anschriften finden Sie z. B. im Kosmos Himmelsjahr (siehe *Zum Weiterlesen*, S. 131). Ebenso kann Ihnen die Vereinigung der Sternfreunde (VdS) bei der Suche nach gleich gesinnten ortsnahen Vereinen weiterhelfen (siehe *Astronomische Vereinigungen*, S. 132). Wenn Sie Glück haben, finden Sie auf diese Weise neue Freunde, mit denen Sie den Spaß an der Himmelsbeobachtung teilen können. Es ist auf jeden Fall reizvoll, durch die Kontakte zu anderen auch einmal mit unterschiedlichen Geräten beobachten und Erfahrungen austauschen zu können. Wunderbare Beobachtungsorte finden Sie selbstverständlich auch an vielen Reisezielen rund um den Globus. Wenn Sie also im Urlaub Richtung Süden fliegen oder auch einfach nur in den Schwarzwald fahren, sollten Sie zumindest ein Fernglas mitnehmen. Auch Teleskope können übrigens reisen, allein deshalb schon sollten Sie die oft luftfrachttaugliche Originalverpackung auf jeden Fall aufheben.

Das Wetter

Wann kann man den Himmel beobachten? Dumme Frage, werden Sie sagen, immer dann, wenn es klar ist. Aber: Klar ist nicht gleich klar. Wer Sonne, Mond oder die hellen Planeten im Sinn hat, muss sich nicht daran stören, wenn der Himmel etwas dunstig ist. Oft ist es sogar so, dass diesige Wetterlagen sehr ruhige und stabile Luftverhältnisse mit sich bringen. Gerade dann kann es also vorkommen, dass das Bild eines Planeten oder des Mondes selbst bei höchsten Vergrößerungen ruhig vor Ihnen steht. Sind Planeten an einem solchen Abend sichtbar, sollten Sie sich auf jeden Fall einen Blick ins Okular gönnen.

Je nach Jahreszeit wird man auf der Rückseite einer durchziehenden Regenfront mitunter mit ungewöhnlich klarer Luft und einem dunklen Himmel belohnt. Das auffällige Sternfunkeln an solchen Abenden ist aber ein sicheres Indiz für sehr unruhige Luft. Sternfreunde sprechen dann auch von schlechtem „Seeing". Diese Abende sind es, an denen Sie sich lichtschwache Himmelsobjekte vornehmen sollten. Aber eines dürfen Sie dabei nicht außer Acht lassen: Wenn der Mond über dem Horizont steht, können die Nächte noch so klar sein; sein heller Widerschein vereitelt viele Deep-Sky-Beobachtungen. In solchen Nächten sollten Sie sich höchstens Doppelsterne oder Sternhaufen ansehen, alles andere ist leider zwecklos. Im Laufe eines Monats werden Sie aber auch zwei Wochen mondloser Nächte haben, so dass Sie sich innerhalb dieses Intervalls ganz auf die Beobachtung von schwachen Nebeln, Sternhaufen und Galaxien konzentrieren können. Am besten haben Sie immer einen Blick auf die Mondphasen, ebenso wie auf die Sichtbarkeit hellerer Planeten, hilfreich ist hierzu ein astronomisches Jahrbuch wie das Kosmos Himmelsjahr.

Die Kleidung

Warme Kleidung ist vor allem in kalten Herbst- und Winternächten unverzichtbar für den ungetrübten Beobachtungsgenuss. Wer die Kosten nicht scheut und auf Nummer Sicher gehen will, kann sich in Trecking- und Outdoor-Shops mit Kleidung versorgen, die selbst bei –30° noch wohlige Wärme erzeugt. Die Preise werden manchen im ersten Moment vielleicht abschrecken, denn sie liegen schnell bei dem des Fernrohrs. Wer sich aber unzureichend gekleidet durch die Nacht quält, verliert leicht den Spaß am Beobachten. Warme Kleidung ist daher mindestens genauso wichtig wie ein gutes Okular oder andere Zubehörteile und sollte entsprechend in Ihrem Astrobudget berücksichtigt werden.

Wichtig sind auch eine Kopfbedeckung und Handschuhe. Als gut geeignet haben sich Fäustlinge aus Mikrofaser erwiesen, bei denen man den oberen Teil bis auf den Daumen nach hinten klappen kann. So kann man schnell einmal das Okular festklemmen oder im Himmelsatlas blättern, ohne gleich die ganzen Handschuhe ausziehen zu müssen. Sturmhauben, ähnlich wie jene, die Motorradfahrer unter dem Helm tragen, sorgen dafür, dass in kalten Nächten Nase und Ohren als besonders exponierte Körperteile geschützt sind. Gefütterte Stiefel, dicke Socken und zusätzliche Unterwäsche sollten in kühlen Winternächten ebenfalls im Astrogepäck enthalten sein. Zu eng sollte die Kleidung aber keinesfalls sein, denn wichtig ist, dass sich zwischen Haut und Bekleidung ein wärmendes Luftpolster bilden kann. Aber auch warm eingepackt sollten Sie sich nachts immer wieder einmal in Bewegung bringen, um dem Frieren bei zunehmender Ermüdung vorzubeugen. Ein paar Lockerungsübungen reichen schon, um den Kreislauf wieder in Schwung und die Wärme wieder in die Knochen zu bringen.

Nützliche Utensilien

Neben dem Fernglas oder dem Teleskop mit seinen Zubehörteilen ist das wichtigste Hilfsmittel in der Beobachtungsnacht eine Rotlichttaschenlampe. Sie werden immer wieder nach irgendwelchen Dingen suchen oder etwas nachsehen müssen, und da Ihr Auge 30 bis 45 Minuten braucht, um sich an die Dunkelheit anzupassen, sollten Sie diesen Zustand nicht durch eine blendende Taschenlampe wieder zunichte machen. Im einfachsten Fall versehen Sie das Frontglas einer normalen Taschenlampe mit mehreren Lagen rot gefärbter Folie. Daneben gibt es auch LED-Taschenlampen, die sehr Strom sparend arbeiten und manchmal sogar über eine regelbare Helligkeit verfügen.

Wichtig sind auch Notizheft und Bleistift oder ein Diktiergerät. Damit ausgestattet können Sie Beobachtungseindrücke festhalten und später mit denen anderer Beobachter vergleichen. Oder Sie können versuchen, das Gesehene zu zeichnen. Dabei geht es nicht nur darum, ein Beobachtungsobjekt möglichst originalgetreu wiederzugeben, sondern auch um die dafür notwendige intensive Betrachtung, bei der Ihnen immer mehr Details auffallen werden. Bei der Planetenbeobachtung haben Sie sogar die Chance, mehr zu sehen, als mancher Himmelsfotograf auf Film bannen kann.

Für den Beobachtungskomfort ist eine Sitzgelegenheit äußerst hilfreich. Sitzend

TIPP

Wer ausgedehnte Himmelsspaziergänge mit dem Fernglas unternehmen möchte, kann sich auch auf einer Campingliege niederlassen. Sie werden feststellen, dass Himmelsbeobachtung auf diese Weise richtig entspannend sein kann.

ermüden Sie weniger schnell und können außerdem entspannter und konzentrierter beobachten. Je nach Teleskoptyp reichen einfache Camping- oder Balkonstühle, die man als zusammenklappbare Varianten auch problemlos transportieren kann. Während sich diese vor allem an Linsenfernrohren und Cassegrain-Reflektoren bewährt haben, sind die Beobachter mit Newton-Reflektoren wegen des höheren Einblicks besser mit einem Hocker bedient. Die Bandbreite reicht von einfachen Schemeln bis zu stufenlos verstellbaren Spezialkonstruktionen aus dem Fachhandel. Praktisch ist auch eine Ablage für Kartenmaterial und Zubehör. Dies kann ein Tisch oder Koffer sein, Autofahrer benutzen auch gerne den Kofferraum, weil das Zubehör hier vor Taubeschlag geschützt ist. Sie sollten in diesem Fall aber darauf achten, dass Sie Ihre Gepäckraumbeleuchtung abschalten können, um die Dunkelanpassung Ihrer Augen nicht zu stören.
In langen Beobachtungsnächten darf auch das leibliche Wohl nicht zu kurz kommen. Warmer Tee oder Brühe sind gut geeignet, um auch für innere Wärme zu sorgen. Belegte Brote oder Schokolade eignen sich gut, um Hungergefühlen zu begegnen. Obst ist zwar auch nicht verkehrt, aber bei –10° einen Apfel zu essen, ist schon ein sehr frisches Vergnügen...

Zubehör

Okulare und Filter sind Zubehörteile, die die Beobachtungsfreude erheblich steigern können. Okulare gibt es wie Sand am Meer, und es würde den Rahmen dieses Buches sprengen, im Detail auf die unterschiedlichen Bauweisen einzugehen. Hier nur ein Tipp: Informieren Sie sich ruhig auch über höherwertige Okulare. Diese unterscheiden sich von Billigkonstruktionen vor allem durch aufwändige Antireflexbeschichtungen, die Sie auch von entspiegelten Brillengläsern her kennen. Jene bunt schillernde Vergütung sorgt dafür, dass je nach Hersteller bis zu 99 % des einfallenden Lichts die Linse passieren können und Sie so auch von einem lichtschwachen Himmelsobjekt möglichst viel zu sehen bekommen. Weitwinkelokulare mit mehr als 50° Eigengesichtsfeld sind bei Deep-Sky-Beobachtern sehr beliebt, da man mit ihnen quasi wie durch ein Fenster ins All blicken kann. Gerade diese Okulare sind allerdings auch die teuersten, aber manchmal kann es durchaus sinnvoll sein, sich in der Quantität zu beschränken und dafür auf Qualität zu achten. Durch eine geschickte Auswahl kann man mit wenigen Okularen eine gute Aufgabenteilung erzielen. Bevor Sie eine Entscheidung treffen, sollten Sie sich aber auf jeden Fall eingehend auf dem Teleskop- und Zubehörmarkt informieren.
Auf allen Okularen befindet sich die Angabe ihrer Brennweite. Teilen Sie die Teleskopbrennweite durch die Okularbrennweite, so erhalten Sie die mit dieser Kombination erzielte Vergrößerung. Beispiel: Ein 10-mm-Okular liefert an einem Teleskop mit 1000 mm Brennweite eine 100fache Vergrößerung (1000/10 = 100).
Von der Vergrößerung hängt auch die Bildhelligkeit ab, denn sie bestimmt den Durchmesser des aus dem Okular austretenden Lichtbündels, der so genannten Austrittspupille. Teilen Sie die Teleskopöffnung durch die Vergrößerung, dann haben Sie die Austrittspupille errechnet. Beispiel: Ein 100-mm-Teleskop liefert bei 100facher

Vergrößerung eine Austrittspupille von 1 mm. Die sinnvollen Vergrößerungen liegen nun zwischen zwei Extremen:
Die Mindestvergrößerung ist dadurch bestimmt, dass die Austrittspupille nicht größer sein sollte als der Pupillendurchmesser des vollständig dunkeladaptierten Auges, der bei maximal 7–8 mm liegt. Die Bildhelligkeit ist jetzt maximal. Andererseits ist es auch nicht sinnvoll, eine bestimmte Maximalvergrößerung zu überschreiten, da die Trennschärfe eines Teleskops letztlich von seinem Objektivdurchmesser abhängt und nicht von der Vergrößerung. Das Bild wird also irgendwann nicht mehr schärfer, sondern im Gegenteil sogar unschärfer und dunkler. Erfahrungsgemäß liegt die maximal sinnvolle Vergrößerung beim doppelten Objektivdurchmesser in Millimetern. Demnach macht es keinen Sinn, mit einem 150-mm-Teleskop mehr als 300fach zu vergrößern.
Neben der Bildhelligkeit hängt auch das Gesichtsfeld von der Vergrößerung ab. Mit zunehmender Vergrößerung wird es immer kleiner.
Okulare, die die Maximalvergrößerung erreichen, sind nur in Nächten mit ruhiger Luft einsetzbar. Daneben sind Zwischenvergrößerungen sinnvoll, um bestimmte Objekte je nach ihrer individuellen Helligkeit oder Ausdehnung betrachten zu können. Die Tabelle unten gibt am Beispiel eines 114-mm-Teleskops mit 900 mm Brennweite einen Überblick über die Einsatzmöglichkeiten verschiedener Vergrößerungen. Je nach Beobachtungsschwerpunkten oder persönlichen Bedürfnissen können Sie natürlich auch andere Vergrößerungen verwenden – probieren Sie es einfach aus.
Eine große Erleichterung – zumindest bei der Beobachtung von Planetarischen und anderen Gasnebeln (mit Ausnahme von Reflexionsnebeln) – sind so genannte Nebelfilter. Diese sehr aufwändig gefertigten Filter bestehen aus einer Vielzahl übereinander liegender, bedampfter Glasschichten, die nur Licht bestimmter Wellenlänge passieren lassen. Störendes Streulicht von Straßenlaternen und der Atmosphäre wird erheblich abgeschwächt, sodass der Nebel mit Hilfe eines solchen Filters deutlich kontrastreicher wirkt. Für die Beobachtung dieser Objekte empfiehlt sich daher die Anschaffung eines Nebelfilters mehr noch als ein teures Okular. Einige Objekte, die Sie ohne Filter kaum oder gar nicht auffinden können, werden so überhaupt erst sichtbar!

Sinnvolle Vergrößerungen bei einem 114-mm-Teleskop (f = 900 mm)

Okularbrennweite	Vergrößerung	Einsatzbereich
40 mm	22,5fach	Große Galaxien, Gasnebel, Sternhaufen, Kometen
25 mm	36fach	Galaxien, Gasnebel, Sternhaufen, Planetarische Nebel
12 mm	75fach	Galaxien, Sternhaufen, Sonne, Mond, Planetarische Nebel
6 mm	150fach	Planeten, Sonne, Mond, Doppelsterne, kleine Sternhaufen
4 mm	225fach	Planeten, Mond, Doppelsterne

Ein Blick ins Sonnensystem

Die Sonne

Beobachtungsmethoden

Natürlich, dieses Objekt können Sie am Tage beobachten und auf Anhieb zu finden ist es auch. Eine Sonnenbeobachtung birgt aber bei falscher oder nachlässiger Vorgehensweise große Gefahren für Ihre Augen. Daher an dieser Stelle zunächst ein Warnhinweis, der kaum nachdrücklich genug formuliert werden kann:
Schauen Sie niemals ohne ausreichenden Schutz in die Sonne, weder mit bloßem Auge noch durch ein Fernglas oder Teleskop, Sie könnten sonst erblinden!
Am einfachsten und sichersten beobachten Sie die Sonne mit der Projektionsmethode, bei der Sie **nicht** durch das Fernrohr schauen, sondern das vom Okular erzeugte Sonnenbild auf einen dahinter angebrachten Schirm oder ein weißes Blatt Papier projizieren. So können Sie auch mit mehreren Beobachtern gleichzeitig die Sonne betrachten.
Eine andere Methode ist die Verwendung eines Objektivsonnenfilters – eine aluminiumbeschichtete Kunststofffolie oder ein metallbedampftes Glasfilter –, das nur einen geringen Bruchteil des Sonnenlichts passieren lässt. Auch Ultraviolett- und Infrarotstrahlung müssen ausreichend abgeblockt werden! Achten Sie auf die Dichte: Objektivfilter mit der Dichte 5 sind für die visuelle Beobachtung geeignet.
Denken Sie auf jeden Fall bei beiden Beobachtungsmethoden daran, das Sucherfernrohr vollständig abzudecken, damit Sie sich nicht verbrennen!

Die Sonne, aufgenommen auf Diafilm mit einem 200-mm-Teleskop bei 2000 mm Brennweite

Wie aber soll man die Sonne einstellen, wenn man gar nicht hinsehen darf? Dazu können Sie sich am Schattenwurf Ihres Teleskops orientieren. Schauen Sie auf den Boden und bewegen Sie das Fernrohr so lange, bis der Schatten seine kleinste Ausdehnung erreicht hat – die Sonne sollte sich jetzt im Gesichtsfeld befinden.

Sichtbare Strukturen auf der Sonnenoberfläche

Haben Sie die Sonne gefunden, können Sie in Zeiten höherer Sonnenaktivität auf der Sonnenscheibe einige mehr oder weniger ausgedehnte schwarze Flecken entdecken, die häufig in kleinen Gruppen zusammenstehen. Hier haben Sie die so genannten Sonnenflecken vor sich, Gebiete mit außerordentlich starken Magnetfeldern, die kühler als ihre Umgebung sind und daher dunkel aussehen. Beobachten Sie die Sonne an mehreren aufeinander folgenden Tagen, so können Sie anhand der wandernden Fleckenpositionen ihre Rotation verfolgen. Zum Sonnenrand hin können Sie manchmal hellere Fleckengruppen erkennen, hier handelt es sich um so genannte Sonnenfackeln. Es sind Wolken leuchtenden Gases, die sich weitaus weniger deutlich von der Sonnenoberfläche abheben als die Sonnenflecken.
Im Fernrohr mit Objektivfilter zeigt sich die Sonne bei etwa 50facher Vergrößerung als Scheibe, die etwas mehr als das halbe Gesichtsfeld ausfüllt. An heißen Sommertagen werden Sie oft feststellen können, dass der Sonnenrand stark flimmert. Ein unvermeidliches irdisches Phänomen, denn zwischen dem Fernrohr und unserem Tagesgestirn liegt eine dicke Luftschicht, in der durch die Erwärmung viele Turbulenzen entstehen.
Bei den größeren Sonnenflecken können Sie jetzt um den schwarzen Kern (die *Umbra*) herum eine unregelmäßige, graue Umrandung mit radialer Faserung sehen, die *Penumbra*. Die Umbra selber zeigt sich manchmal erstaunlich fein strukturiert, je nach Teleskop und Vergrößerung sieht sie regelrecht „zerfranst“ aus. Aber egal mit welchem Teleskop Sie beobachten, mehr als 70–100fach können Sie fast nie vergrößern, da die Luftunruhe meist zu groß ist.

TIPP

Die Morgenstunden sind zur Sonnenbeobachtung am besten geeignet, da die Luft dann besonders ruhig ist.

Was Sie mit den üblichen Amateurmitteln leider nicht sehen werden, sind die berühmten Sonnenprotuberanzen, große Bögen und Spitzen leuchtenden Gases – es sei denn, Sie greifen zu teuren Spezialfiltern oder beobachten eine totale Sonnenfinsternis...

Der Mond

Möchten Sie Ihre Familie, Freunde oder Nachbarn einmal so richtig mit Ihrem neuen Fernrohr beeindrucken? Dann richten Sie es bei Gelegenheit auf den Mond und lassen Sie sie ins Okular blicken. Kaum ein Blick durchs Fernrohr kann unerfahrene Beobachter so in Erstaunen versetzen, wie der auf die Landschaften des Erdtrabanten.
Der Mond ist am Nachthimmel das Einsteigerobjekt par excellence. Hier bringt jede Optik mit jeder Vergrößerung pure Beobachtungsfreude, denn die Zahl der

Der Halbmond, 1/60 Sekunde belichtet, Aufnahme mit dem Celestron 14 bei 4000 mm Brennweite

sichtbaren Details ist enorm. Allerdings dürfen Sie diese nicht bei Vollmond erwarten, denn zu diesem Zeitpunkt schauen wir sozusagen mit der Sonne im Rücken auf den Erdtrabanten. Es fehlen daher die langen Schattenwürfe, die die Mondlandschaft bei schrägem Sonneneinfall so plastisch erscheinen lassen. Sie können dann höchstens die ausgeprägten Strahlensysteme um einige Krater herum

TIPP

Falls Sie die enorme Helligkeit des Mondes stört, setzen Sie einen Mond- oder Graufilter ein, das Bild wird damit auf eine angenehme Helligkeit reduziert.

besonders gut erkennen. Am besten richten Sie Ihr Fernglas oder Teleskop aber bei zu- oder abnehmendem Mond auf das Gebiet um die Hell-Dunkel-Grenze, den so genannten Terminator.

Schon im Fernglas sehen Sie größere Krater und die so genannten Mondmeere, die in Wirklichkeit ausgedehnte, lavabedeckte Gebiete sind. Im Teleskop wird bei etwa 100facher Vergrößerung bereits das gesamte Okulargesichtsfeld von der Mondscheibe ausgefüllt. Jetzt können Sie neben den verschiedenen Kratern auch Formationen wie talartige Rillen, frei stehende Berge und ausgedehnte Gebirgsketten sehen. Wenn die Luft ruhig genug ist, können Sie so hoch vergrößern, wie es die Optik Ihres Teleskops und Ihr persönlicher Geschmack erlauben. Als Faustregel gilt aber auch hier: Die Vergrößerung sollte die doppelte Objektivöffnung in Millimetern nicht überschreiten.

Damit Sie angesichts der zahlreichen Strukturen noch den Überblick behalten, empfiehlt sich die Anschaffung einer Mondkarte oder eines Mondatlas.

Die Planeten

Schon mit bloßem Auge können Sie bei den Planeten Merkur, Venus, Mars, Jupiter und Saturn im Lauf von Tagen und Wochen beobachten, wie sie ihre Position relativ zu den Sternen verändern. Die aktuellen Positionen und Sichtbarkeiten entnehmen Sie am besten einem astronomischen Jahrbuch oder einer Zeitschrift.

Merkur

Von Mitteleuropa aus ist es eine echte Herausforderung, den innersten Planeten zu beobachten. Aufgrund seiner Nähe zur

Sonne steht er kurz vor Sonnenaufgang oder nach Sonnenuntergang selbst unter günstigsten Umständen noch nicht einmal 10° über dem Horizont. Da der Durchmesser des Merkurscheibchens dann auch nur rund 7" (1" = 1/60') beträgt, lassen sich mit Amateurteleskopen keine Details erkennen. Wenn Sie Glück haben, sehen Sie immerhin die Phasengestalt Merkurs, die sich ähnlich wie die unseres Mondes verändert.
Bei guter Horizontsicht kann Merkur bereits mit bloßem Auge gesichtet werden, mit bis zu -2^m ist der kleine Planet auch schon in der Dämmerung auszumachen. Zur Wahrnehmung seiner Phasengestalt im Teleskop ist eine mindestens 150fache Vergrößerung und demzufolge ein Abend oder Morgen mit besonders ruhiger Luft erforderlich.

TIPP
Besser stehen Ihre Beobachtungschancen während eines Urlaubs in südlicheren Breiten, denn je näher Sie den Wendekreisen bei 23,5° geographischer Breite kommen, umso einfacher wird die Merkurbeobachtung.

Venus

Mit einer Helligkeit bis zu $-4{,}5^m$ ist unser innerer Nachbarplanet nach Sonne und Mond das dritthellste Objekt am irdischen Himmel. Unter einem dunklen Himmel können Sie sogar den von der Venus ver-

Venus zusammen mit Merkur, Mond und Spica. Die Vergrößerung von Venus wurde mit einem 114-mm-Teleskop aufgenommen.

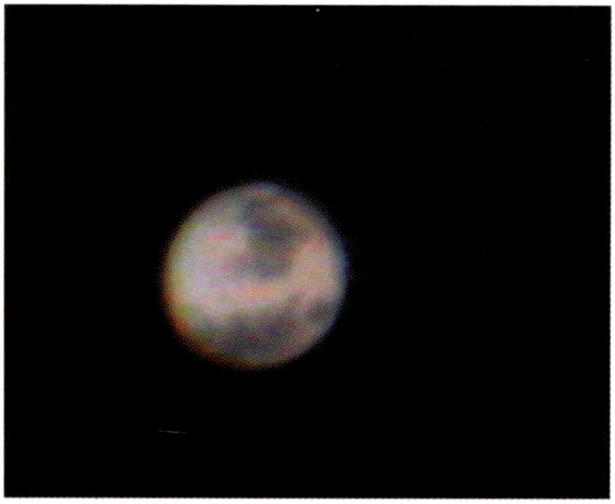

Der rote Planet Mars, am 30. 4. 1999 mit dem C 14 bei rund 20 m Brennweite mit einer Webkamera aufgenommen

ursachten Schattenwurf eines Stocks auf ein Blatt Papier erkennen!
Die Venusoberfläche ist vollständig von strukturlosen Wolken verhüllt, daher werden Sie mit Amateurmitteln keine Einzelheiten wahrnehmen können. Reizvoll ist aber die Verfolgung ihrer Phasengestalt. Wer über eine parallaktische Montierung mit Teilkreisen verfügt, kann sich sogar am Taghimmel auf die Pirsch nach unserem Nachbarplaneten begeben. Hier ist allerdings Vorsicht geboten: Auf keinen Fall dürfen Sie dabei versehentlich in die Sonne blicken! Je nach Bahnpunkt sieht man Venus dann als kaum 10" kleine Scheibe oder als enorme, knapp 60" große Sichel. Dazwischen ist sie wochenlang ein sehr auffälliges Objekt am Abend- bzw. Morgenhimmel. Eine 50fache Vergrößerung ist ein guter Start, bei ruhiger Luft darf es auch ein wenig mehr sein.
Beobachter mit Spiegelteleskopen wundern sich immer wieder, warum in ihrer prinzipiell farbreinen Optik bei der Beobachtung der Venus auffallende Farbsäume auftreten. Schuld daran ist unsere Atmosphäre, welche die von der Venus kommenden Lichtstrahlen wie eine Linse bricht. Da blaues Licht stärker gebrochen wird als rotes, ist der obere Venusrand blau und der untere rot. Erst durch die Verwendung von Blau- oder Rotfiltern können Sie diesen Effekt reduzieren.

TIPP

Rotfilter sind auch dann hilfreich, wenn Sie die Venus am Taghimmel beobachten möchten. Da durch das Filter der Blauanteil des Himmels verringert wird, verstärken Sie auf diese Weise den Kontrast zwischen Venus und Taghimmel.

Mars

Schon bei der Beobachtung mit dem bloßen Auge wird deutlich, warum man ihn auch den „roten Planeten“ nennt. Mit einem 60-mm-Teleskop werden Sie Mars unter günstigen Umständen bereits als kleine Scheibe erkennen können, als Vergrößerung empfiehlt sich 80–120fach. Mit 80–114 mm Öffnung werden schemenhaft vereinzelte dunkle Strukturen sichtbar. Diese Flecken sind Wüstengebiete, in denen die Oberfläche eine andere Beschaffenheit hat als in der Umgebung. Je nach marsianischer Jahreszeit sehen Sie auch seine Polkappen. Im Laufe einer Sichtbarkeitsperiode können Sie verfolgen, wie diese anwachsen oder abschmelzen. Teleskope mit 150–200 mm Durchmesser zeigen schon so viele Details, dass Sie sich im Laufe von Wochen eine eigene Marskarte zeichnen können. Notwendig ist dafür mindestens 150–200fache Vergrößerung und die Verwendung eines Rotfilters, das die Kontraste auf dem Marsscheibchen deutlich verbessert. Mit einem Blaufilter kann es gelingen, vereinzelte Wolkengebiete auszumachen. Wegen ihres geringen Kontrastes ist dafür aber schon etwas Beobachtungserfahrung erforderlich. Marsbeobachtungen lohnen sich nur während weniger Monate um den Oppositionstermin herum.

Jupiter

Jupiter ist nach Venus der zweithellste Planet. Mit einem 60-mm-Teleskop lassen sich bereits bei 60–80facher Vergrößerung die zwei auffälligsten Bänder seiner gewaltigen Atmosphäre erkennen. Ein 114-mm-Teleskop zeigt weitere Bänder, dunkle Polarregionen und bei ruhiger Luft sogar feine „Verzweigungen" in den hellen Zonen zwischen den Bändern. Mit 200 mm Öffnung können Sie anhand dieser Feinstrukturen innerhalb von Minuten die schnelle Rotation von Jupiter beobachten. Hilfreich sind hierbei Grün- und Blaufilter. Seit Jahrhunderten tobt auf Jupiter ein gewaltiger Wirbelsturm, der als Großer Roter Fleck bekannt ist. In den letzten Jahren ist seine Färbung sehr blass geworden, in den meisten Einsteigerteleskopen ist kaum noch ein Farbton erkennbar. Reizvoll ist auch die Beobachtung der vier hellsten Jupitermonde Io, Europa, Ganymed und Kallisto auf ihren Bahnen um den Gasgiganten. Selbst im 10x50-Fernglas gelingt dies, und wer mit 150–200 mm Öffnung beobachtet, kann sogar Schattendurchgänge der Monde auf der Jupiterscheibe verfolgen. Sie sehen dort nichts anderes als eine Sonnenfinsternis auf den Wolken des Jupiter!

Elektronische CCD-Farbaufnahme des Jupiter vom 19. 11. 1998, am Celestron 14 mit einer Webkamera aufgenommen

Saturn

Er ist nicht der hellste, auch nicht der größte, aber mit Sicherheit der schönste Planet: Sein Ringsystem macht ihn zu einem derart außergewöhnlichen Himmelsobjekt, dass selbst Kinder bei seinem Anblick in Erstaunen geraten. Schon ein 50-mm-Teleskop zeigt seine Ringe.
Je nach Ringneigung und Position des Planeten wirkt er durch den Schattenwurf der Saturnkugel auf den Ring wie ein dreidimensionales Objekt. Mit 80–100 mm Öffnung können Sie außerdem ab etwa 120facher Vergrößerung die so genannte Cassini-Teilung in seinem Ringsystem erkennen, die wie die Rille einer kosmischen Schallplatte aussieht. In 200-mm-Teleskopen zeigen sich ganz zarte Wolkenbänder, die aber leider viel schwächer sind als die von Jupiter. Dafür bietet Ihnen Saturn mit einem solchen Gerät bis zu fünf lichtschwache Monde. Titan ist als hellster davon sogar schon ein Fernglasobjekt.

Der Ringplanet am 11. 11. 1998, ebenfalls mit einer Webkamera am Celestron 14 aufgenommen

Uranus

Wir nähern uns dunklen Regionen unseres Sonnensystems. Um Uranus sicher identifizieren zu können, sollten Sie mit einer guten Sternkarte und einem 8x40-Fernglas auf die Pirsch gehen. Mehr als ein Pünktchen 6. Größe wird Ihnen dann allerdings nicht geboten. Um den fernen Gasplaneten mit seinem Durchmesser von weniger als 4" als Scheibe wahrnehmen zu können, empfiehlt sich mindestens ein 150-mm-Teleskop. Mit einer noch etwas größeren Öffnung können Sie dann einen grünlichen Farbton sehen, der den fernen Planeten deutlich von einem punktförmigen Stern unterscheidet.

Neptun

Als Objekt 8. Größe kann der äußerste Gasriese zwar noch mit einem 8x40-Fernglas aufgefunden werden, sein Anblick ist aber wirklich alles andere als spektakulär. Wer mehr sehen möchte, muss auf jeden Fall zum 200-mm-Fernrohr greifen und mindestens 300fach vergrößern. Erst dann hat man überhaupt eine Chance, den rund 2" kleinen Planeten als bläuliche Scheibe zu erkennen.

Pluto

Rund vier Stunden benötigt ein Lichtstrahl vom Außenposten des Sonnensystems zu uns. Und um das wenige Licht, das uns von dort erreicht, sicher als das von Pluto auszumachen, benötigt man schon ein 200–250-mm-Teleskop. Nur mit einer guten Aufsuchkarte wird es überhaupt gelingen, diesen Planeten zu finden. Für fortgeschrittene Beobachter ist dies auf jeden Fall eine reizvolle Aufgabe.

... und jenseits davon

Mit Pluto lassen Sie die Beobachtungsobjekte unseres Sonnensystems hinter sich. In den Tiefen des Alls erwartet Sie eine Fülle an weiteren kosmischen Kleinoden wie Doppelsterne, Sternhaufen, Gasnebel und Galaxien, eben die Deep-Sky-Objekte.

Vor der Beobachtung dieser Objekte sollten Sie in jedem Fall dafür sorgen, dass sich Ihre Augen hinreichend lange an die Dunkelheit gewöhnen können. Dies kann bis zu 45 Minuten dauern. Logisch, dass Ihr Standort so dunkel wie möglich sein sollte, damit die Adaption nicht gestört wird. Sorgen Sie außerdem am besten noch im Hellen dafür, dass alle zur Beobachtung notwendigen Dinge wie Okulare, Filter, Stifte und Notizheft am Teleskop parat liegen, damit Sie Ihre Beobachtungszeit nicht mit unnützer Sucherei vergeuden müssen.

Und nun wünschen wir Ihnen eine spektakuläre Himmelsreise in die Tiefen des Universums...

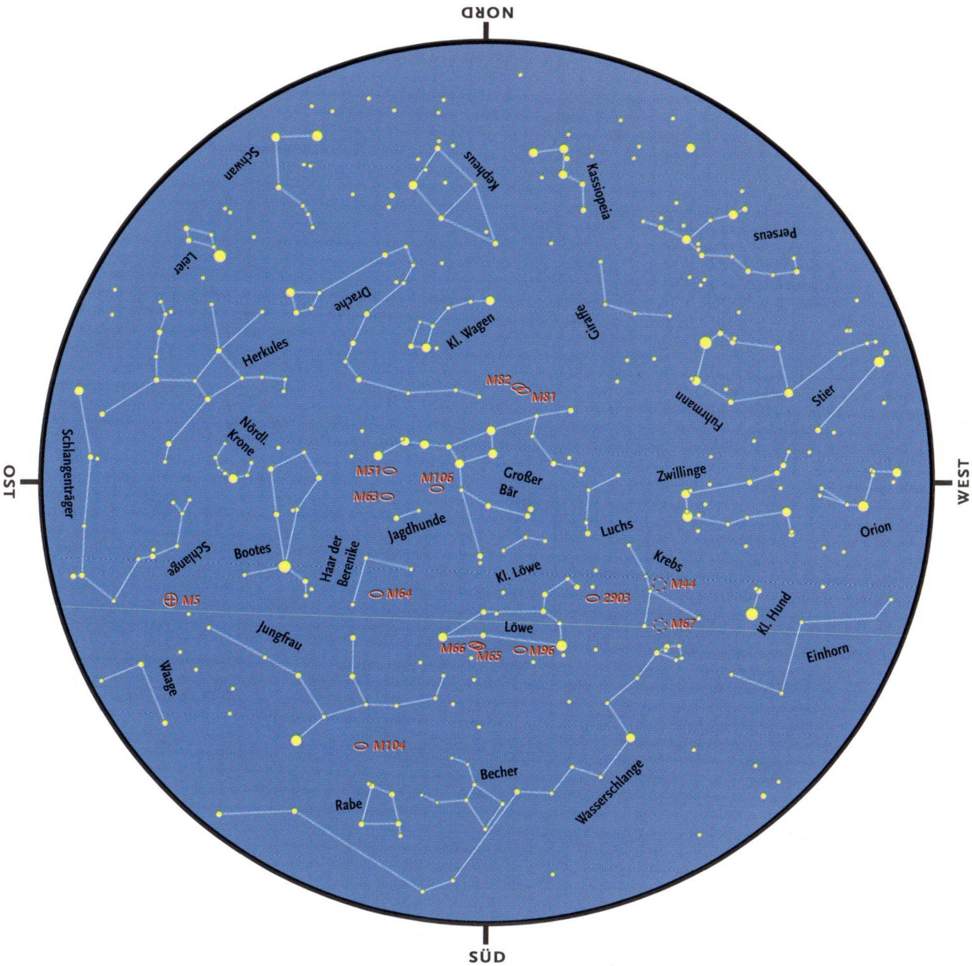

Objekt	∅ Instrument	Seite
Sternhaufen M 44	40 mm	24
Sternhaufen M 67	80 mm	26
Galaxie NGC 2903	80 mm	28
Galaxie M 81	60 mm	30
Galaxie M 82	80 mm	32
Galaxie M 96	100 mm	34
Galaxien M 65/66	100 mm	36

Objekt	∅ Instrument	Seite
Galaxie M 106	80 mm	38
Galaxie M 104	80 mm	40
Galaxie M 64	80 mm	42
Galaxie M 63	80 mm	44
Galaxie M 51	60 mm	46
Sternhaufen M 5	50 mm	48

Der Sternhaufen Praesepe M 44

Rektaszension	Deklination	Helligkeit	Größe	∅ Instrument	Sichtbarkeit
$8^h 40{,}1^m$	+19° 59'	$3{,}1^m$	95'	40 mm	Dezember–Mai

Schon mit dem bloßen Auge ist dieser offene Sternhaufen sogar unter einem dunklen Vorstadthimmel als blasses, diffuses Wölkchen auszumachen. Für Fernglasbeobachter eignet sich die Praesepe gut als Einstiegsobjekt. Schnell gefunden zeigt sich der Haufen dann als auffällige Ansammlung von gut einem Dutzend Sternen, die über 1,5° inmitten des sonst eher sternarmen Sternbildes Krebs verteilt sind. Wenn Sie die „Krippe" (lat. praesepe) mit dem Teleskop anschauen möchten, sollten Sie auf jeden Fall die geringstmögliche Vergrößerung verwenden, Sie sehen sonst den Haufen vor lauter Sternen nicht! Auffällig ist nun neben einigen Doppelsternen eine im Zentrum stehende Anordnung von Sternen 6. bis 7. Größe, die ein auf der Seite liegendes „Haus des Nikolaus" formen.

M 44 ist mit rund 590 Lichtjahren Entfernung fast noch ein Nachbar, die leuchtkräftigsten Sterne sind knapp 6^m hell. Insgesamt zählt dieser Sternhaufen rund 200 Sterne, und mit seinem Alter von 660 Millionen Jahren ist er zwar noch deutlich jünger als unsere 5 Milliarden Jahre alte Sonne, aber unter den offenen Sternhaufen schon ein Senior.

Ihr Weg zu M 44

- Das Sternbild Krebs steht am südlichen Frühlingshimmel, zwischen dem Löwen und den Zwillingen.
- Stellen Sie die Sterne γ und δ Cnc im Sucherfernrohr ein.
- M 44 ist jetzt sofort zu erkennen, der Sternhaufen bildet zusammen mit den beiden Sternen ein fast gleichschenkliges Dreieck.

Die Praesepe, mit einem 400-mm-Teleobjektiv 25 Minuten belichtet

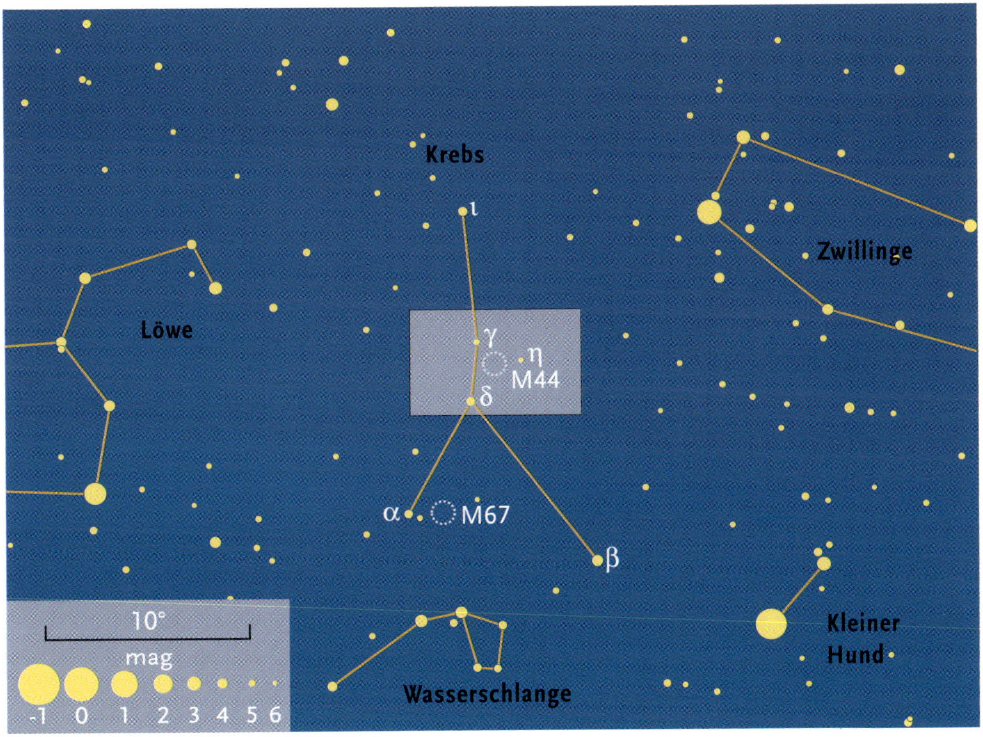
Krebs
ι
Zwillinge
Löwe
γ
η
M44
δ
α
M67
β
10°
mag
-1 0 1 2 3 4 5 6
Kleiner
Hund
Wasserschlange

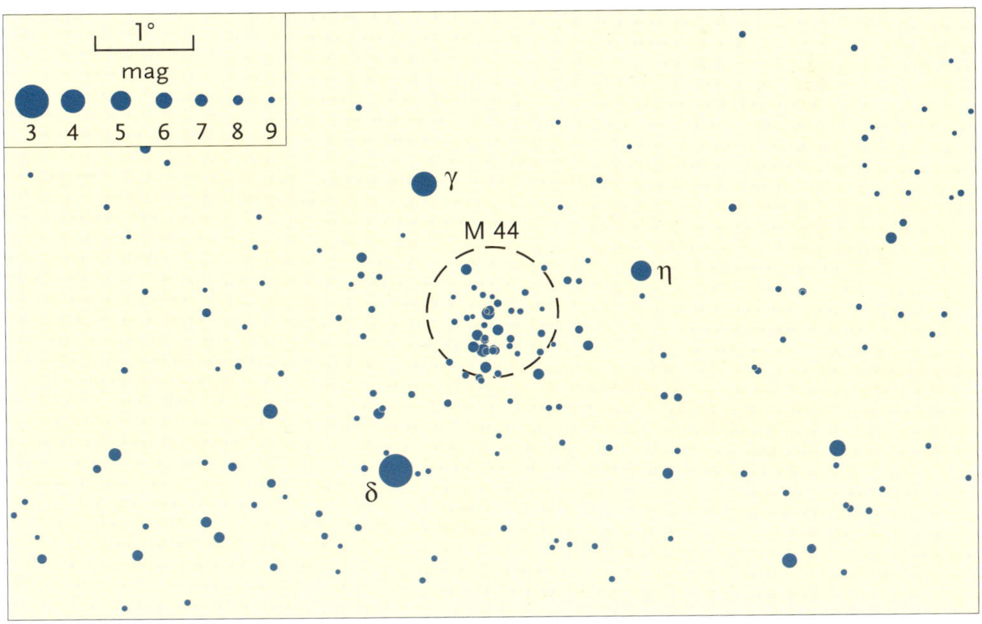
1°
mag
3 4 5 6 7 8 9
γ
M 44
η
δ

Der offene Sternhaufen M 67

Rektaszension	Deklination	Helligkeit	Größe	∅ Instrument	Sichtbarkeit
$8^h 50{,}4^m$	+11° 49'	$6{,}9^m$	29'	80 mm	Dezember–Mai

Zu finden ist der offene Sternhaufen M 67 schon mit einem 80-mm-Teleskop – bei gutem Himmel sogar schon mit dem Fernglas –, allerdings zeigt er sich darin nur als verwaschenes Nebelfleckchen. Richtig genießen können Sie den Anblick dieses bildschönen Sternhaufens erst ab einer Teleskopöffnung von 100–120 mm. Dann aber wird Ihnen eine Ansammlung von rund 25 Sternen 9. bis 11. Größe geboten, die sich in einer eher sternarmen Gegend im Sternbild Krebs gleichmäßig über ein Feld von knapp 30' verteilen. Auffällig ist ein Stern 8. Größe am Nordostrand des Haufens, der allerdings nicht zu M 67 gehört. Er ist von uns lediglich 740 Lichtjahre entfernt, während die Distanz zum Sternhaufen etwa 2400 Lichtjahre beträgt. M 67 ist einer der ältesten offenen Sternhaufen, die wir in unserer Galaxis kennen – sein Alter liegt bei rund 3,9 Milliarden Jahren.

Ihr Weg zu M 67

- M 67 finden Sie im Südteil des Sternbildes Krebs, zwischen den hellen Sternen Regulus im Löwen und Prokyon im Kleinen Hund.
- Starten Sie die Suche bei Regulus und schwenken Sie 17° nach Westen, bis Sie bei α Cnc ankommen.
- Von dort aus bewegen Sie Ihr Teleskop weitere 2° nach Westen bis zu einem Stern 8. Größe, der mit zwei ähnlich hellen Sternen ein lang gestrecktes Dreieck bildet.
- M 67 steht in der Nähe der Südostecke dieses Dreiecks; der bereits im linken Textteil erwähnte Stern 8. Größe befindet sich in seinem Randbereich.

Eine CCD-Farbaufnahme von M 67, die mit einem 200-mm-Newton-Reflektor gewonnen wurde

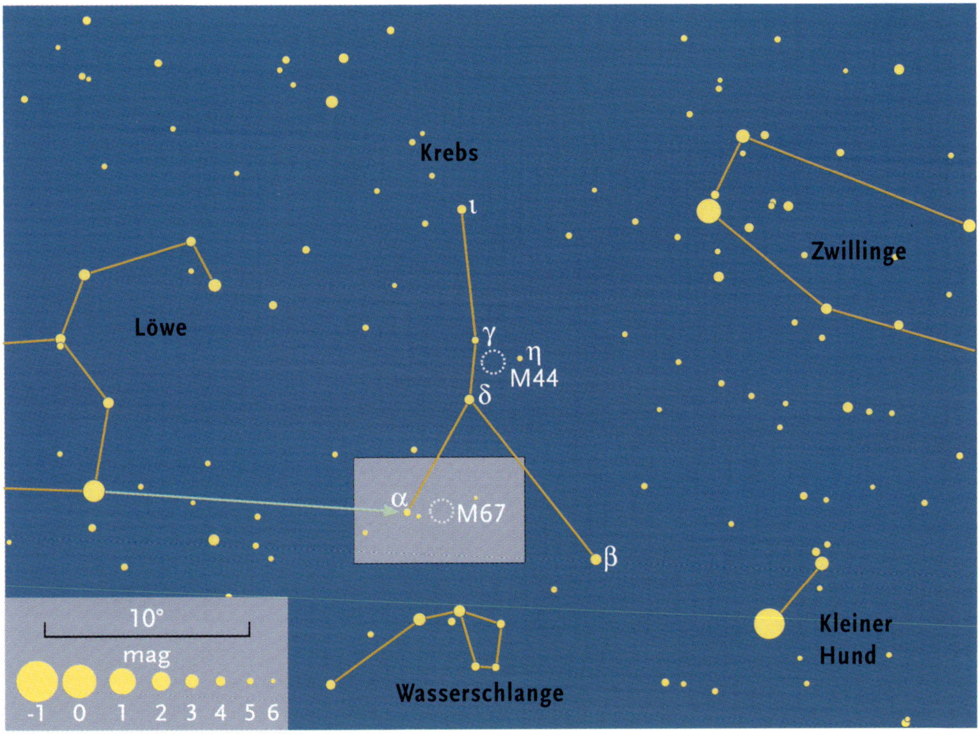
Krebs
ι
Zwillinge
Löwe
γ
η
M44
δ
α
M67
β
10°
mag
-1 0 1 2 3 4 5 6
Kleiner
Hund
Wasserschlange

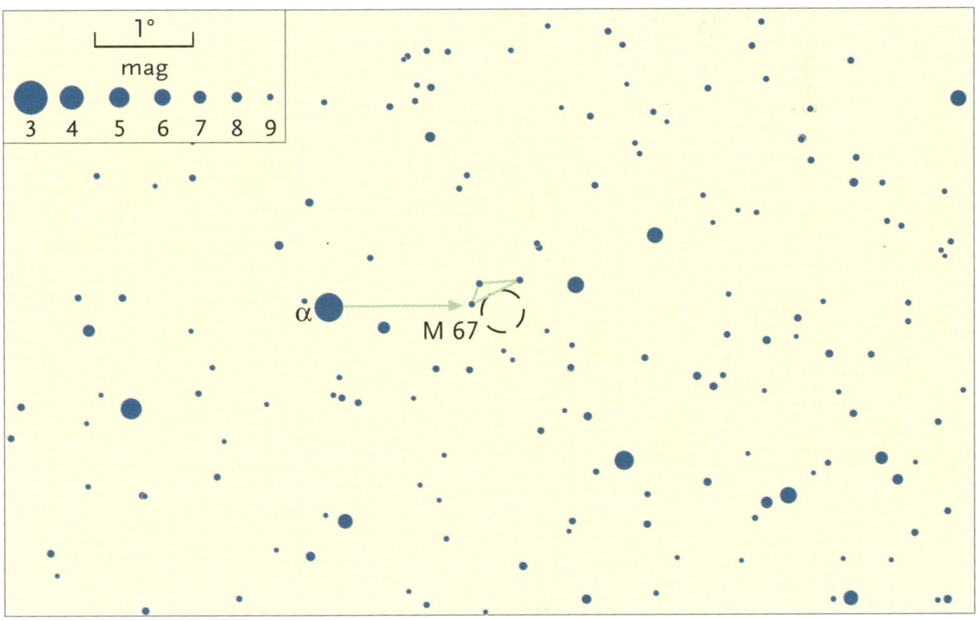
1°
mag
3 4 5 6 7 8 9
α
M 67

Die Spiralgalaxie NGC 2903

Rektaszension	Deklination	Helligkeit	Größe	∅ Instrument	Sichtbarkeit
$9^h 32{,}2^m$	+21° 30'	$9{,}4^m$	13' x 6'	80 mm	Januar–Mai

NGC 2903 ist eine schöne Spiralgalaxie, die bei dunklem Himmel schon mit einem 10x50-Fernglas erspäht werden kann. Da sie recht einfach zu finden ist, empfiehlt sie sich auch als Startpunkt einer frühjährlichen Galaxienwanderung. Im 80-mm-Fernrohr kann man bei etwa 50facher Vergrößerung einen matten, ovalen Fleck sehen. Mit Instrumenten ab etwa 150 mm Öffnung wird zudem die kompakte Kernregion erkennbar, die Spiralarme bleiben freilich Astrofotografen und Beobachtern mit 400-mm-Spiegeln vorbehalten. Auch schwache Vergrößerungen sind hier nicht hilfreich, je nach Himmelsaufhellung „ertrinkt" die Galaxie einfach im Hintergrund – versuchen Sie es daher ruhig einmal mit 80–120fach. Mit einer Entfernung von 25 Millionen Lichtjahren darf man NGC 2903 fast noch als Nachbarin unserer Milchstraße bezeichnen, auch wenn sich die beiden Galaxien nicht gemeinsam durch den Raum bewegen.

Ihr Weg zu NGC 2903

- Im Frühling steht NGC 2903 im Süden, nahe dem „Kopf" des Löwen.
- Beginnen Sie Ihre Suche bei ε Leo, dem Westende des Löwenkopfes.
- Schwenken Sie nun rund 3,5° nach Westen, dort stoßen Sie auf den Stern λ Leo.
- Positionieren Sie diesen an den Nordrand Ihres Okulargesichtsfeldes, NGC 2903 finden Sie dann nur 1,5° weiter südlich.
- Die Galaxie bildet mit zwei Sternen 7. bzw. 8. Größe ein markantes rechtwinkliges Dreieck.

30-minütige CCD-Belichtung von NGC 2903 am Celestron 14

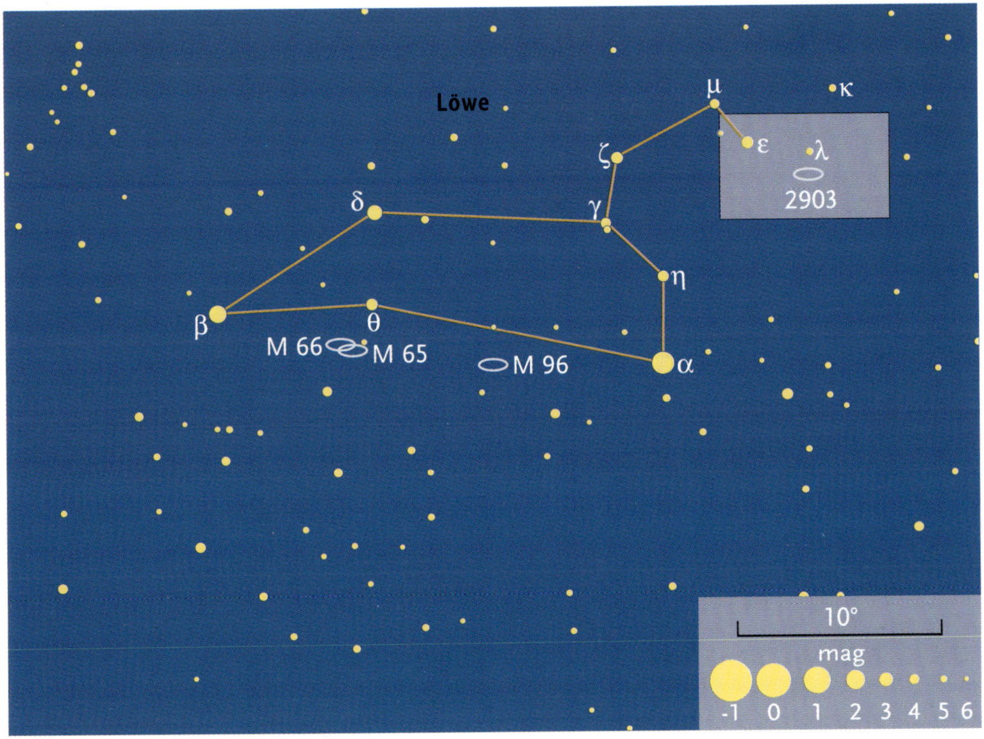
Löwe
μ
κ
ε
λ
2903
ζ
δ
γ
η
β
θ
M 66
M 65
M 96
α
10°
mag
-1 0 1 2 3 4 5 6

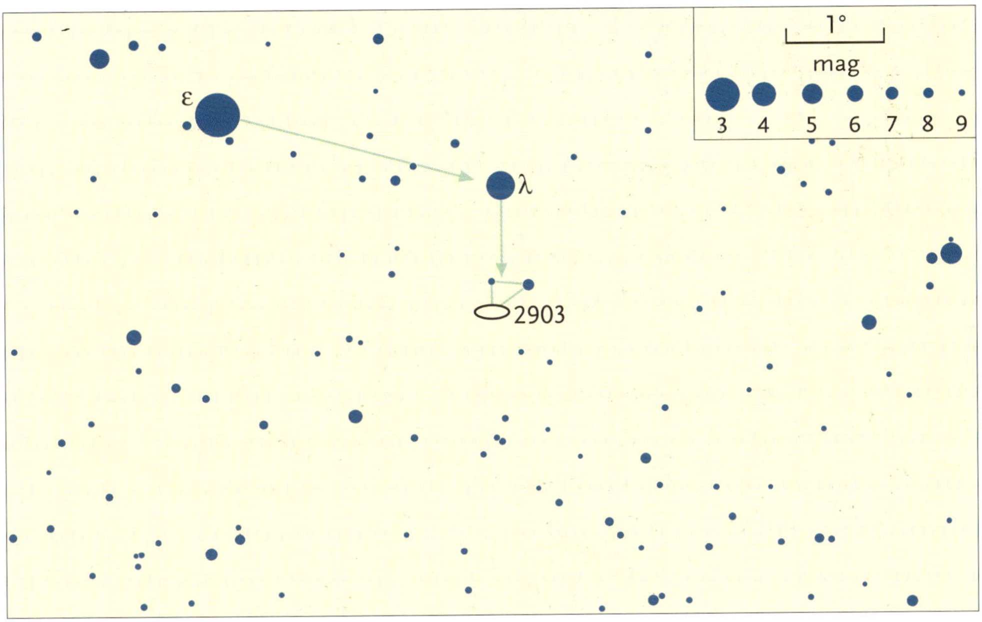
1°
mag
3 4 5 6 7 8 9
ε
λ
2903

Die Spiralgalaxie M 81

Rektaszension	Deklination	Helligkeit	Größe	∅ Instrument	Sichtbarkeit
$9^h 55{,}6^m$	+69° 04'	$6{,}9^m$	26' x 14'	60 mm	ganzjährig

12 Millionen Lichtjahre von uns entfernt befindet sich das bemerkenswerte Galaxienpaar M 81/M 82 (s. auch S. 32/33), das von der südlicheren, helleren Galaxie M 81 dominiert wird. Diese Spiralgalaxie ist eine der hellsten Galaxien am Nordhimmel und als kleines, diffuses Wölkchen bereits in einem 10x50-Fernglas sichtbar. Während die Kernregion auch in Fernrohren mit 60–80 mm Öffnung leicht zu sehen ist, lassen sich die Spiralarme selbst mit einem 200-mm-Teleskop nicht erkennen. Greifen Sie ruhig einmal zu einer 100fachen Vergrößerung, ein 100–150-mm-Teleskop zeigt Ihnen dann einen hellen Kern, umgeben vom verwaschenen Rest der Zentralregion. Ab 100 mm Öffnung sollten Sie sich auch den rund 270 Lichtjahre entfernten Doppelstern Σ 1387 nicht entgehen lassen.

Ihr Weg zu M 81

- M 81 kann in unseren Breiten das ganze Jahr hindurch beobachtet werden, am besten jedoch im Frühjahr.
- Startpunkt ist der Stern α UMa, der sich am „Heck" des Großen Wagens befindet.
- 3,5° weiter östlich erreichen Sie einen Stern 5. Größe.
- Nun schwenken Sie 8° nach Norden, dort stoßen Sie auf λ Dra, der einen weiten, im Sucherfernrohr deutlich zu erkennenden Doppelstern mit 2 Dra bildet.
- Jetzt geht es noch 8° nach Westen, wo M 81 unter dunklem, klarem Himmel bereits im Sucher erspäht werden kann – die Galaxie bildet mit zwei Sternen 4. bzw. 6. Größe ein lang gezogenes Dreieck.

40-minütige Belichtung von M 81 auf Negativfilm am Celestron 14

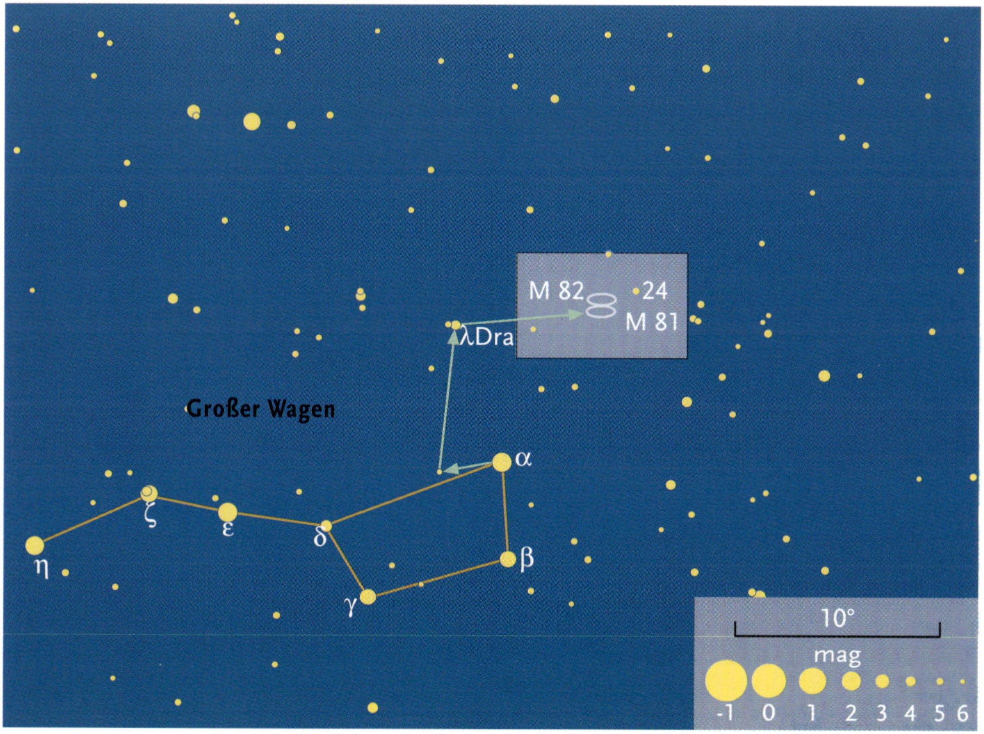
M 82
24
M 81
λDra
Großer Wagen
α
β
γ
δ
ε
ζ
η
10°
mag
-1 0 1 2 3 4 5 6

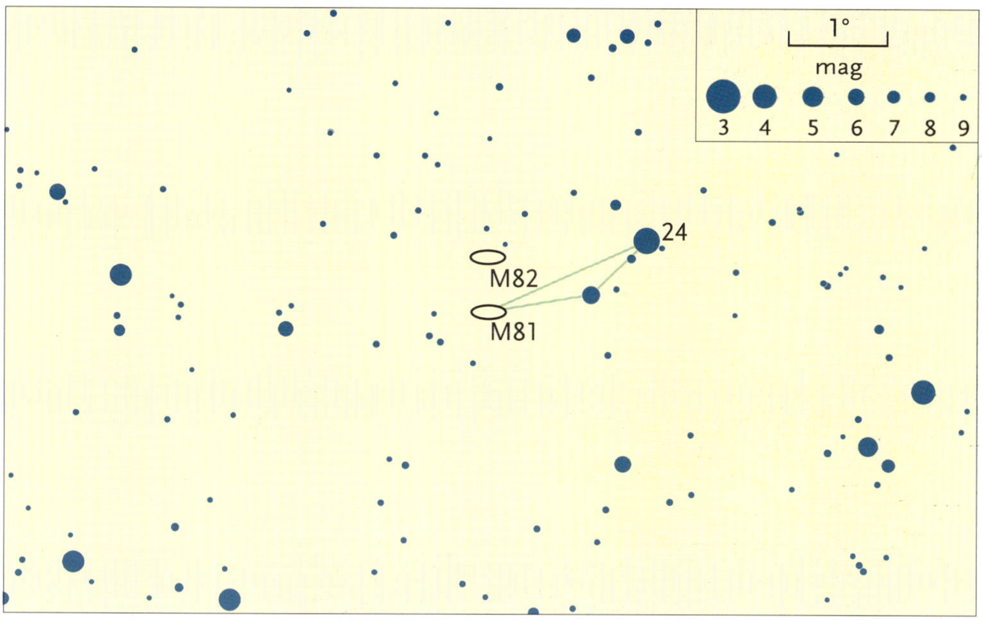
1°
mag
3 4 5 6 7 8 9
24
M82
M81

Die irreguläre Galaxie M 82

Rektaszension	Deklination	Helligkeit	Größe	∅ Instrument	Sichtbarkeit
$9^h 55{,}8^m$	+69° 41'	$8{,}4^m$	13' x 6'	80 mm	ganzjährig

Frühling

Die beiden sehenswerten Nachbargalaxien M 81 (S. 30/31) und M 82 könnten gegensätzlicher kaum sein. Die große Schwester M 81 ist zwar heller als die rund 45' weiter nördlich gelegene Galaxie M 82, dennoch ist diese das schönere Teleskopobjekt. Der zigarrenförmige, vergleichsweise scharfe Umriss dieses eigenartigen Galaxiensystems fällt spätestens in einem 100-mm-Teleskop sofort ins Auge, verwenden Sie hier ruhig eine 80fache Vergrößerung und mehr. Wer mit 200 mm Öffnung beobachtet, kann in einer guten Nacht mit etwas Geduld fleckige Strukturen in dieser 12 Millionen Lichtjahre entfernten Galaxie ausmachen. Dazu sollten Sie aber mindestens 150fach vergrößern.
Ihr zerrissenes Aussehen verdankt M 82 der Anziehungskraft der Schwestergalaxie M 81 und der damit verbundenen sehr heftigen Entstehung neuer Sterne. M 81 und M 82 bilden das Zentrum einer kleinen Gruppe von etwa zehn weiteren Galaxien. Die Entfernung zwischen den beiden Hauptgalaxien beträgt nur rund 150 000 Lichtjahre. Potenzielle Bewohner von M 81 oder M 82 können sich daher über ein spektakuläres Himmelsobjekt am jeweiligen Nachthimmel freuen, das den Anblick der Magellanschen Wolken von unserer Milchstraße aus bei weitem in den Schatten stellen dürfte...

Ihr Weg zu M 82

- Von M 81 aus ist M 82 im Handumdrehen gefunden, da beide Galaxien zusammen bei etwa 35facher Vergrößerung bequem in ein Gesichtsfeld passen.

Eine Fülle von Feinstrukturen zeigt diese CCD-Aufnahme von M 82, die am Celestron 14 gelang.

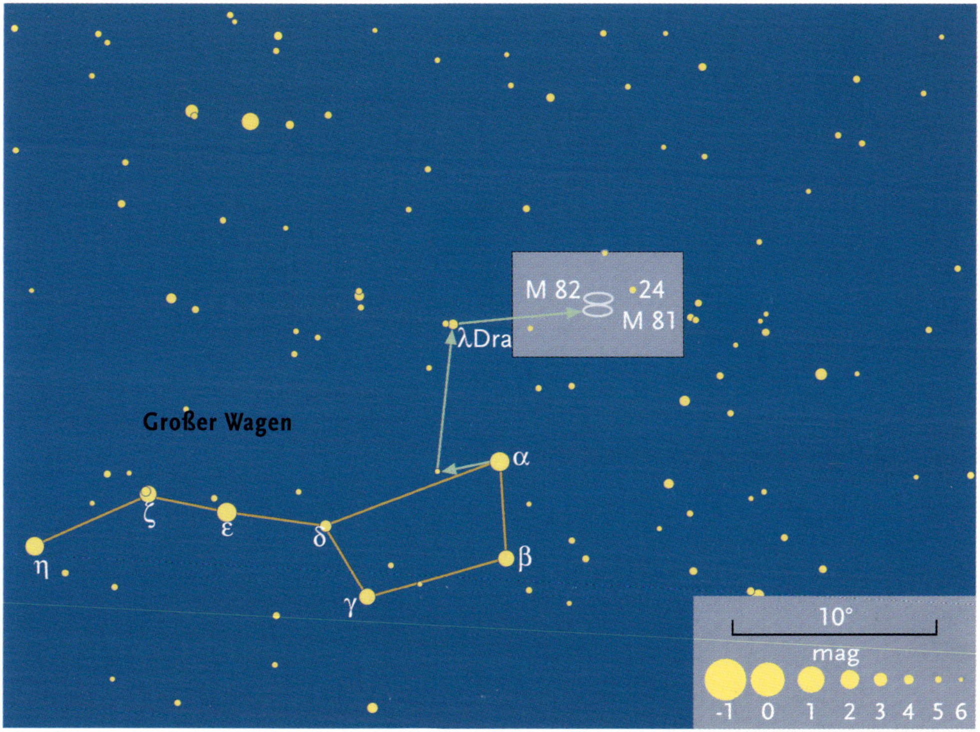
M 82
24
M 81
λDra
Großer Wagen
α
ζ
ε
δ
η
β
γ
10°
mag
-1 0 1 2 3 4 5 6

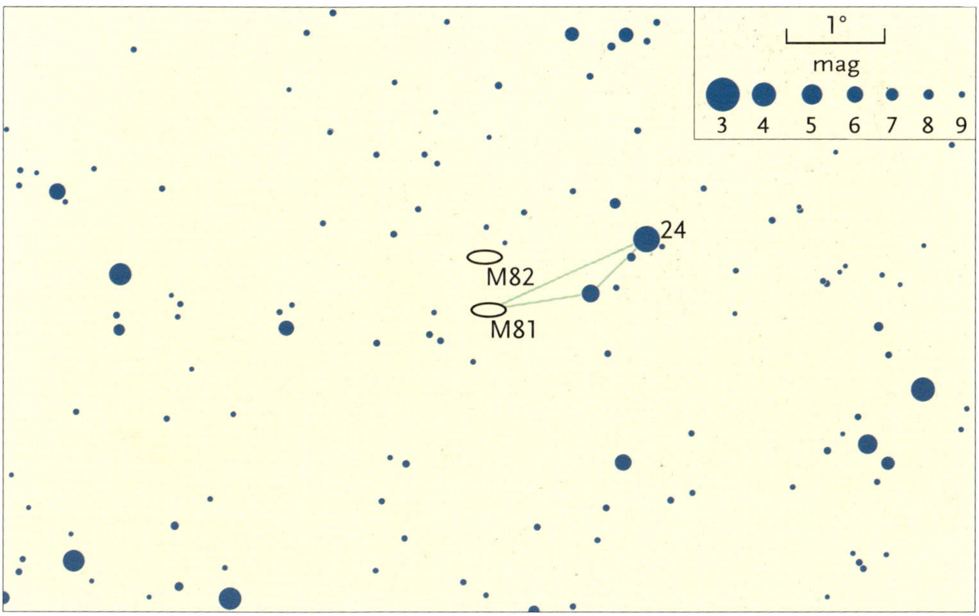
1°
mag
3 4 5 6 7 8 9
24
M82
M81

Die Spiralgalaxie M 96

Rektaszension	Deklination	Helligkeit	Größe	∅ Instrument	Sichtbarkeit
$10^h\,46{,}8^m$	+11° 49'	$9{,}9^m$	7' x 5'	100 mm	Februar–Juni

Zusammen mit den Galaxien M 95 und M 105 bildet das hellste Objekt M 96 ein hübsches Terzett im Sternbild Löwe. Möchten Sie alle drei Sternsysteme gleichzeitig beobachten, so empfiehlt sich ein Fernrohr mit 100–150 mm Öffnung, ein dunkler Himmel abseits der Großstadt sowie eine höchstens 30fache Vergrößerung. Schon M 96 alleine ist sicherlich für Einsteiger kein einfaches Objekt. Einmal eingestellt dürfen Sie dann allerdings einen Blick in 41 Millionen Jahre Vergangenheit werfen, denn so lange benötigt das matte Glimmen für die Reise von M 96 zu Ihrer Netzhaut. Ab 50–80facher Vergrößerung fällt auf, dass die Zentralregion etwas länglich ist. Die Spiralarme hingegen werden selbst in großen Amateurteleskopen nicht sichtbar. Am 9. Mai 1998 wurde in M 96 übrigens eine Supernova entdeckt, die eine Helligkeit von $11{,}8^m$ erreichte – auf der Farbaufnahme ist sie mit einem Pfeil markiert.

Ihr Weg zu M 96

- M 96 befindet sich sozusagen im „Bauch" des Löwen.
- Die Suche beginnt bei Regulus. Von dort aus schwenken Sie 9° nach Osten, bis im Sucherfernrohr ein Stern 5. Größe (53 Leo) und gut 1° nördöstlich davon ein Stern 7. Größe auftauchen.
- Die Galaxie bildet mit diesen beiden Sternen ein fast gleichschenkliges Dreieck, an dessen Westspitze sie steht.
- Hilfreich zur Orientierung können außerdem die Sterne 7. bzw. 5. Größe sein, die 1 bzw. 2,5° nördlich von M 96 stehen.

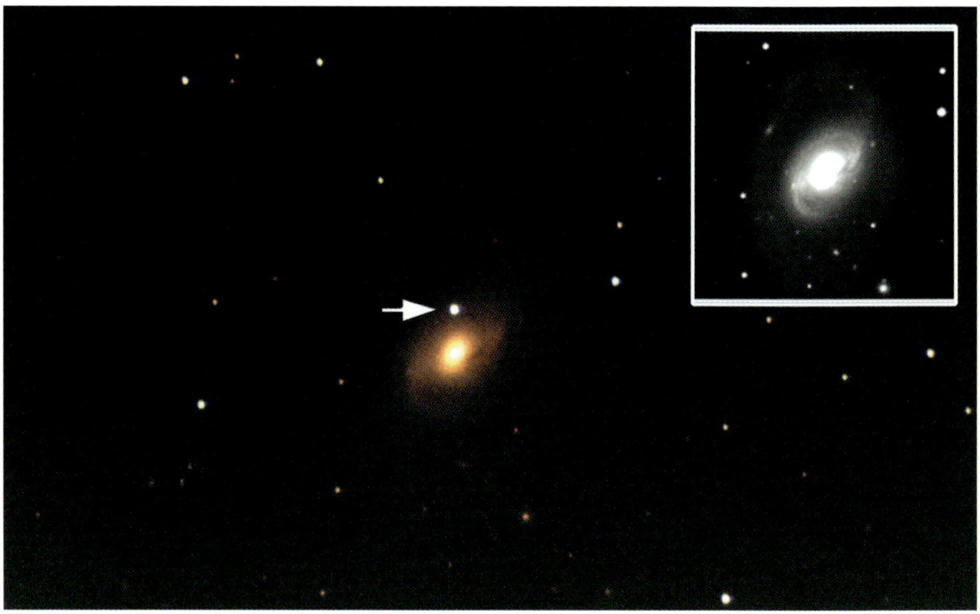

CCD-Aufnahmen von M 96 und der Supernova 1998bu mit dem Celestron 14

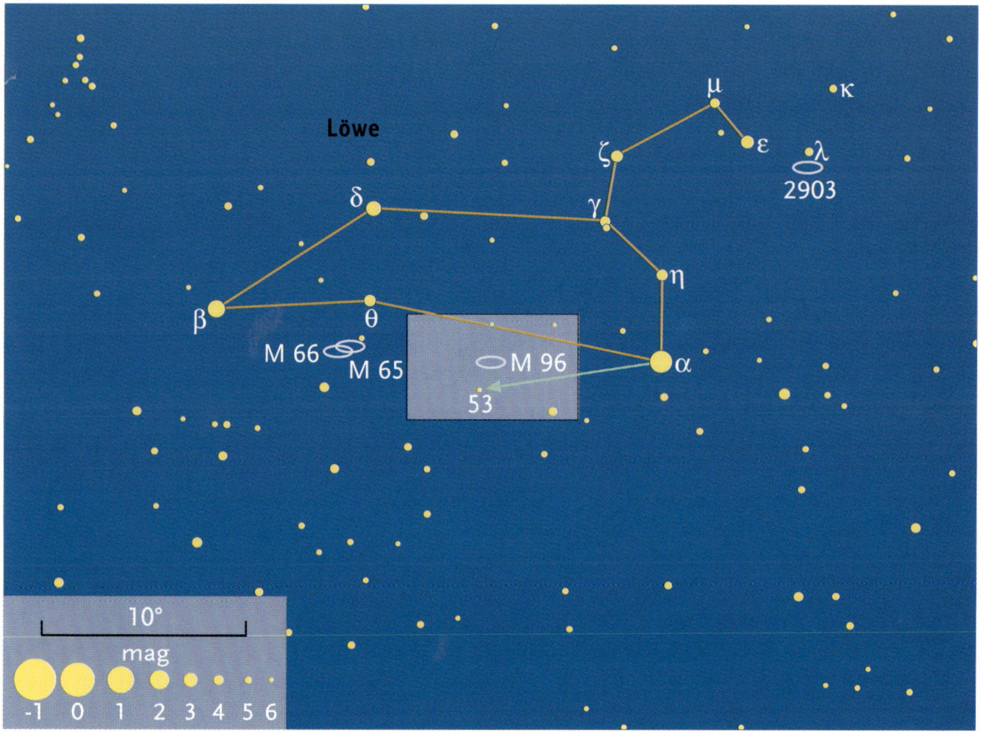
Löwe
μ
κ
ε
λ
2903
ζ
δ
γ
η
β
θ
M 66
M 65
M 96
α
53
10°
mag
-1 0 1 2 3 4 5 6

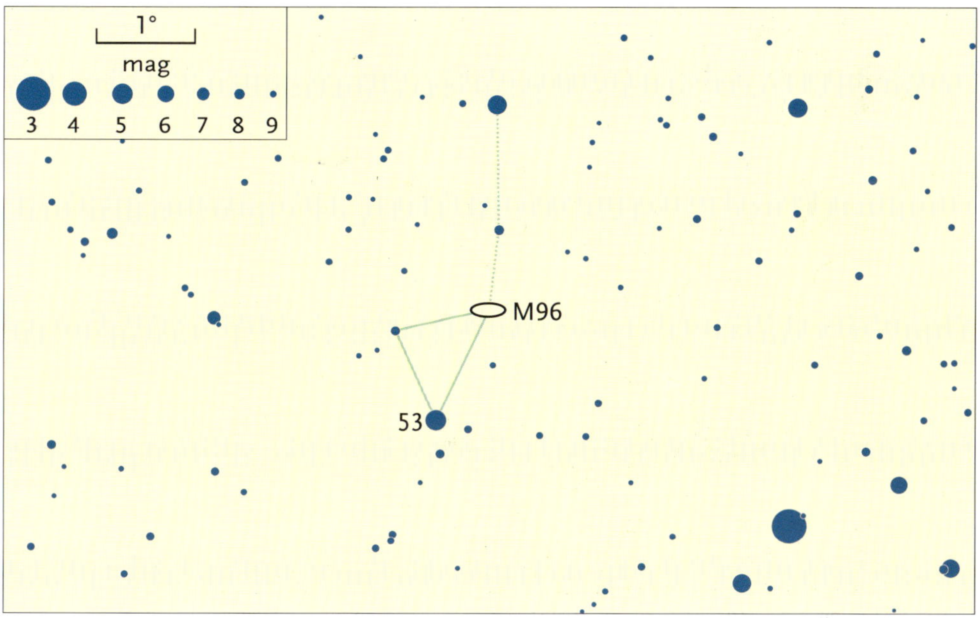
1°
mag
3 4 5 6 7 8 9
M96
53

Die Spiralgalaxien M 65 und M 66

Rektaszension	Deklination	Helligkeit	Größe	∅ Instrument	Sichtbarkeit
$11^h\,19{,}6^m$	+13° 02'	$9{,}3^m/8{,}9^m$	9' x 2'	100 mm	Februar–Juni

M 65 und M 66 bilden ein schönes Galaxienpaar im Sternbild Löwe. Die beiden Milchstraßensysteme sind rund 30 Millionen Lichtjahre von unserer Galaxis entfernt. Da ihr gegenseitiger scheinbarer Abstand nur gut 20' beträgt, können Sie beide Objekte bei 50–80facher Vergrößerung gemeinsam im Gesichtsfeld bewundern. Die weiter westlich gelegene Galaxie M 65 ist linsenförmig und zeigt im Unterschied zum etwas helleren Partner M 66 eine deutliche Aufhellung zur Mitte hin. Die Galaxie M 66 hingegen hat einen unregelmäßigeren Umriss. Verwenden Sie bei einem Teleskop mit 100–150 mm Öffnung ruhig auch einmal eine 100–150-fache Vergrößerung: Unter einem dunklen Himmel und mit etwas Geduld werden Sie bei M 66 dann die leicht fleckige Struktur erkennen können.

Ihr Weg zu M 65 und M 66

- Identifizieren Sie zunächst das Sternbild Löwe mit seinem hellen Hauptstern Regulus, der „Vordertatze" des Löwen.
- Lokalisieren Sie dann den 3^m hellen θ Leo, sozusagen den „Bauchstern" des Löwen, und positionieren Sie ihn ins Zentrum Ihres Sucherfernrohrs.
- 2° südlich von θ Leo erkennt man eine markante Kette aus drei Sternen 5. bis 7. Größe, die in Nord-Süd-Richtung ausgerichtet ist.
- Richten Sie Ihr Teleskop auf den nördlichsten Stern dieser Kette.
- Schwenken Sie nun 1° nach Osten, dort finden Sie einen Stern 7. Größe – M 65 steht 0,5° südlich von ihm. Weitere 0,5° südöstlich davon stoßen Sie auf M 66.

M 65 (r.) und M 66 mit der Supernova 1989B, aufgenommen mit einer CCD-Kamera am C 14

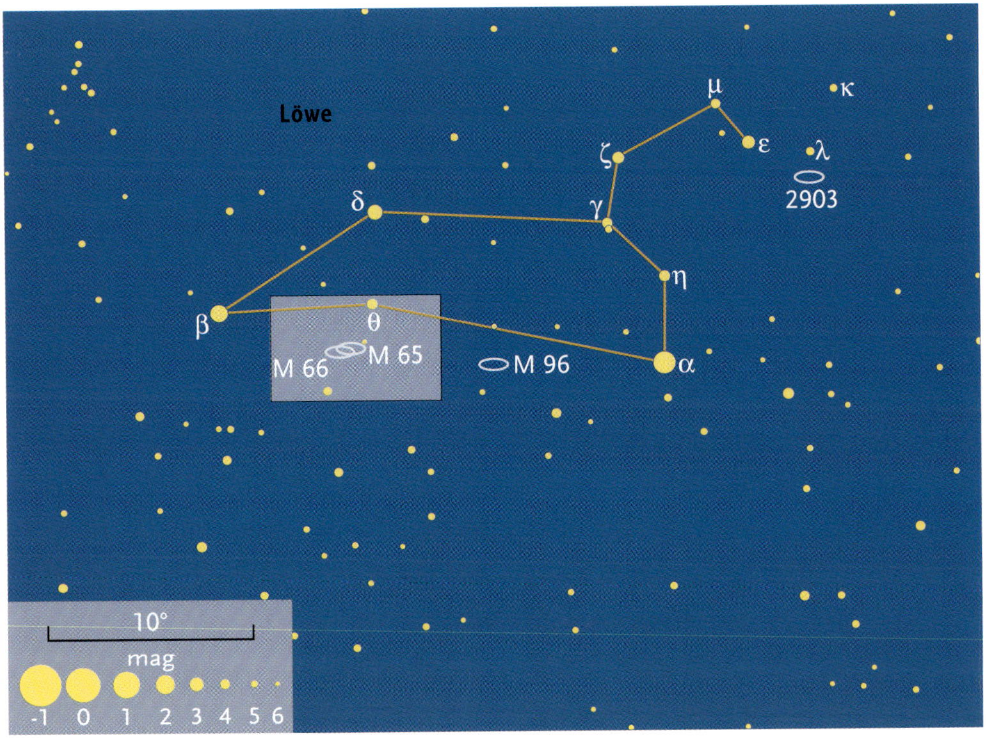

Löwe
μ
κ
ε
λ
ζ
2903
δ
γ
η
β
θ
M 66
M 65
M 96
α
10°
mag
-1 0 1 2 3 4 5 6

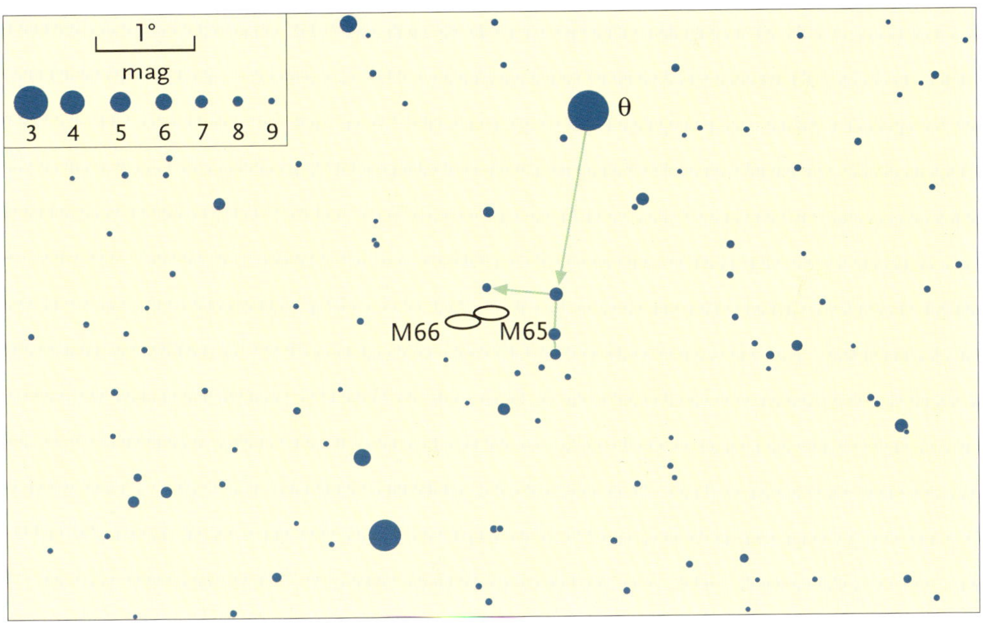

1°
mag
3 4 5 6 7 8 9
θ
M66
M65

Die Spiralgalaxie M 106

Rektaszension	Deklination	Helligkeit	Größe	∅ Instrument	Sichtbarkeit
$12^h 19{,}0^m$	+47° 18'	$8{,}4^m$	22' x 9'	80 mm	Januar–September

Auch diese Galaxie wirkt bei der visuellen Beobachtung viel kleiner als auf Fotografien. Dennoch lohnt sich der Ausflug zu M 106. Unter einem dunklen Himmel können Sie sich mit einem 80–120-mm-Teleskop erst einmal mit einer geringen Vergrößerung von 25–35fach an dieses Milchstraßensystem herantasten. Neben dem hellen Kern können Sie auch die ihn umgebende diffusere Zentralregion erkennen. Diese wirkt visuell viel länglicher als auf Fotografien. Beobachter mit 150–200-mm-Instrumenten sollten sich den Kern auch mit mindestens 100facher Vergrößerung ansehen, da sich dann ansatzweise sogar die zentralen Dunkelwolken erahnen lassen.

Im Zentrum dieser rund 25 Millionen Lichtjahre entfernten Spiralgalaxie vermutet man übrigens eines der massivsten bisher bekannten Schwarzen Löcher. Auf dem Foto können Sie in den Spiralarmen ansatzweise rötliche „Knötchen" erkennen – hier entstehen neue Sterne.

Ihr Weg zu M 106

- M 106 befindet sich im Nordwesten des Sternbildes Jagdhunde.
- Startpunkt der Suche ist der Stern γ UMa im Großen Wagen. 6° weiter südlich taucht im Sucherfernrohr der Stern χ UMa auf.
- Jetzt geht es 6° nach Osten, bis Sie auf einen Stern 6. Größe stoßen.
- M 106 finden Sie 0,5° westlich dieses Sterns. Orientieren können Sie sich auch an einem rechtwinkligen Dreieck, das die Galaxie mit diesem Stern und einem Stern 8. Größe nördlich von ihr aufspannt.

70 Minuten Belichtungszeit auf Diafilm waren am Celestron 14 für diese Aufnahme von M 106 nötig.

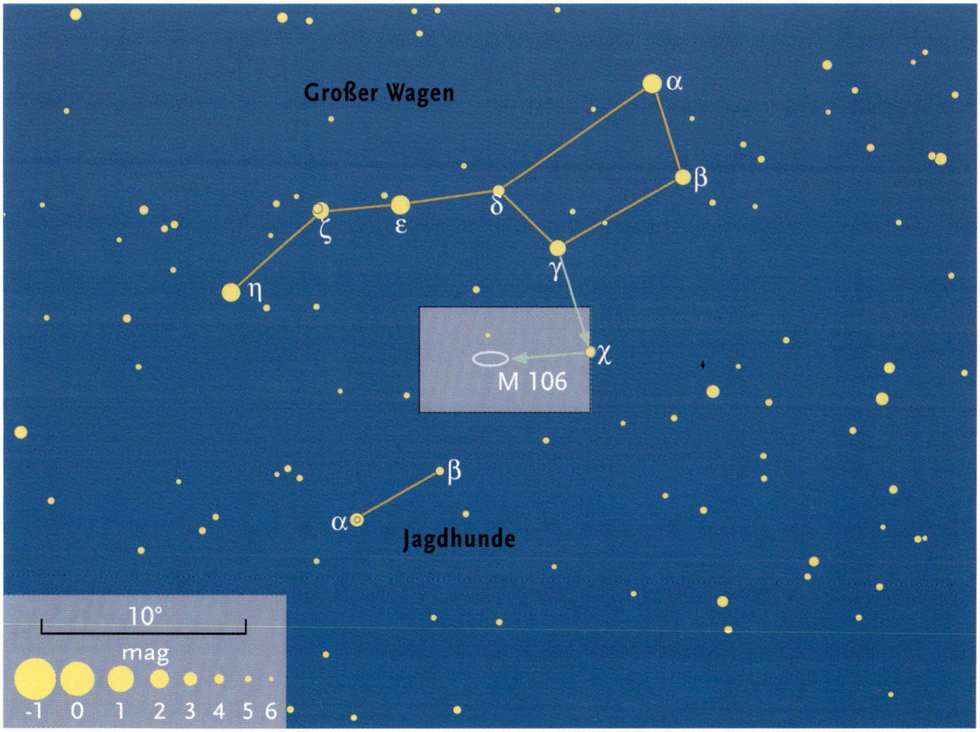
Großer Wagen
α
β
δ
ζ
ε
γ
η
χ
M 106
β
α
Jagdhunde
10°
mag
-1 0 1 2 3 4 5 6

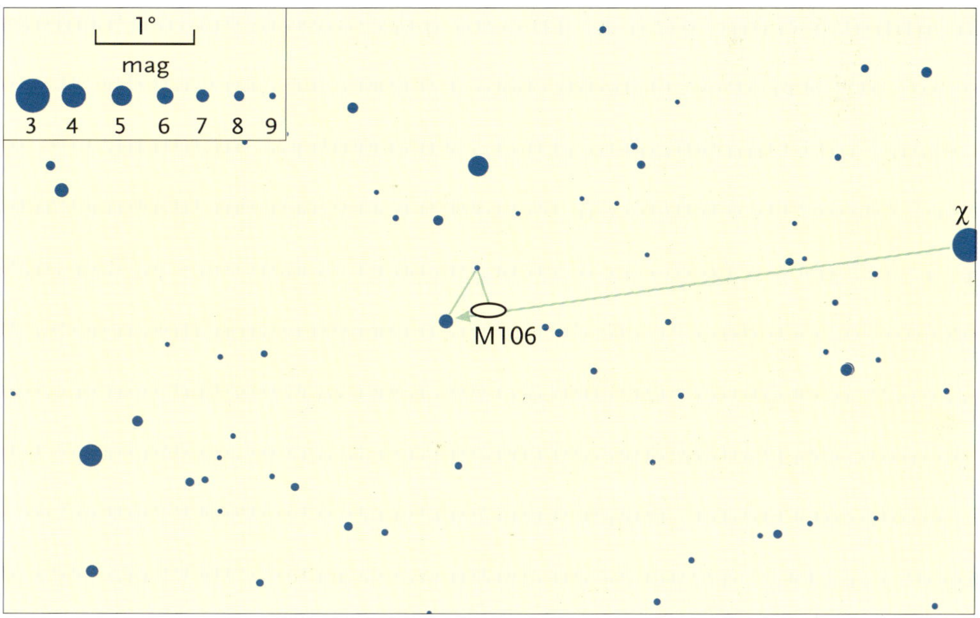
1°
mag
3 4 5 6 7 8 9
χ
M106

Die Sombrero-Galaxie M 104

Rektaszension	Deklination	Helligkeit	Größe	∅ Instrument	Sichtbarkeit
$12^{h}\,40,^{m}$	−11° 37’	$8{,}0^{m}$	9’ x 4’	80 mm	April–Mai

Südlich des gigantischen Virgo-Galaxienhaufens im Sternbild Jungfrau befindet sich die Spiralgalaxie M 104. Ein Blick auf das Foto zeigt, woher ihr Name kommt: Die Scheibe der Galaxie, auf die wir sozusagen von der Seite schauen, wird von einem sehr markanten Staubband durchtrennt, der „Hutkrempe“. M 104 ist bereits in einem 80-mm-Teleskop auszumachen, zum Erkennen der Staubwolken benötigt man allerdings mindestens 150 mm Öffnung, klare Luft und eine etwa 100fache Vergrößerung. Neben der Staubscheibe fällt die stark ausgeprägte Zentralregion des rund 42 Millionen Lichtjahre entfernten Milchstraßensystems auf. Sternentstehung scheint in M 104 nicht mehr in dem Maße stattzufinden wie z. B. in M 106 (S. 38/39), dafür sind umso mehr alte Sterne vorhanden.

Ihr Weg zu M 104

- M 104 befindet sich unmittelbar an der Grenze zwischen den Sternbildern Jungfrau und Rabe und steht im Frühling tief im Süden.
- Beginnen Sie Ihre Suche bei Spica, dem Hauptstern in der Jungfrau, und schwenken Sie Ihr Teleskop 8° nach Westen.
- Dort stoßen Sie auf eine auffällige Dreierreihe aus Sternen 6. bis 7. Größe.
- Weitere 4° westlich davon erreichen Sie ein Dreieck, wiederum aus Sternen 6. bis 7. Größe, dessen Nord- und Westspitze von bereits im Sucherfernrohr erkennbaren Dreifachsternen gebildet wird.
- M 104 finden Sie knapp 0,5° östlich des nördlichen Mehrfachsterns.

30-minütige CCD-Aufnahme von M 104, entstanden mit einem Celestron 14 in Namibia

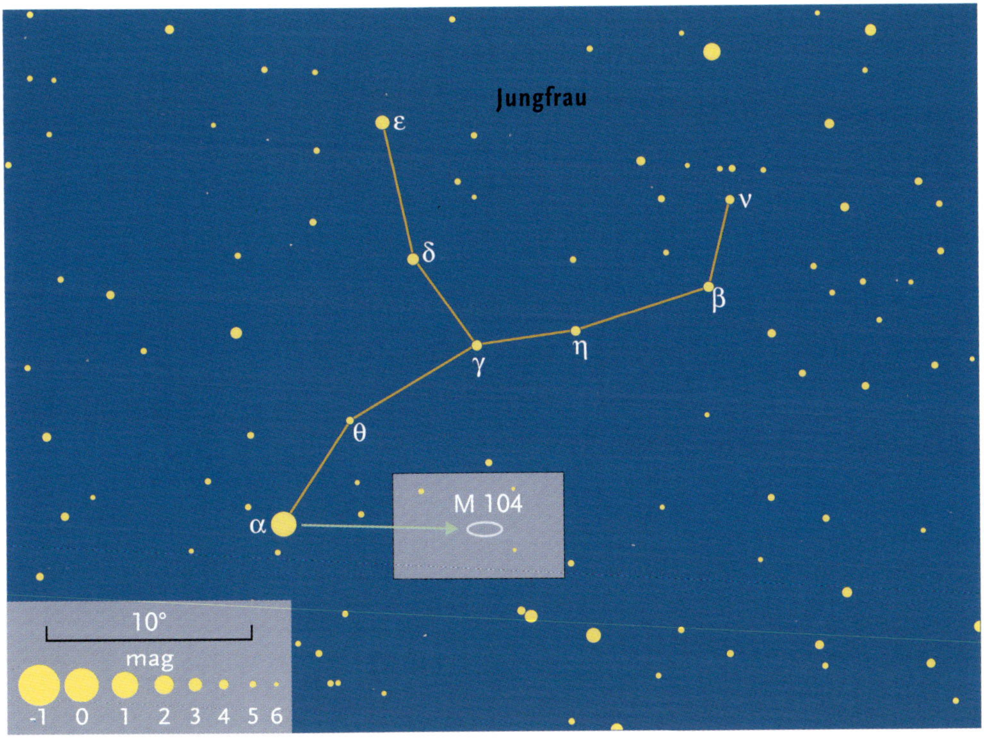
Jungfrau
ε
δ
ν
β
η
γ
θ
α
M 104
10°
mag
-1 0 1 2 3 4 5 6

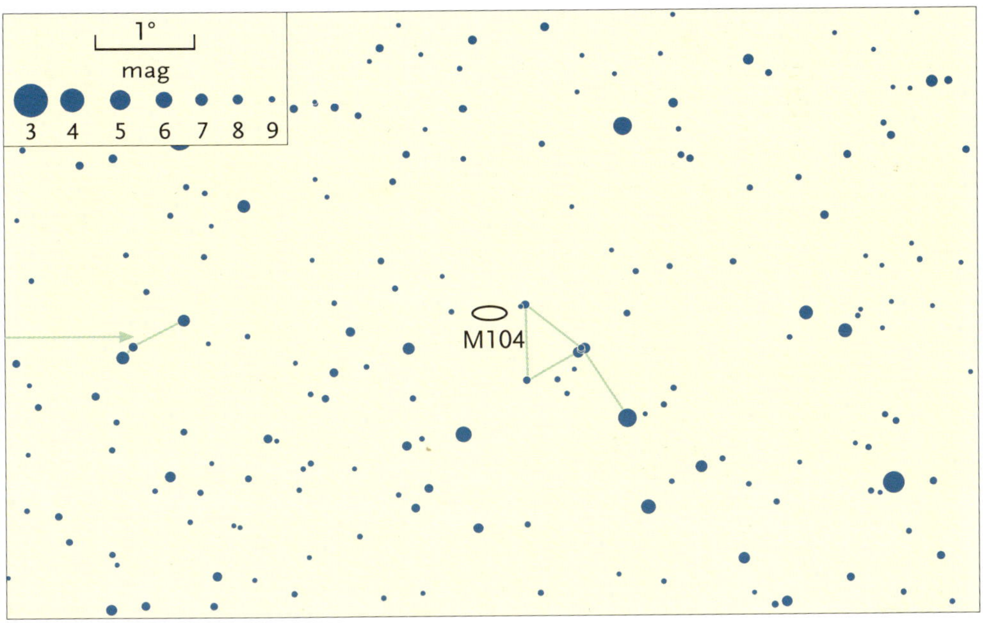
1°
mag
3 4 5 6 7 8 9
M104

Das „Schwarze Auge“ M 64

Rektaszension	Deklination	Helligkeit	Größe	∅ Instrument	Sichtbarkeit
$12^h 56{,}7^m$	+21° 41’	$8{,}5^m$	10’ x 5’	80 mm	Februar–Juli

Ihren Namen verdankt diese 19 Millionen Lichtjahre entfernte Spiralgalaxie einer auffallenden Dunkelwolke am nördlichen und östlichen Rand ihres Zentrums, die auf Fotografien sofort ins Auge sticht. Um dieses Detail auch visuell erkennen zu können, sollten Sie mit mindestens 150 mm Öffnung beobachten. Auch in kleineren Teleskopen fällt aber schon die helle, längliche Zentralregion mit ihrem fast sternähnlichen Kern auf. Ratsam sind hier Vergrößerungen um 50–100fach, wer mit 200 mm Öffnung und mehr beobachtet, kann auch eine 150–200fache Vergrößerung ausprobieren. Damit können Sie dann die leichte Krümmung der Dunkelwolke um das Zentrum herum erkennen. Möglicherweise entstand die Dunkelwolke durch das „Verschlucken“ einer anderen Galaxie. Ein Indiz für diese Theorie ist die ungewöhnliche Tatsache, dass der innere Teil von M 64 andersherum rotiert als der äußere.

Ihr Weg zu M 64

- M 64 steht im Haar der Berenike. Dieses Sternbild wird durch einen sehr ausgedehnten Sternhaufen dominiert, der bei dunklem Himmel südlich der Jagdhunde schon mit bloßem Auge ausgemacht werden kann.
- 3° südöstlich dieses Sternhaufens stoßen Sie auf eine isoliert stehende Gruppe von Sternen 5. und 6. Größe.
- Rund 4° östlich dieser Sterne finden Sie ein stumpfwinkliges Dreieck aus Sternen 5. und 7. Größe.
- M 64 bildet mit den Sternen 7. Größe ein gleichschenkliges Dreieck und steht an seiner Südspitze.

M 64, auf Schwarzweißnegativfilm mit einem Celestron 14 im Odenwald 60 Minuten belichtet

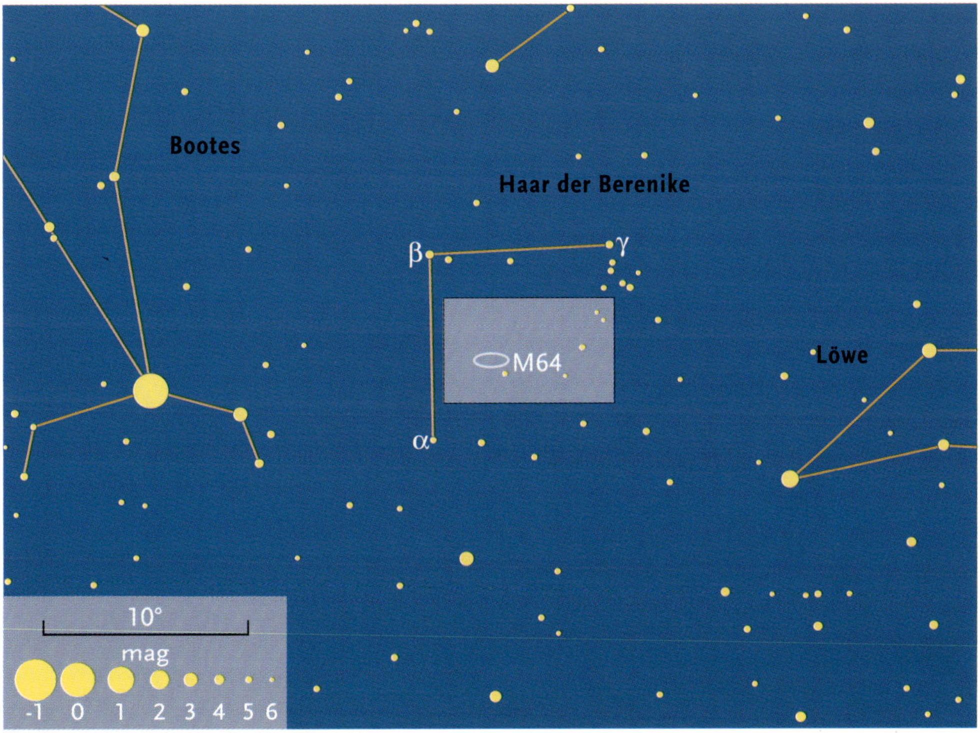
Bootes
Haar der Berenike
β
γ
M64
Löwe
α
10°
mag
-1 0 1 2 3 4 5 6

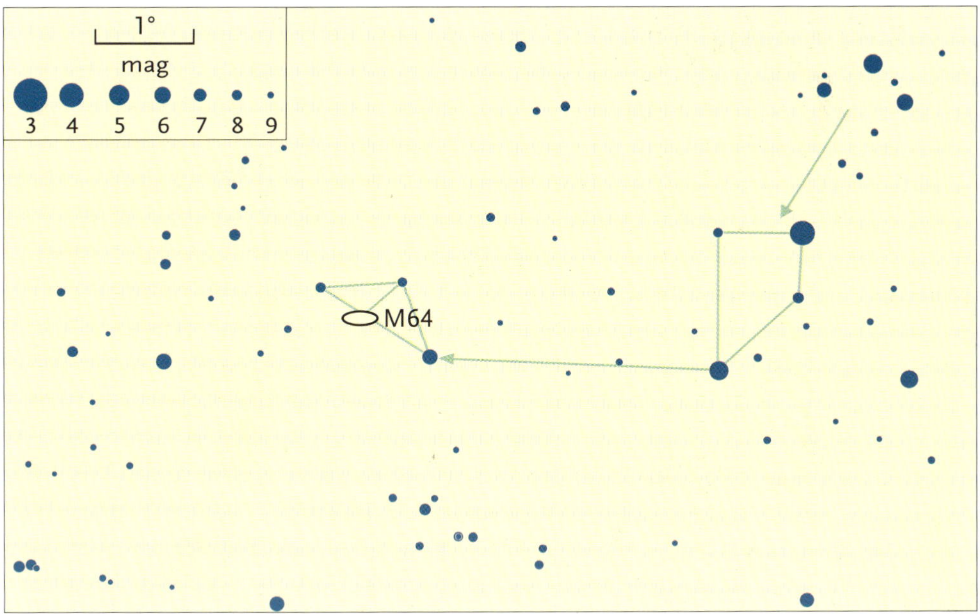
1°
mag
3 4 5 6 7 8 9
M64

Die Sonnenblumen-Galaxie M 63

Rektaszension	Deklination	Helligkeit	Größe	∅ Instrument	Sichtbarkeit
$13^h 15{,}8^m$	+42° 02'	$8{,}6^m$	15' x 9'	80 mm	Januar–August

Im Vergleich zu M 64 (S. 42/43) sind die Spiralarme bei der Galaxie M 63 viel deutlicher ausgebildet, fast einer Blumenblüte gleich liegt sie vor uns – daher auch die gelegentliche Bezeichnung als „Sonnenblumen-Galaxie". Die ovale Zentralregion ist relativ hell, hier kann man auch mit kleineren Teleskopen schon 60–80fach vergrößern. Von den Spiralarmen wird ein visueller Beobachter nichts sehen können, selbst in einem Teleskop mit 300 mm Öffnung oder mehr ist bestenfalls ein verschwommener Schimmer zu erahnen.
M 51 (S. 46/47) und M 63 sind die Hauptgalaxien einer kleinen, rund 37 Millionen Lichtjahre entfernten Galaxiengruppe, die ähnlich unserer eigenen Lokalen Gruppe noch eine Vielzahl schwächerer Galaxien enthält.

Ihr Weg zu M 63

- M 63 befindet sich im Sternbild Jagdhunde nordöstlich des Sterns α CVn und bildet zusammen mit diesem und β CVn ein fast gleichschenkliges Dreieck.
- Ausgangspunkt der Suche ist der Stern α CVn, 3° weiter östlich finden Sie eine auffällige Gruppe aus Sternen 6. und 7. Größe.
- Rund 2° nordöstlich von dieser Sterngruppe stoßen Sie auf eine weitere kleine Ansammlung von Sternen 5. und 6. Größe.
- Zentrieren Sie Ihr Teleskop auf den nördlichsten dieser Sterne (19 CVn) und schwenken Sie anschließend 1° nach Norden – M 63 liegt nun vor Ihnen.

Insgesamt 120 Minuten Belichtungszeit erforderte dieses Porträt von M 63 am Celestron 14.

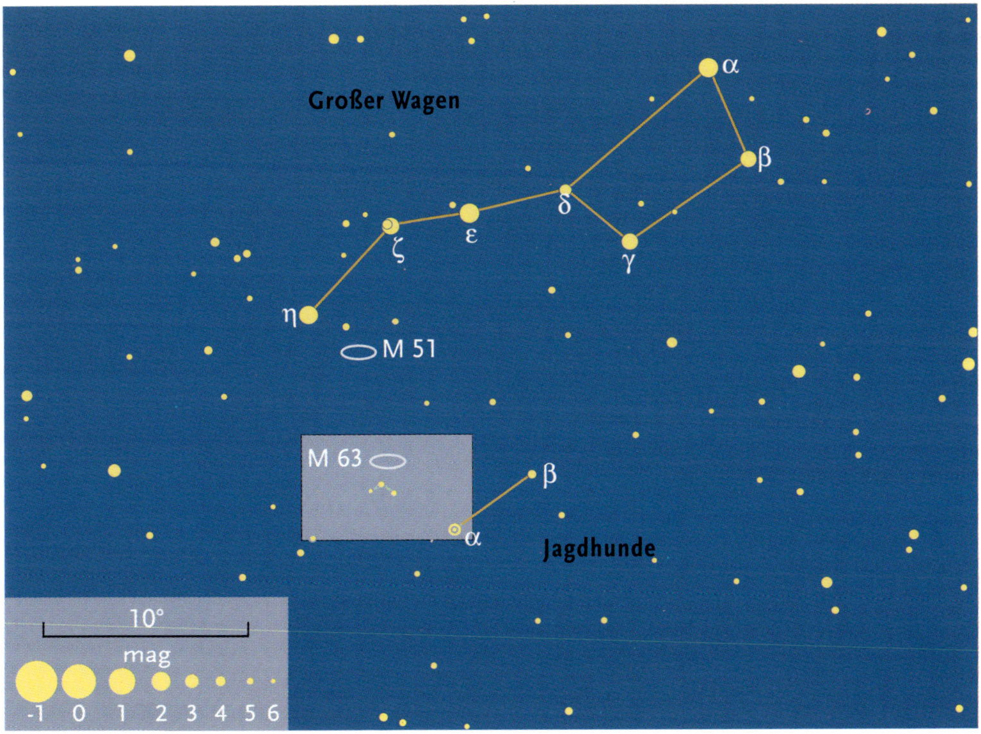
Großer Wagen
α
β
δ
γ
ε
ζ
η
M 51
M 63
β
α
Jagdhunde
10°
mag
-1 0 1 2 3 4 5 6

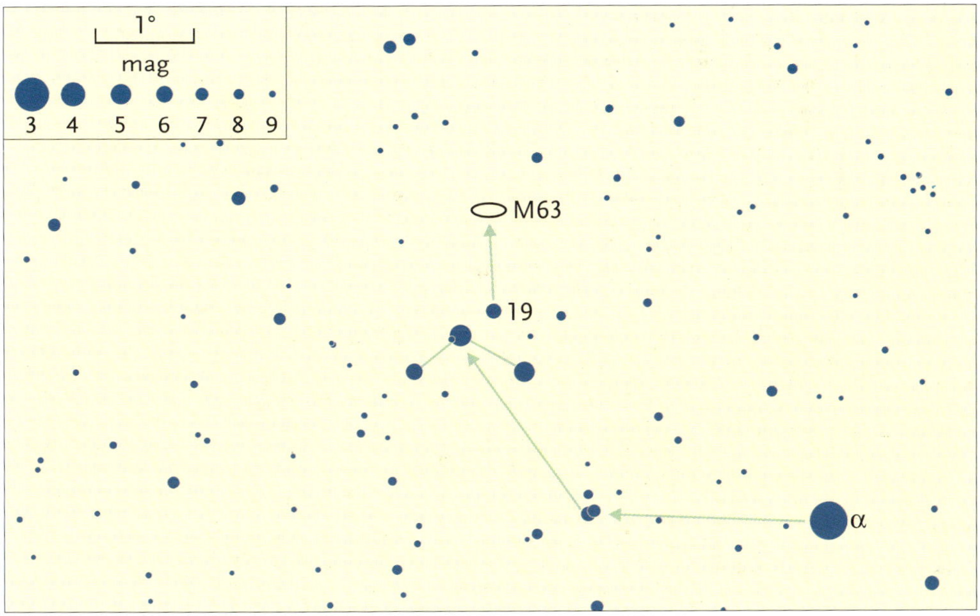
1°
mag
3 4 5 6 7 8 9
M63
19
α

Die Whirlpool-Galaxie M 51

Rektaszension	Deklination	Helligkeit	Größe	∅ Instrument	Sichtbarkeit
$13^h 29{,}9^m$	+47° 12'	$8{,}8^m$	9' x 7'	60 mm	Januar–August

Kaum eine Galaxie ist zur Darstellung eines Spiralnebels besser geeignet als M 51. Nahezu senkrecht blicken wir auf dieses 37 Millionen Lichtjahre entfernte Milchstraßensystem, in dessen Spiralarmen auf Fotografien zahlreiche Sternentstehungsgebiete zu erkennen sind. Leider geht M 51 bei Lichtverschmutzung sehr schnell im Himmelshintergund unter: Während Sie bei sehr dunklem Nachthimmel abseits von Großstädten die Spiralarme schon in Teleskopen mit 120–150 mm Öffnung ausmachen können, benötigen Sie dazu unter einem Vorstadthimmel unter Umständen mehr als 300 mm Öffnung. Setzen Sie geringe Vergrößerungen ein und peilen Sie Austrittspupillen von 5–6 mm Durchmesser an. M 51 wird von der deutlich kleineren Galaxie NGC 5195 begleitet, die durch ihre Schwerkraft das Aussehen der großen Schwester beeinflusst hat. Ab 100 mm Öffnung kann man zumindest die Kerne der beiden Galaxien erkennen.

Ihr Weg zu M 51

- M 51 steht im Nordteil der Jagdhunde. Beginnen Sie Ihre Suche im Großen Wagen beim Stern η UMa, dem vorderen Ende der Deichsel.
- Schwenken Sie von η zunächst 2° nach Westen, dort stoßen Sie auf einen Stern 5. Größe (24 CVn).
- Rund 1,5° südwestlich dieses Sterns finden Sie ein rechtwinkliges Dreieck aus zwei Sternen 7. Größe und einem Stern 8. Größe.
- Richten Sie Ihr Teleskop auf den südlichsten Stern dieser Gruppe, M 51 finden Sie 0,5° westlich davon.

CCD-Farbkomposit von M 51, aufgenommen mit einem C 14 unter dem aufgehellten Solinger Himmel

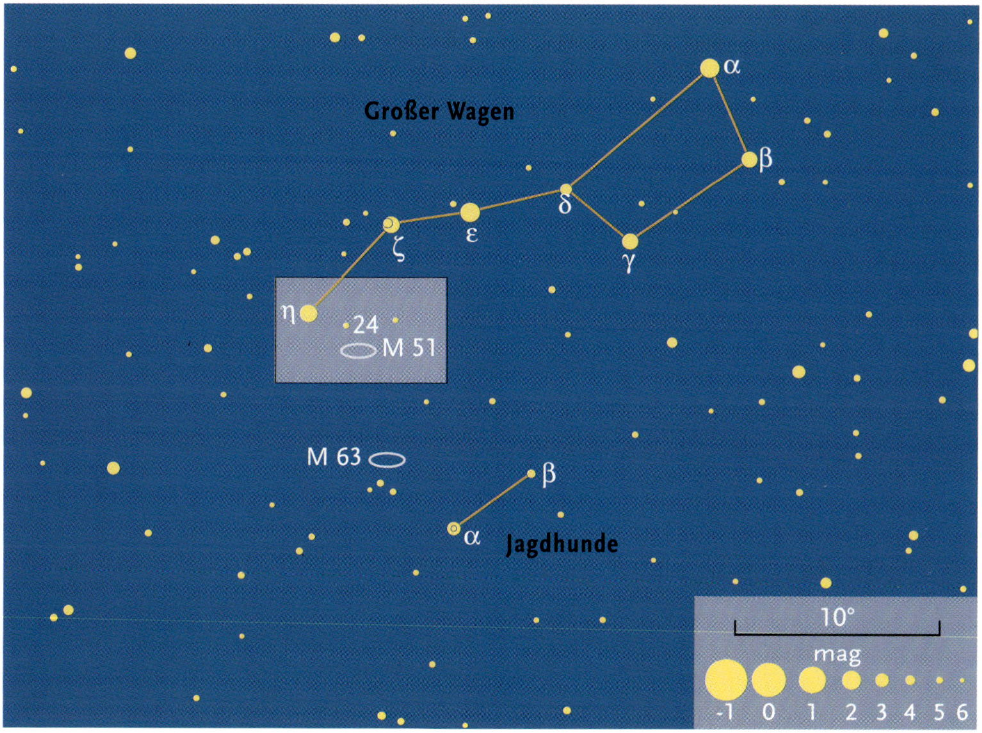
Großer Wagen
α
β
δ
γ
ε
ζ
η
24
M 51
M 63
β
α
Jagdhunde
10°
mag
-1 0 1 2 3 4 5 6

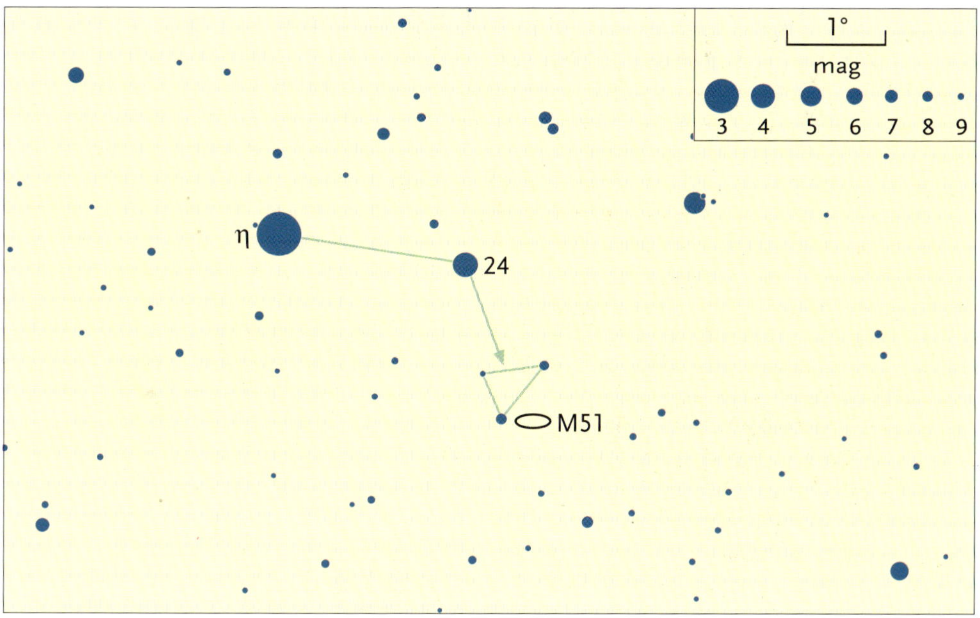
1°
mag
3 4 5 6 7 8 9
η
24
M51

Der Kugelsternhaufen M 5

Rektaszension	Deklination	Helligkeit	Größe	∅ Instrument	Sichtbarkeit
$15^h 18{,}6^m$	+2° 05'	$5{,}8^m$	17'	50 mm	April–August

Frühling

Dieser rund 13 Milliarden Jahre alte kugelförmige Sternhaufen ist schon in einem 8x40-Fernglas als kleines Wölkchen zu sehen. Interessant wird die Beobachtung mit Teleskopen ab 100 mm Öffnung: Bei etwa 50facher Vergrößerung können Sie in den Randpartien bereits die ersten Einzelsterne vor einer leicht ovalen Wolke sehen, die zur Mitte hin allmählich heller wird. Je höher Sie vergrößern, umso mehr Einzelsterne sehen Sie, vorausgesetzt, die Luft ist ruhig genug. Atemberaubend wird der Anblick mit 200 mm Öffnung. Im Zentrum bleibt zwar immer noch ein diffuser Schimmer nicht aufgelöster Einzelsterne, ansonsten quillt das Okular aber förmlich über angesichts der Unmengen an Sternen, die in kleinen Gruppen und Ketten diesen rund 25 000 Lichtjahre entfernten Kugelhaufen bevölkern.

Ihr Weg zu M 5

- M 5 steht knapp über dem Himmelsäquator im Westen des Sternbildes Schlange.
- Von der Sterngruppe um β Ser, die den Kopf der Schlange bildet, geht es rund 10° nach Süden.
- Dort erreichen Sie ein markantes Dreieck, das von α, λ und ε Ser gebildet wird.
- Von ε aus geht es weitere 2° nach Süden, bis Sie auf einen Stern 5. Größe (ω Ser) stoßen.
- Nun schwenken Sie 5° nach Westen, wo Sie ein lang gezogenes Dreieck aus Sternen 5. Größe finden.
- Richten Sie Ihr Teleskop auf den westlichsten davon (5 Ser), den Kugelhaufen finden Sie 0,5° nordwestlich von diesem Stern.

CCD-Farbaufnahme von M5 mit dem Celestron 14

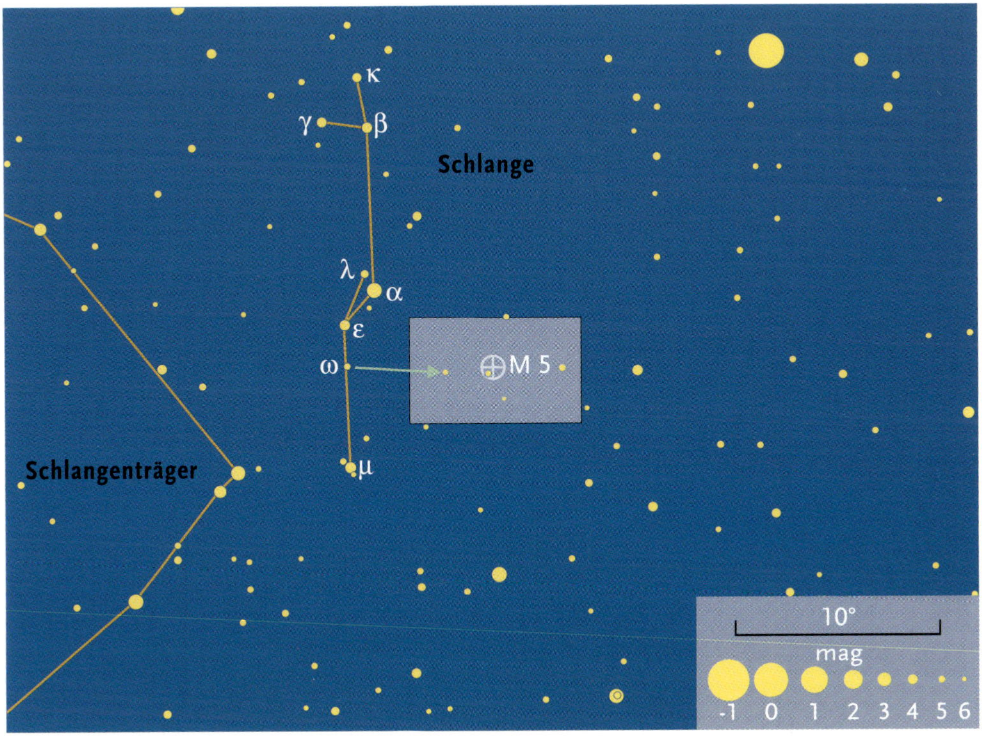
κ
γ
β
Schlange
λ
α
ε
ω
M 5
μ
Schlangenträger
10°
mag
-1 0 1 2 3 4 5 6

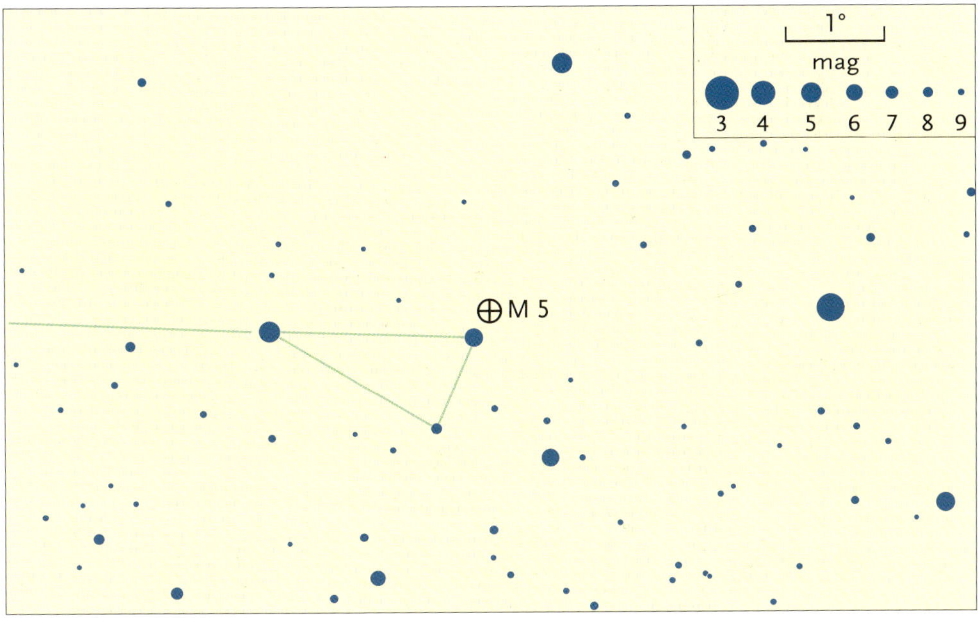
1°
mag
3 4 5 6 7 8 9
M 5

Checkliste Frühling

Objekt	Beobachtet am	Beobachtet mit	Kommentar

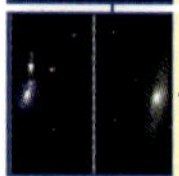			

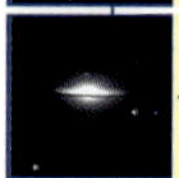			
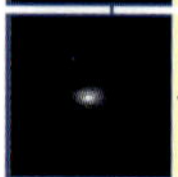			

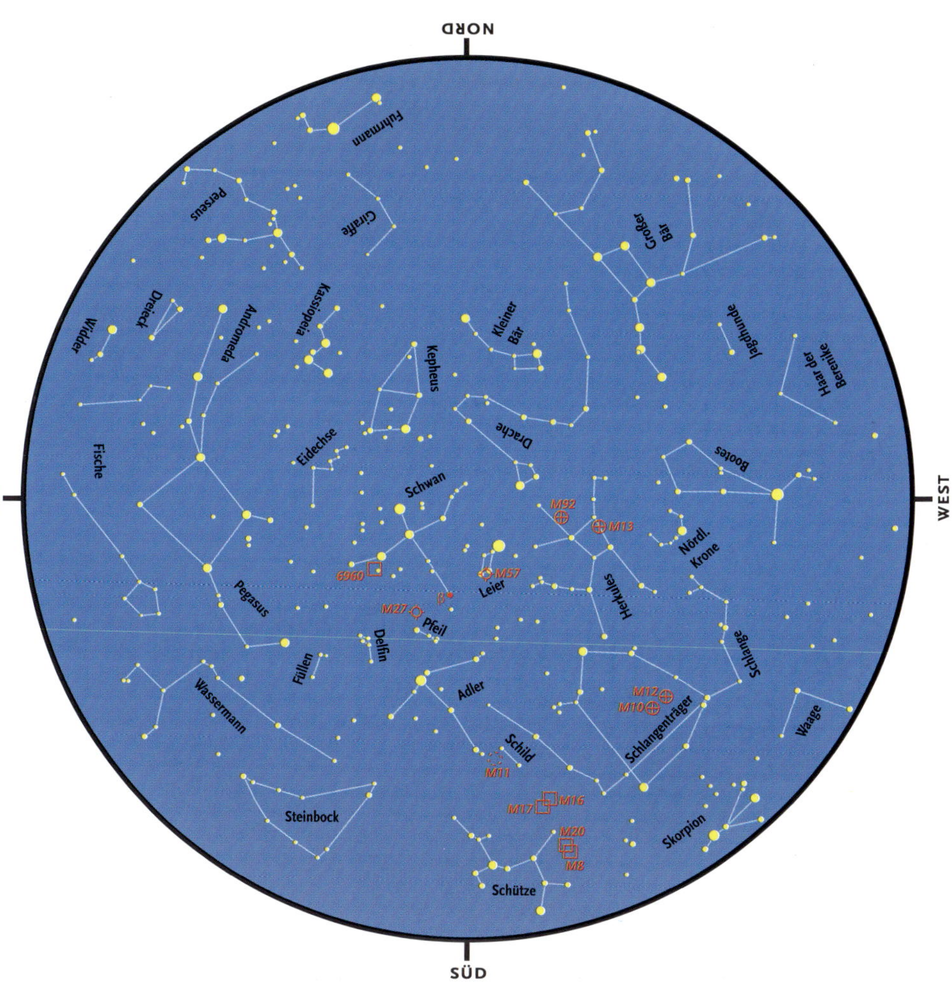

Objekt	∅ Instrument	Seite
Sternhaufen M 13	50 mm	52
Sternhaufen M 12	60 mm	54
Sternhaufen M 10	60 mm	56
Sternhaufen M 92	60 mm	58
Gasnebel M 20	50 mm	60
Gasnebel M 8	50 mm	62
Gasnebel M 16	60 mm	64

Objekt	∅ Instrument	Seite
Gasnebel M 17	60 mm	66
Sternhaufen M 11	50 mm	68
Planet. Nebel M 57	60 mm	70
Doppelstern β Cyg	50 mm	72
Planet. Nebel M 27	50 mm	74
Gasnebel NGC 6960	80 mm	76

Der Große Herkuleshaufen M 13

Rektaszension	Deklination	Helligkeit	Größe	∅ Instrument	Sichtbarkeit
$16^h\ 41{,}7^m$	+36° 28’	$5{,}6^m$	17’	50 mm	April–Oktober

M 13 gilt als der schönste Kugelsternhaufen der Nordhemisphäre und ist ein Muss für jeden Sternfreund. Unter guten Vorstadtbedingungen ist dieser rund 25 000 Lichtjahre entfernte Sternhaufen bereits mit bloßem Auge sichtbar, in kleinen Ferngläsern und Teleskopen ist er deutlich zu erkennen. Ab 120 mm Öffnung wird seine Beobachtung zu einem wahren Genuss. Die hellsten Einzelsterne sind 11^m hell und in den Randbereichen schon ab 100 mm Öffnung aufzulösen. Mit 150 mm können Sie den Haufen bereits bis ins Zentrum hinein auflösen. Viele Sternketten scheinen wie Tautropfen auf einem Spinnweben verteilt zu sein. Die optimale Vergrößerung sollte jeder Beobachter nach seinem eigenen ästhetischen Empfinden auswählen – es ist auf jeden Fall reizvoll, auch etwas höher zu vergrößern und sich in M 13 „hineinzuzoomen“. Wer dieses Highlight einer jeden sommerlichen Beobachtungsnacht einmal mit 200 mm Öffnung oder mehr beobachtet hat, wird den beeindruckenden Anblick tausender Einzelsterne auf engstem Raum nicht mehr vergessen.

Ihr Weg zu M 13

- M 13 steht hoch am Sommerhimmel im Sternbild Herkules.
- Lokalisieren Sie zunächst das zentrale Sternviereck im Herkules.
- Suchen Sie den nordwestlichen Eckstern η Her.
- Schwenken Sie dann 2,5° nach Süden.
- Schon im Sucherfernrohr können Sie den Kugelsternhaufen als kompaktes Wölkchen zwischen zwei Sternen 7. Größe erkennen.

Dank CCD-Technik waren am C 14 nur 2 min. Belichtungszeit für diese Aufnahme von M 13 erforderlich.

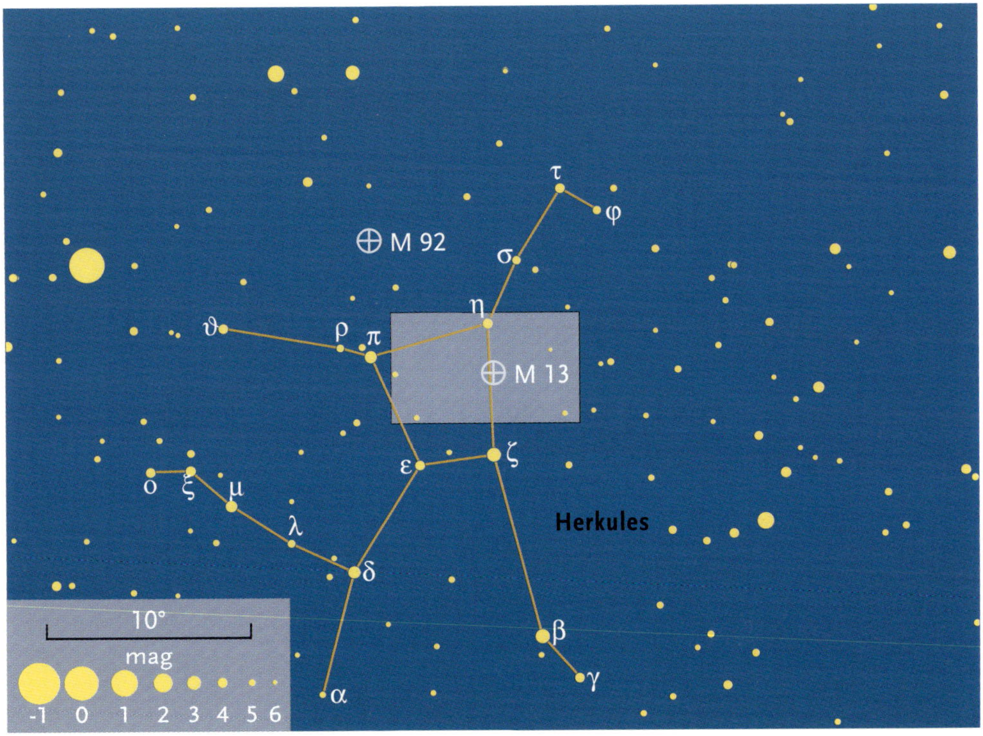
τ
φ
σ
M 92
η
ϑ
ρ
π
M 13
ε
ζ
ο
ξ
μ
λ
Herkules
δ
β
γ
α
10°
mag
-1 0 1 2 3 4 5 6

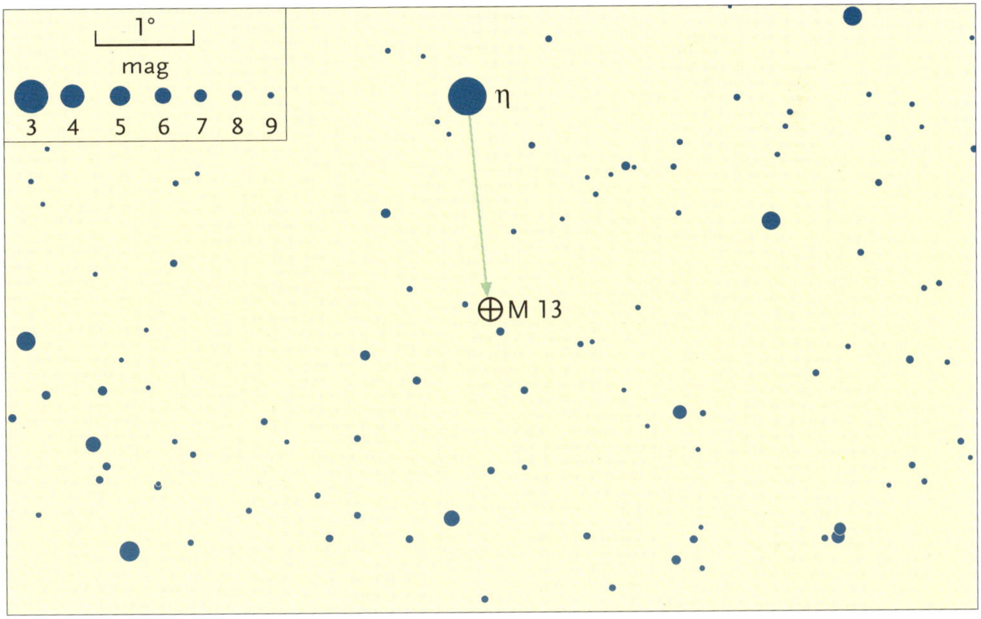
1°
mag
3 4 5 6 7 8 9
η
M 13

Der Kugelsternhaufen M 12

Rektaszension	Deklination	Helligkeit	Größe	∅ Instrument	Sichtbarkeit
$16^h\,47{,}2^m$	–1° 57'	$6{,}7^m$	12'	60 mm	Mai–September

Sommer

Dieser Kugelhaufen kann bereits mit einem 8x40-Fernglas ausgemacht werden. Auch hiermit fällt schon auf, dass M 12 eine lange nicht so helle Kernregion hat wie z. B. M 13 (S. 52/53) oder gar M 92 (S. 58/59). Dennoch lohnt sich der Ausflug ins eher abseits gelegene Sternbild Schlangenträger. Ab 114 mm Öffnung aufwärts lässt sich der für einen Kugelsternhaufen untypische recht unregelmäßige Umriss von M 12 erkennen. Vor dem schwachen Glimmen der Kernregion tauchen jetzt weitläufig verteilt die ersten Einzelsterne 12. Größe auf – bei etwa 75facher Vergrößerung können Sie sie recht gut sehen. Mit 150–200 mm Öffnung werden vor allem in der Randzone Dutzende weiterer Einzelsterne erkennbar. Nicht zu M 12 gehören die Sterne 10. Größe, die östlich des Sternhaufens ein fast rechtwinkliges Dreieck bilden – alle sind nur wenige hundert Lichtjahre von uns entfernt, während der Haufen selbst rund 18 000 Lichtjahre weit weg ist.

Ihr Weg zu M 12

- M 12 steht nahe dem Himmelsäquator im Sternbild Schlangenträger.
- An der Westkante dieses Sternbildes finden Sie eine auffällige Kette aus Sternen 3. Größe: δ, ε und ζ Oph.
- 7° nordöstlich von δ stoßen Sie auf λ Oph, einen Stern 4. Größe.
- Von dort aus schwenken Sie 4° nach Osten, wo Sie auf eine Kette aus Sternen 5. bis 7. Größe treffen.
- Nun bewegen Sie Ihr Teleskop von 16 Oph in dieser Sternkette aus nur noch 3° nach Süden und Sie haben M 12 eingestellt.

4-minütige CCD-Belichtung von M 12 am Celestron 14

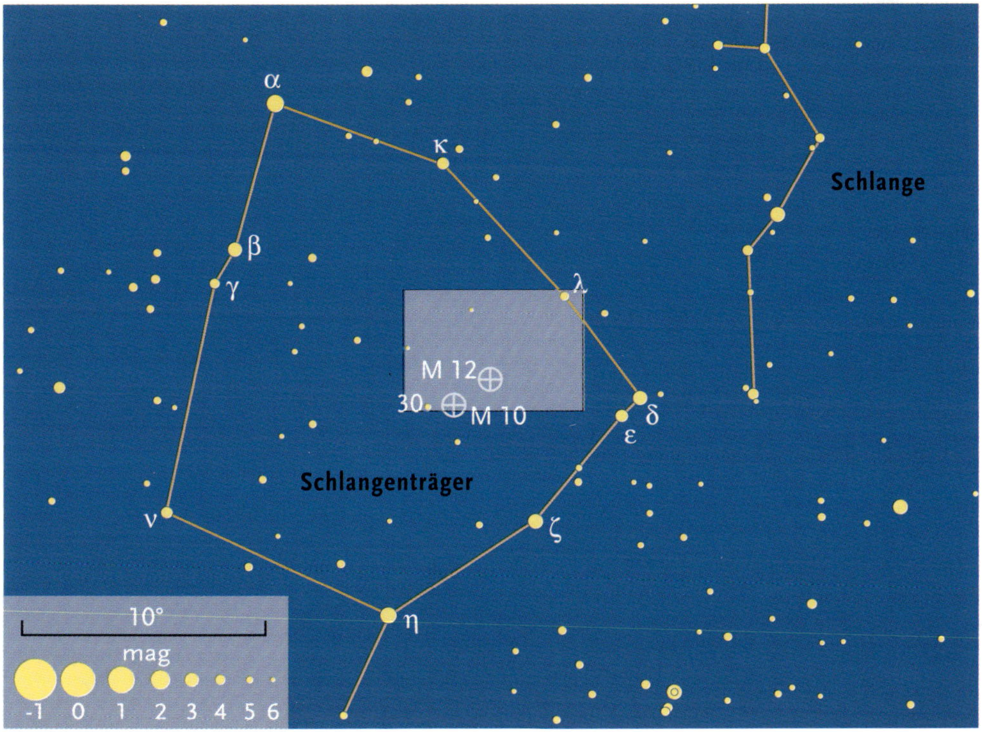
α
κ
β
γ
λ
M 12
30
M 10
δ
ε
Schlange
Schlangenträger
ν
ζ
η
10°
mag
-1 0 1 2 3 4 5 6

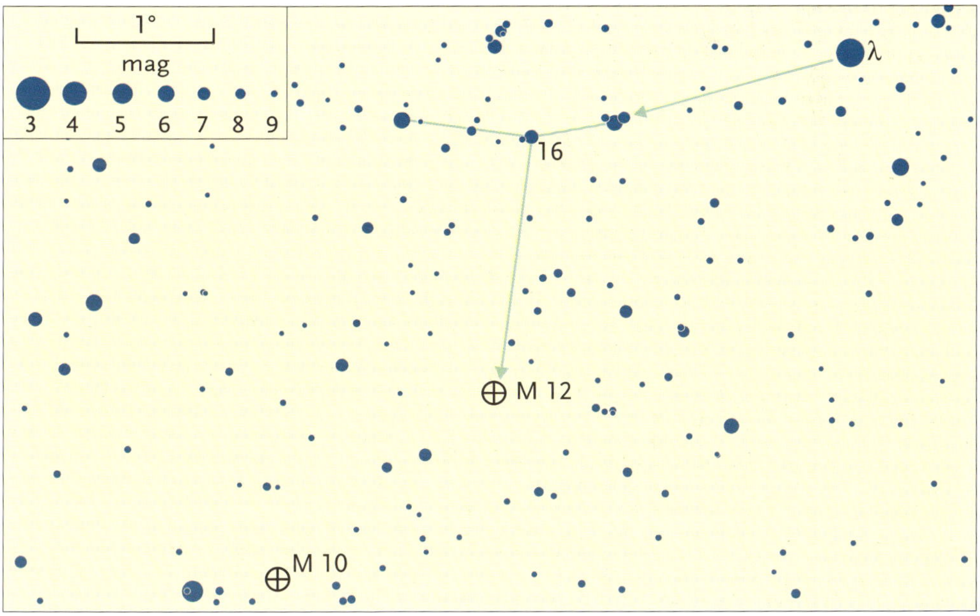
1°
mag
3 4 5 6 7 8 9
λ
16
M 12
M 10

Der Kugelsternhaufen M 10

Rektaszension	Deklination	Helligkeit	Größe	∅ Instrument	Sichtbarkeit
$16^h 57,1^m$	–4° 06'	$6,5^m$	12'	60 mm	Mai–September

Zusammen mit M 12 (S. 54/55) bildet dieser rund 15 000 Lichtjahre entfernte Kugelsternhaufen im Sternbild Schlangenträger ein hübsches Pärchen für Fernglasbeobachter, ihr Winkelabstand liegt bei 3,5°. Im Vergleich zu seinem Nachbarn ist M 10 nicht nur etwas heller, sondern auch stärker zum Zentrum hin konzentriert. Auch hier liegt die Helligkeit der hellsten Sterne bei etwa 12^m, ihre Sichtung erfordert daher eine Öffnung von mindestens 114 mm. Da sich der Kugelhaufen bereits südlich des Himmelsäquators befindet und daher niemals hoch am Himmel steht, kann es in warmen Sommernächten vorkommen, dass Sie schon ab 100facher Vergrößerung ein deutliches Wabern der Sterne im Okular wahrnehmen – die horizontnahe Luftunruhe macht sich nun sehr schnell bemerkbar. M 10 selber wird Ihnen höhere Vergrößerungen nicht verübeln, Sie können daher ruhig versuchen, an die Grenze des optisch Machbaren zu gehen.

Ihr Weg zu M 10

- Von M 12 aus gelangen Sie zu M 10, indem Sie Ihr Teleskop 2° nach Osten und 2° nach Süden schwenken. Sie können aber auch die folgende alternative „Südroute" nehmen:
- Starten Sie dazu bei δ und ε Oph im Westen des Schlangenträgers.
- Schwenken Sie nun 11° nach Osten, wo Sie auf 30 Oph stoßen, einen Stern 5. Größe.
- Westlich von diesem Stern finden Sie zwei Sterne 8. Größe. M 10 bildet mit ihnen zusammen ein lang gestrecktes Dreieck, an dessen Westspitze er liegt.

M 10, mit einer CCD-Kamera 2 Minuten am Celestron 14 belichtet

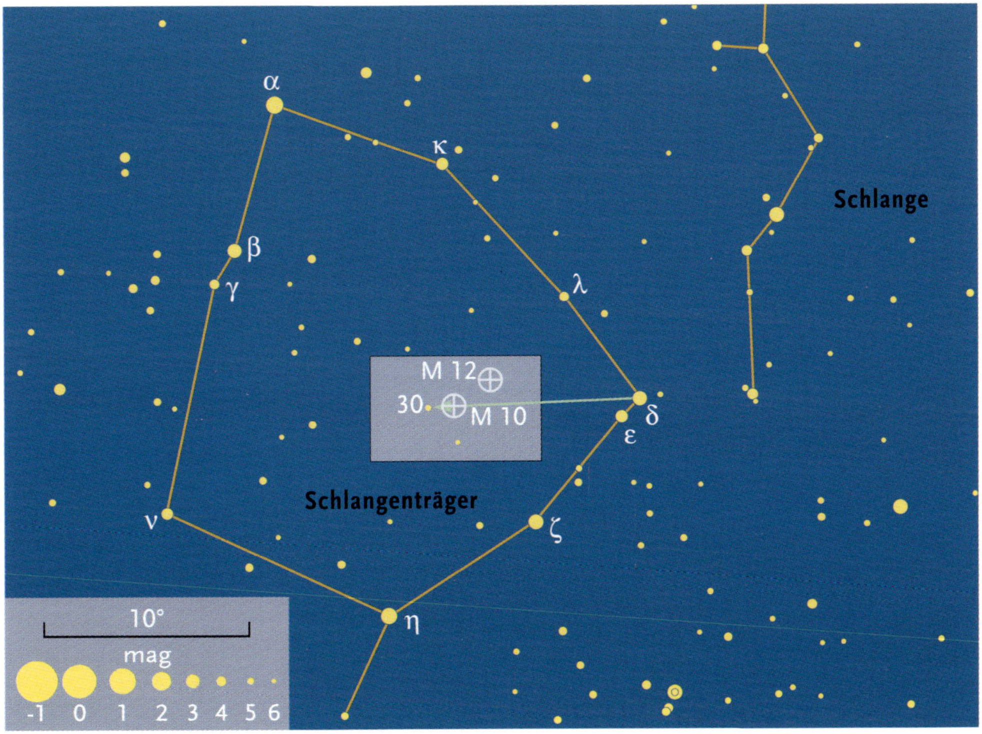
α
κ
β
γ
λ
M 12
30
M 10
δ
ε
Schlangenträger
ν
ζ
η
Schlange
10°
mag
-1 0 1 2 3 4 5 6

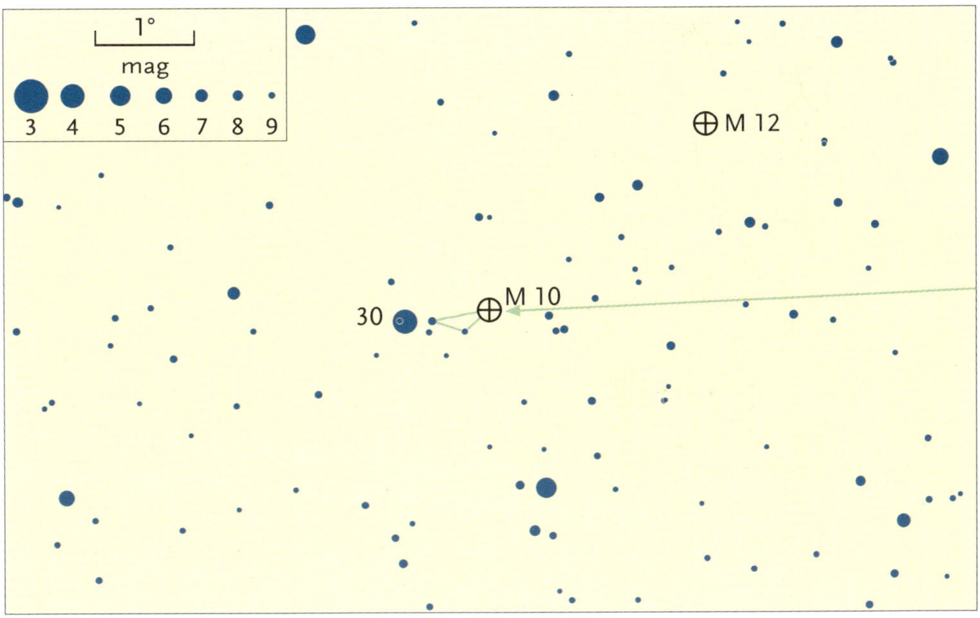
1°
mag
3 4 5 6 7 8 9
M 12
30
M 10

Der Kugelsternhaufen M 92

Rektaszension	Deklination	Helligkeit	Größe	∅ Instrument	Sichtbarkeit
$17^h 17{,}1^m$	+43° 08’	$6{,}3^m$	12’	60 mm	April–Oktober

Natürlich ist M 13 (S. 52/53) viel größer und spektakulärer, trotzdem lohnt sich auch ein Blick auf M 92. Schon mit einem 8x40-Fernglas ist der Vergleich zwischen den beiden Kugelsternhaufen im Sternbild Herkules eindrucksvoll. Wenn Sie das ovale Wölkchen im 60–100-mm-Teleskop betrachten, verstärkt sich der Eindruck, dass die Helligkeit zum Zentrum von M 92 hin viel stärker zunimmt als bei M 13. Mit 100 mm Öffnung und etwa 80facher Vergrößerung sollte es Ihnen bereits gelingen, am Rand die ersten Einzelsterne 11. Größe aufzulösen. Mit 150 mm Öffnung dringen Sie weiter Richtung Zentrum vor, in Nächten mit ruhiger Luft können Sie bis 300fach vergrößern. Aber selbst mit einem 200-mm-Teleskop bleibt auch bei höheren Vergrößerungen immer ein Schimmer unaufgelöster Sterne um den Kern herum erhalten. Ähnlich wie der große Bruder M 13 hat auch der rund 28 000 Lichtjahre entfernte Kugelsternhaufen M 92 ein Alter von vermutlich 14–16 Milliarden Jahren.

Ihr Weg zu M 92

- M 92 steht im Herkules und wandert in den Sommermonaten fast durch den Zenit. Beginnen Sie die Suche bei π Her, der Nordostecke des Herkules-Vierecks.
- Schwenken Sie nun 6,5° nach Norden – M 92 liegt an der Südwestkante eines Dreiecks aus Sternen 7. bis 8. Größe.
- Auf halber Strecke zwischen der West- und der Südspitze dieses Dreiecks finden Sie den Kugelhaufen schon im Sucherfernrohr.

M 92, mit einer CCD-Kamera 4 Minuten am Celestron 14 belichtet

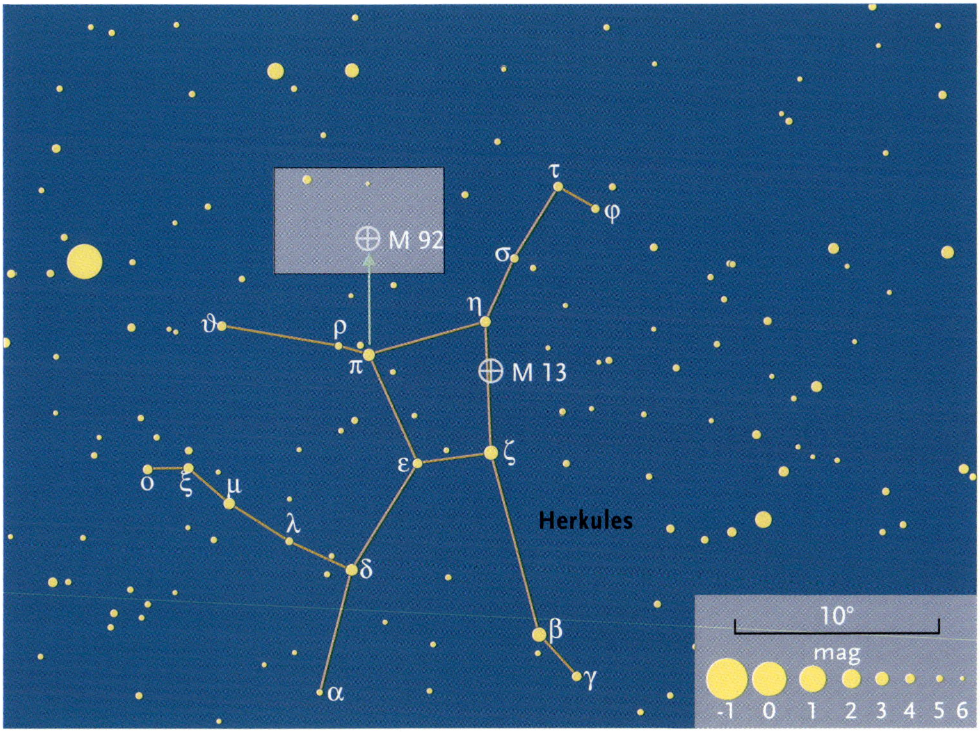
M 92
τ
φ
σ
η
ϑ
ρ
π
M 13
ε
ζ
ο
ξ
μ
λ
Herkules
δ
β
γ
α
10°
mag
-1 0 1 2 3 4 5 6

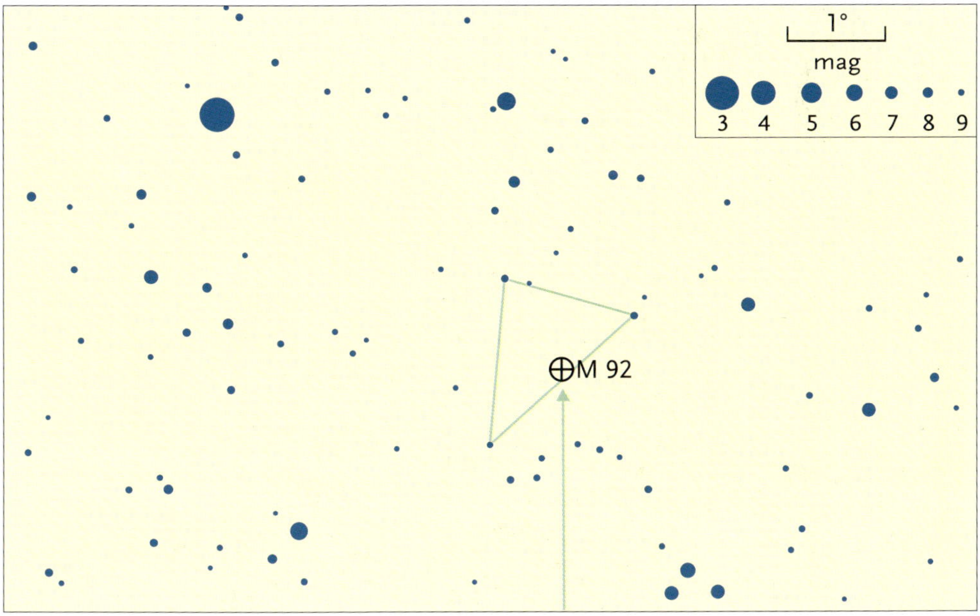
1°
mag
3 4 5 6 7 8 9
M 92

Der Trifid-Nebel M 20

Rektaszension	Deklination	Helligkeit	Größe	∅ Instrument	Sichtbarkeit
$18^h\,02{,}6^m$	–23° 02'	$9{,}0^m$	20'	50 mm	Juni–September

Um diesen schönen Gasnebel in den Sternwolken des Schützen bewundern zu können, benötigen Sie in Mitteleuropa einen klaren Himmel bis zum Horizont. Wegen des größeren Gesichtsfeldes und des beidäugigen Sehens wirkt der diffuse, fast formlose Trifid-Nebel in 10x50- oder 15x80-Ferngläsern oft besser als in manchem Teleskop. Bei der Beobachtung mit einem Fernrohr sollten Sie daher so gering wie möglich vergrößern. Um die eigenartigen Dunkelwolken zu erkennen, die den Nebel dreiteilen und denen er seinen Namen verdankt, sollten Sie mit mindestens 200 mm Öffnung beobachten. Ein Mehrfachsternsystem in seinem Zentrum regt den Nebel zum Leuchten an, Sie können es mit Öffnungen ab 100 mm gut erkennen. Von dem rund 5200 Lichtjahre entfernten Trifid-Nebel ist im Teleskop nur der auf dem Foto rötliche Teil sichtbar, der bläuliche Reflexionsnebel entzieht sich der visuellen Beobachtung.

Ihr Weg zu M 20

- Der Trifid-Nebel steht tief im Süden in der Sommermilchstraße im Sternbild Schütze.
- Identifizieren Sie zunächst das Sternbild Schütze – es besteht u. a. aus zwei markanten Vierecken.
- Das westliche wird von den Sternen δ, ε, η und γ^2 Sgr gebildet.
- Starten Sie bei γ^2 Sgr und schwenken Sie Ihr Teleskop 6° nach Norden – dort stoßen Sie zunächst auf den Lagunen-Nebel M 8.
- M 20 steht gut 1° nördlich davon an der Südwestecke einer Raute aus Sternen 6. und 7. Größe.

M 20 auf einer 60-minütigen Belichtung auf Negativfilm am C 14 in Namibia

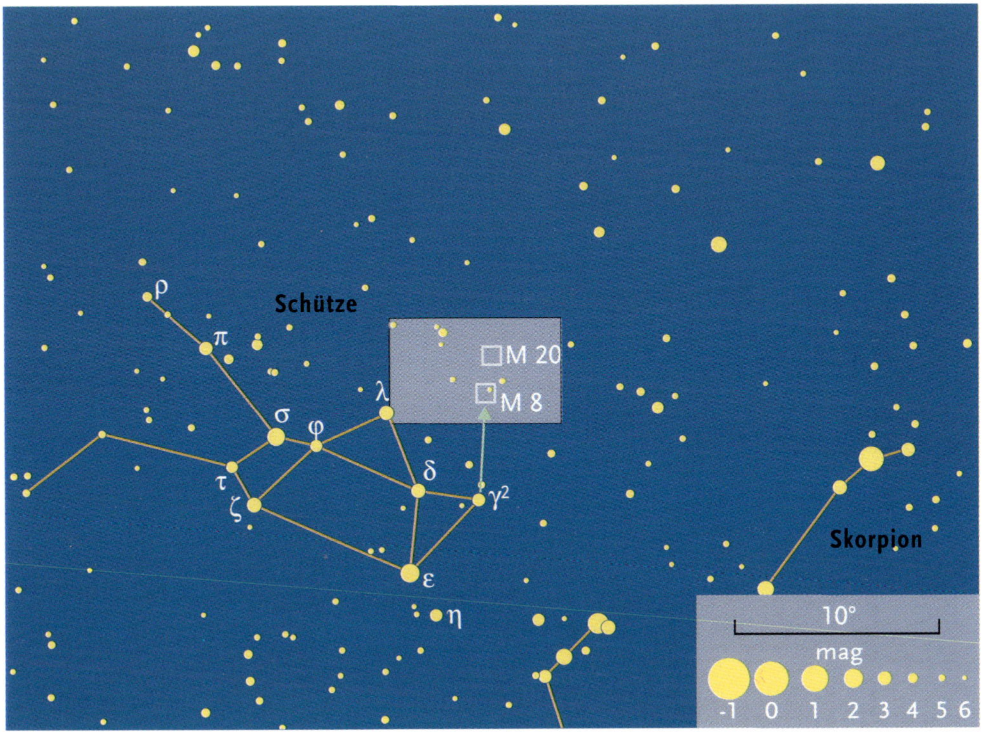

Schütze
Skorpion
ρ
π
σ
φ
λ
τ
ζ
δ
γ2
ε
η
M 20
M 8
10°
mag
-1 0 1 2 3 4 5 6

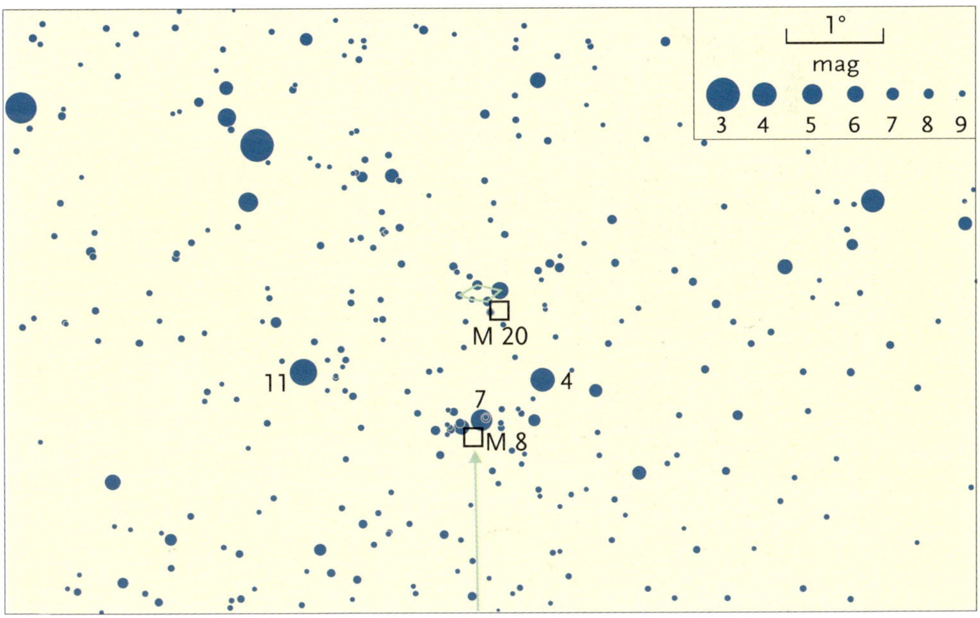

1°
mag
3 4 5 6 7 8 9
M 20
M 8
11
4
7

Der Lagunen-Nebel M 8

Rektaszension	Deklination	Helligkeit	Größe	∅ Instrument	Sichtbarkeit
$18^h\ 03{,}8^m$	–24° 23'	$6{,}0^m$	80' x 40'	50 mm	Juni–September

Sommer

Schon mit bloßem Auge kann man diesen großen Gasnebel in dunklen Nächten fernab vom Stadtlicht erkennen. Im 10x50-Fernglas sehen Sie den kompakten Sternhaufen NGC 6530 mit rund zwei Dutzend Sternen 6. bis 9. Größe, der von dem unregelmäßig geformten Nebel umgeben wird. Egal welches Teleskop Sie verwenden, achten Sie auf ein möglichst großes Gesichtsfeld und eine schwache Vergrößerung. Mit 120–150 mm Öffnung ist zu erkennen, dass der Nebel durch eine schlauchartige Dunkelwolke geteilt wird. Östlich dieser Dunkelwolke ist der jetzt eher verstreut wirkende Sternhaufen NGC 6530 zu finden, westlich davon eine Aufhellung, in deren Zentrum der „Stundenglas-Nebel" steht. Um diesen und seine Form gut erkennen zu können, sollten Sie allerdings schon mit 200 mm Öffnung beobachten. Wie M 20 (S. 60/61) ist auch M 8 rund 5200 Lichtjahre von uns entfernt. Beide scheinen Teil eines größeren Nebelkomplexes zu sein, in dem auch heute noch aus interstellarem Gas und Staub neue Sterne entstehen.

Ihr Weg zu M 8

- Der Lagunen-Nebel steht tief im Süden im Sternbild Schütze.
- Bei klarem, dunklem Himmel benötigen Sie fast keine „Anfahrtsbeschreibung" – der Nebel ist mit bloßem Auge 6° nördlich von γ^2 Sgr erkennbar.
- Bei dunstigem Horizont können Sie sich nach dem 6°-Schwenk nach Norden an dem Sterndreieck aus 4, 7 und 11 Sgr orientieren.
- Der hellste Teil des Lagunen-Nebels steht bei 7 Sgr.

M 8, mit einem Celestron 11 unter dem dunklen Himmel Namibias 60 Minuten belichtet

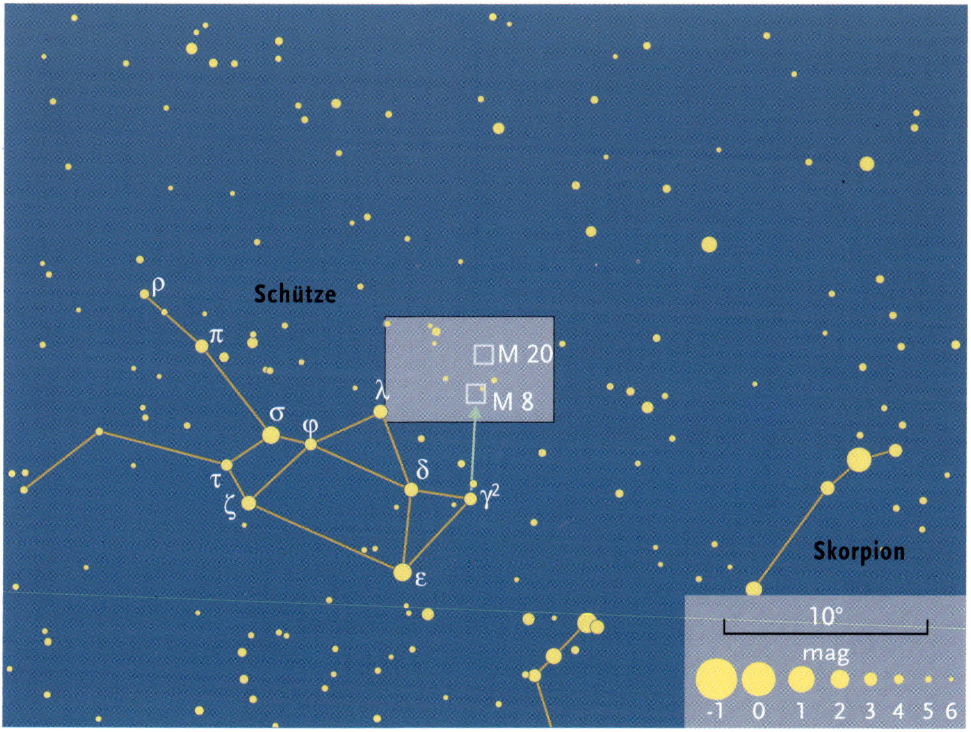
Schütze
ρ
π
σ
φ
λ
M 20
M 8
τ
ζ
δ
γ²
ε
Skorpion
10°
mag
-1 0 1 2 3 4 5 6

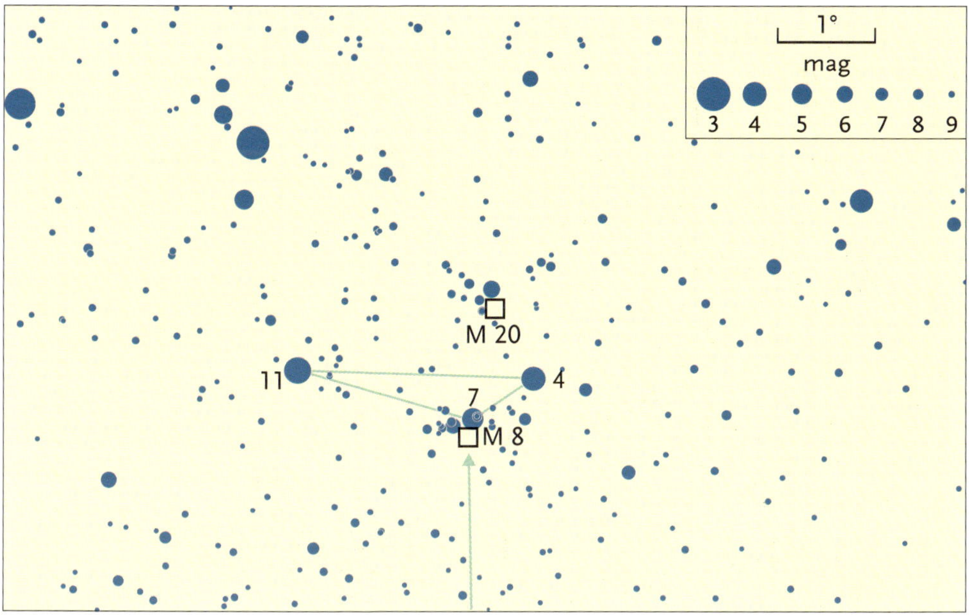
1°
mag
3 4 5 6 7 8 9
M 20
11
4
7
M 8

Der Adler-Nebel M 16

Rektaszension	Deklination	Helligkeit	Größe	∅ Instrument	Sichtbarkeit
$18^h\,18{,}8^m$	−13° 47’	$6{,}0^m$	28’	60 mm	Juni–September

Der Gasnebel M 16 ist bei guter Sicht und dunklem Himmel ein schönes Objekt für größere Ferngläser mit 80 mm Durchmesser und kurzbrennweitige Reiseteleskope, sein Anblick ist aber auch lohnenswert in Fernrohren ab 100 mm Öffnung. Bei 25–40facher Vergrößerung fällt zunächst ein lockerer Sternhaufen mit etwa 20 Sternen 8. bis 11. Größe auf. Dieser wird von einem verschwommenen, sehr diffusen Nebel umgeben, der sich nach Süden hin ausbreitet. Weitere Mitgliedssterne des Sternhaufens tauchen mit zunehmender Vergrößerung und mit größerer Öffnung auf – allerdings kann beides zu Lasten der Erkennbarkeit des ausgedehnten Gasnebels gehen. Selbst jenseits von 200 mm Öffnung können keine Nebeldetails ausgemacht werden. Auch im etwa 8200 Lichtjahre entfernten Adler-Nebel werden noch Sterne in den bizarren Staubwolken geboren, die leider nur auf guten Astrofotos zu erkennen sind.

Ihr Weg zu M 16

- M 16 steht in der äußersten Südostecke des Sternbildes Schlange.
- Starten Sie Ihre Suche beim Sterndreieck aus ν, ξ und ο Ser. Die Nordkante dieses lang gezogenen Dreiecks ist recht genau in West-Ost-Richtung orientiert.
- Bewegen Sie nun Ihr Teleskop von ο Ser aus um 9° nach Osten, dort finden Sie M 16.
- Der Nebel bildet mit γ Sct und einem Stern 6. Größe ein nach Osten zeigendes gleichschenkliges Dreieck, M 16 selbst steht an seiner Nordwestspitze.

M 16 im Fokus des Celestron 11, unter namibischem Himmel 60 Minuten belichtet

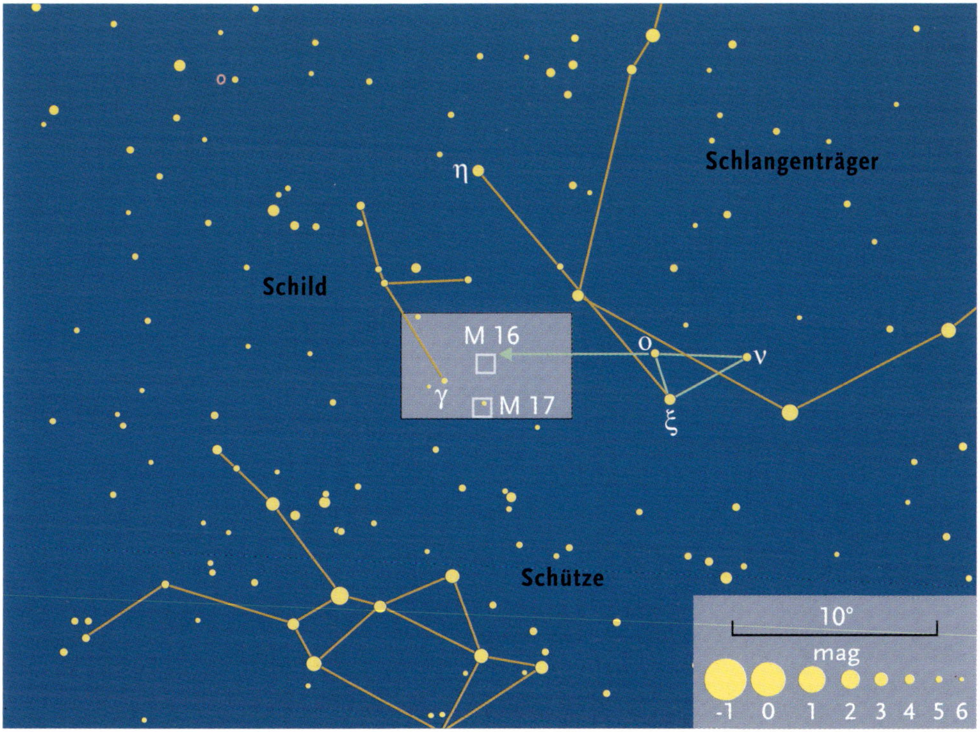
η
Schlangenträger
Schild
M 16
o
ν
γ
M 17
ξ
Schütze
10°
mag
-1 0 1 2 3 4 5 6

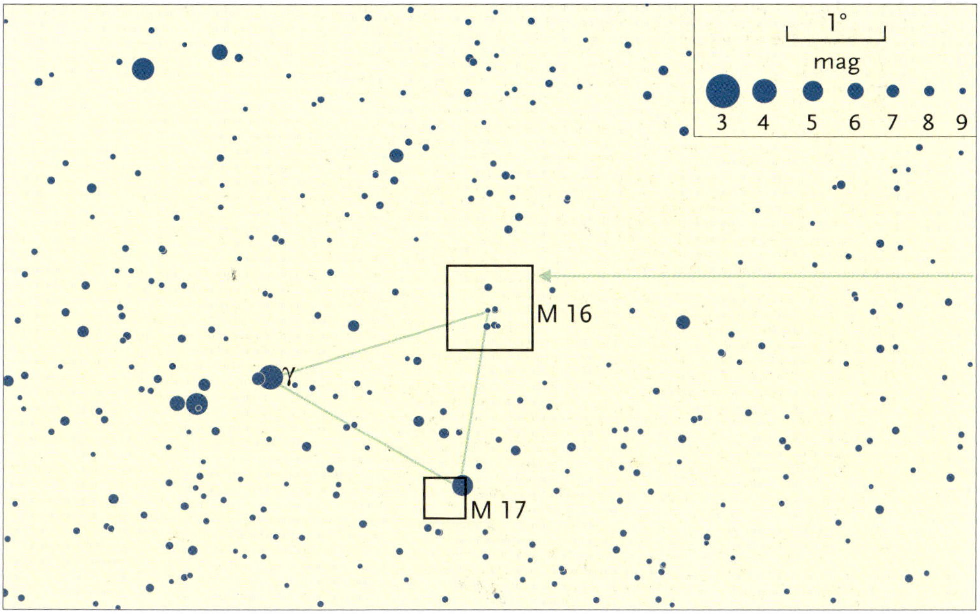
1°
mag
3 4 5 6 7 8 9
M 16
γ
M 17

Der Omega-Nebel M 17

Rektaszension	Deklination	Helligkeit	Größe	∅ Instrument	Sichtbarkeit
$18^h\,20{,}8^m$	–16° 11’	$7{,}0^m$	35’	60 mm	Juni–September

M 17 ist zwar visuell deutlich kleiner als sein Nachbar M 16 (S. 64/65), aber ähnlich hell und leichter zu erkennen, da hier kein auffälliger Sternhaufen „stört“. Im 15x80-Fernglas ist ein kleiner, länglicher Nebel zu sehen, dessen hellster Bereich leicht nach Osten verschoben ist. Unter sehr guten Bedingungen kann man bereits mit einem 114-mm-Teleskop an der Westseite des Nebels eine hakenähnliche Aufhellung erkennen. Mit 150–200 mm Öffnung ist diese bei 50–80facher Vergrößerung unübersehbar.
Im umkehrenden Fernrohr wird deutlich, warum dieser Nebel manchmal auch der Schwanen-Nebel genannt wird. Um die gebräuchlichere Bezeichnung Omega-Nebel nachvollziehen zu können, müssen Sie schon etwas mehr Fantasie aufbringen. Auch in M 17 entstehen vermutlich noch Sterne. Die Entfernung ist mit 5000 Lichtjahren etwas geringer als die von M 16, dennoch scheinen sich die beiden Sternentstehungsgebiete im gleichen Milchstraßenarm zu befinden.

Ihr Weg zu M 17

- M 17 steht im Sternbild Schütze, unmittelbar an der Grenze zur Schlange.
- Auch hier beginnt die Suche wie bei M 16 im Süden der Schlange. Vom Dreieck ν, ξ und ο Ser konzentrieren Sie sich jetzt aber auf ξ.
- Von dort geht der Schwenk 4,5° nach Osten, vorbei an einem weiten Doppelstern 5. bzw. 8. Größe.
- Nach weiteren 6° in Richtung Osten stoßen Sie auf M 17, der sich knapp 0,5° südöstlich eines Sterns 5. Größe befindet.

M 17, in Namibia 60 Minuten am Celestron 11 auf Farbnegativfilm belichtet

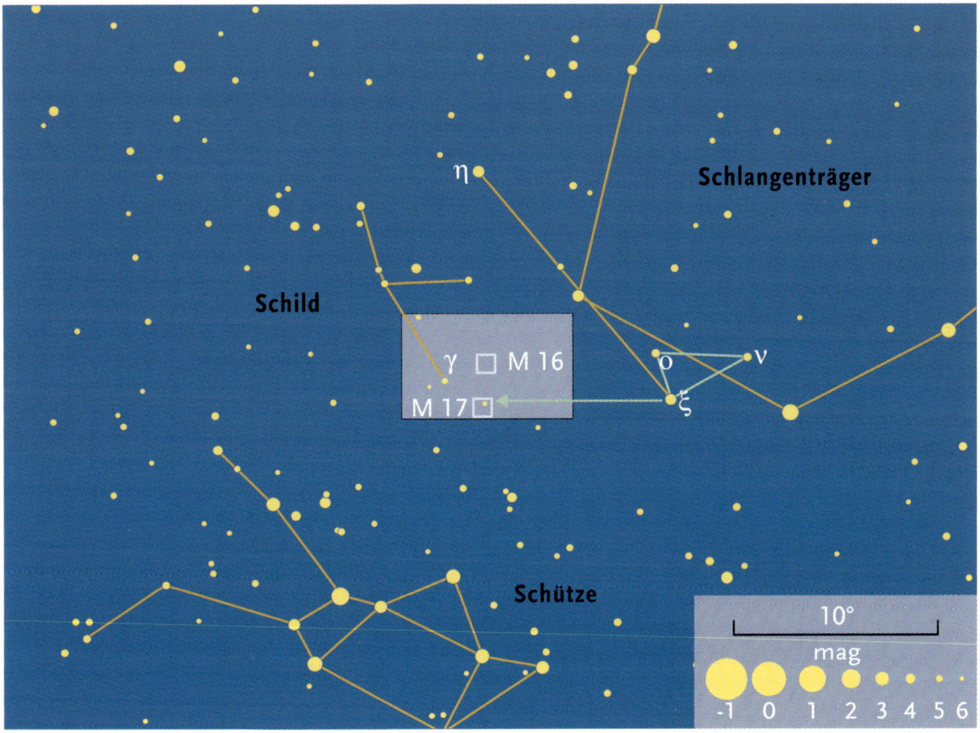
η
Schlangenträger
Schild
γ
M 16
M 17
ο
ν
ξ
Schütze
10°
mag
-1 0 1 2 3 4 5 6

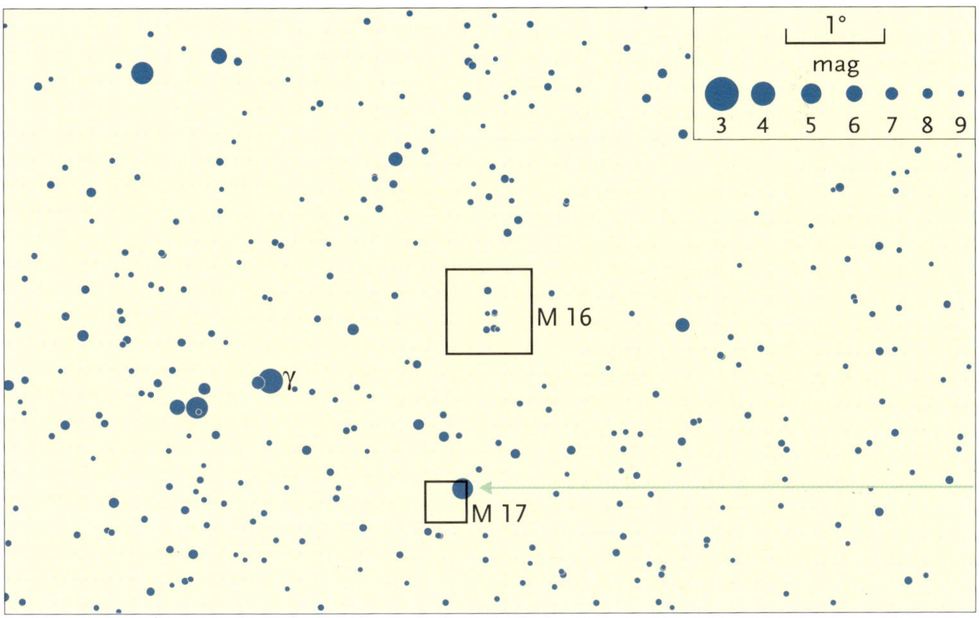
1°
mag
3 4 5 6 7 8 9
M 16
γ
M 17

Der offene Sternhaufen M 11

Rektaszension	Deklination	Helligkeit	Größe	∅ Instrument	Sichtbarkeit
$18^h 51{,}1^m$	–6° 16'	$5{,}8^m$	14'	50 mm	Juni–Oktober

M 11 ist ein echtes Schmuckstück. Schon im 8x40-Fernglas ist der Sternhaufen klar als kleines, helles Wölkchen zu erkennen. Im 80-mm-Teleskop können Sie bereits zwei Dutzend Einzelsterne sehen, mit dem 114-mm-Teleskop mehr als 50 und mit 200 mm Öffnung weit über 200. In den größeren Teleskopen fällt deutlich der Farbkontrast zwischen einem rötlichen Stern 9. Größe am Südostrand und einem bläulich weißen Stern 8. Größe im Zentrum auf. Um den Sternhaufen formatfüllend bewundern zu können, ist eine 100–150fache Vergrößerung zu empfehlen. Selbst unter einem Großstadthimmel ist der Anblick lohnenswert.
5600 Lichtjahre trennen uns von M 11, der mit einem Alter von 220 Millionen Jahren schon zu den älteren Vertretern der offenen Sternhaufen zählt. Seine Sterndichte ist ungewöhnlich hoch, ein imaginärer Beobachter im Zentrum des Haufens dürfte sich an Dutzenden von Sternen 1. Größe erfreuen.

Ihr Weg zu M 11

- M 11 ist unweit der hellen Sternwolke im Sternbild Schild zu finden.
- Beginnen Sie die Suche im Sternbild Adler bei λ Aql, dem „Kopfstern" des Adlers.
- 1,5° südwestlich von diesem Stern stoßen Sie auf 12 Aql und 1° weiter westlich auf η Sct.
- Schwenken Sie jetzt weitere 2° nach Westen, dort werden Sie eine auffällige Raute aus Sternen 5. bis 7. Größe erkennen.
- M 11 finden Sie 0,5° südöstlich von dieser Raute.

M 11, an einem 200-mm-Teleskop mit 1000 mm Brennweite 5 Minuten belichtet

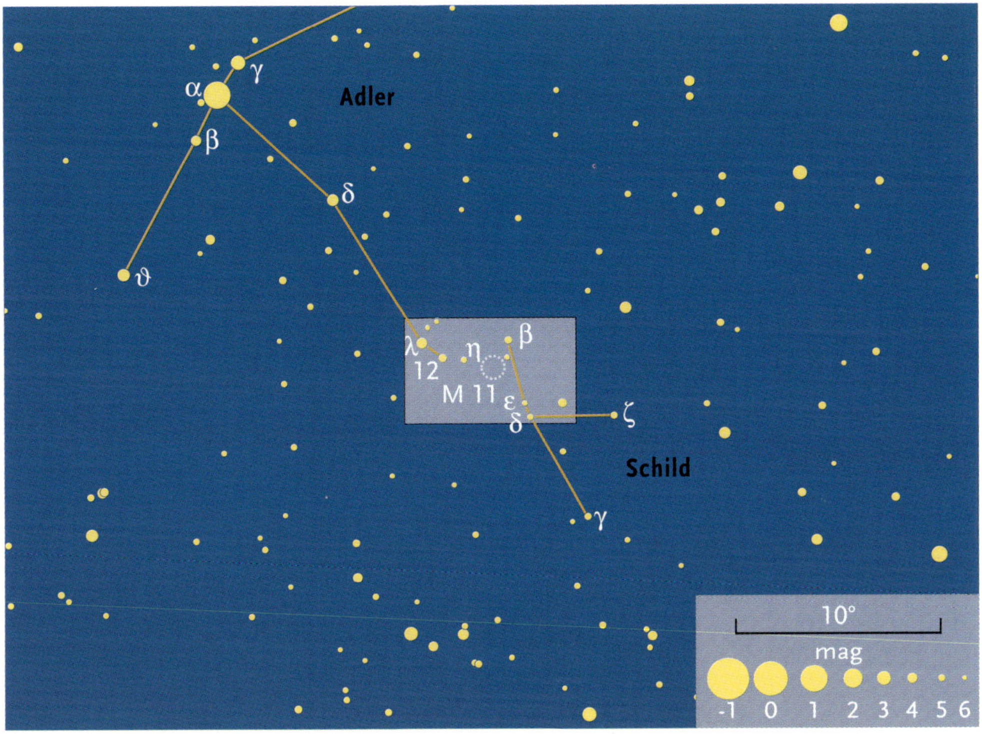
Adler
α
β
γ
δ
ϑ
λ
12
η
M 11
β
ε
δ
ζ
γ
Schild
10°
mag
-1 0 1 2 3 4 5 6

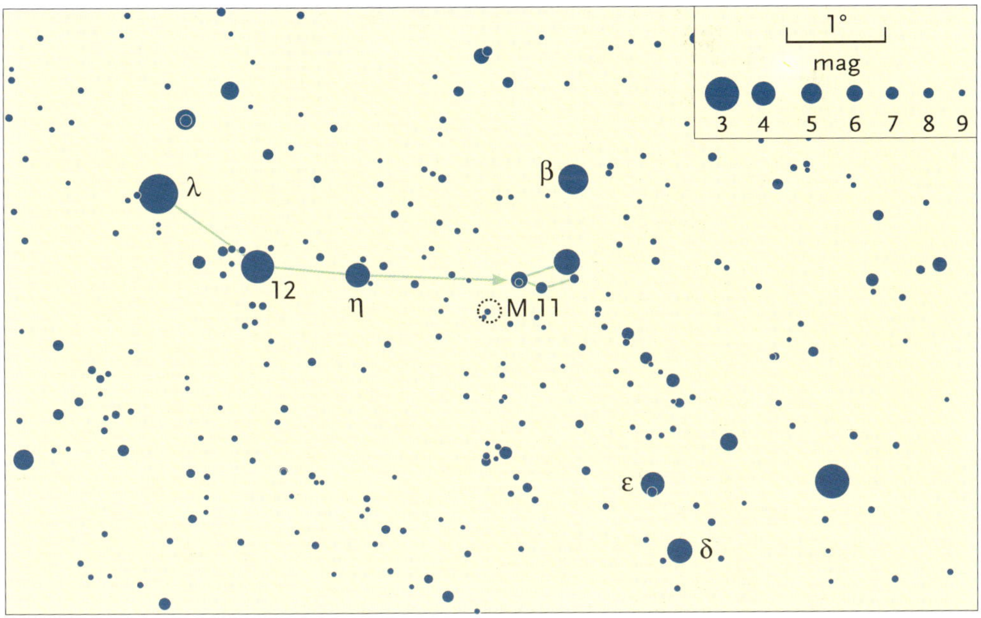
1°
mag
3 4 5 6 7 8 9
λ
β
12
η
M 11
ε
δ

Der Ring-Nebel M 57

Rektaszension	Deklination	Helligkeit	Größe	∅ Instrument	Sichtbarkeit
$18^h\,53{,}6^m$	+33° 02'	$9{,}7^m$	1,4' x 1,0'	60 mm	Mai–November

Sommer

Nomen est Omen – wie bei kaum einem anderen Himmelsobjekt trifft hier die Bezeichnung auch auf das Äußere zu. Bei guten Bedingungen kann der Ring-Nebel bereits in einem 50-mm-Teleskop gesichtet werden. Als „Rauchring" ist er aber erst mit 100 mm Öffnung zu erkennen. Am besten verwenden Sie hier eine etwa 100–150fache Vergrößerung. 150–200-mm-Optiken zeigen kaum mehr Struktur, dafür wird der Nebel allerdings deutlich heller. Ansatzweise können Sie nun sogar erkennen, dass auch der Bereich innerhalb des Rings nicht so nachtschwarz ist wie die Umgebung des Nebels. Wegen seines relativ kleinen Durchmessers und seiner hohen Flächenhelligkeit können Sie diesen Planetarischen Nebel mit einem solchen Instrument auch über 200fach vergrößern. Der Zentralstern, der den Nebel zum Leuchten anregt, bleibt aber leider erfahrenen Beobachtern mit mehr als 300 mm Öffnung vorbehalten.

M 57 ist vermutlich ein rund 2000 Lichtjahre entfernter Gasring, auf den wir sozusagen von oben blicken. Es handelt sich um die äußeren Gasschichten des „sterbenden" Zentralsterns, die dieser in der Spätphase seines Lebens in Form eines Sternwindes ausgestoßen hat.

Ihr Weg zu M 57

- Den Ring-Nebel finden Sie im Südteil des Sternbildes Leier, zwischen den Sternen γ und β Lyr.
- 0,5° nordwestlich von γ Lyr stoßen Sie auf einen Stern 5. Größe.
- Von diesem Stern aus bewegen Sie Ihr Teleskop rund 0,75° nach Westen und schon haben Sie M 57 gefunden.

CCD-Farbkomposit aus Rot-, Grün- und Blauaufnahmen von M 57 mit dem C 14

Übersichtskarte

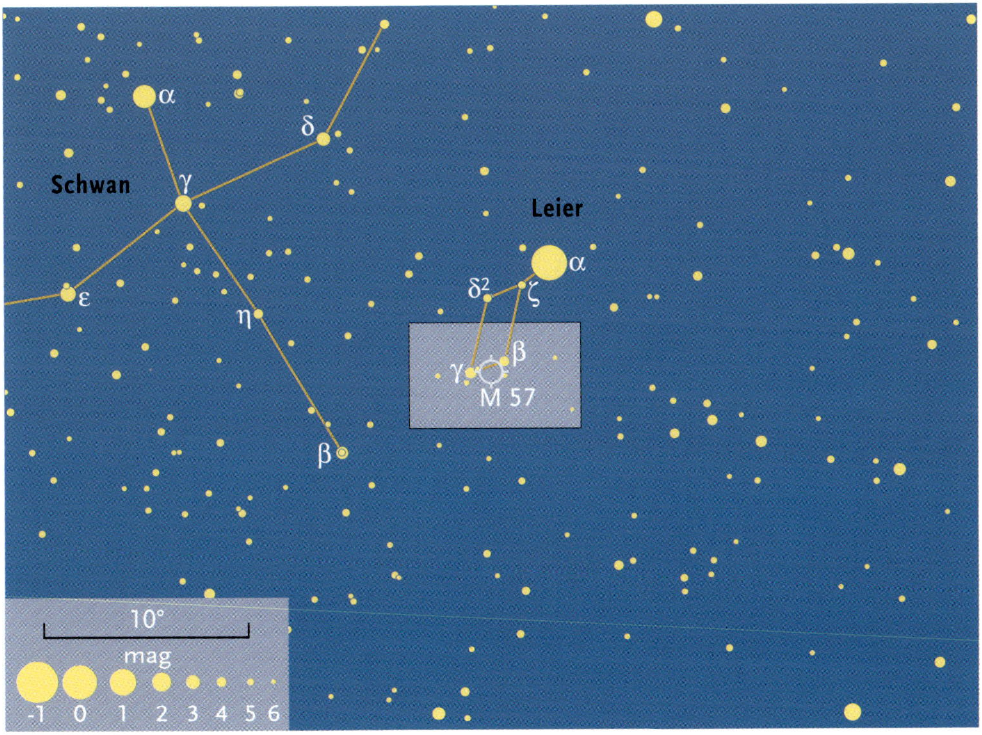

Detailkarte

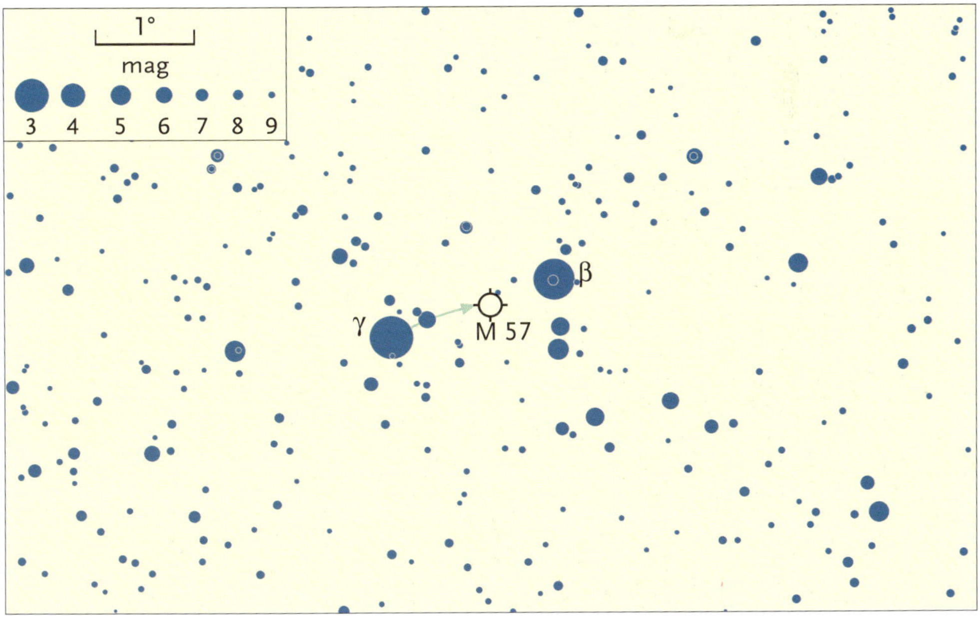

Der Doppelstern Albireo (β Cyg)

Rektaszension	Deklination	Helligkeit	Größe	∅ Instrument	Sichtbarkeit
$19^h 30{,}7^m$	+27° 58'	$3{,}1^m/5{,}1^m$	–	50 mm	Mai–November

Nicht nur Sternhaufen, sondern auch schon Doppelsterne können begeistern, wie man an Albireo sehen kann. Selbst unter einem aufgehellten Großstadthimmel präsentiert sich β Cyg bereits in einem 50-mm-Teleskop als hübsches Objekt für Ihre ersten Beobachtungsnächte. Seine beiden 34,5" voneinander entfernten Komponenten lassen sich schon mit 30facher Vergrößerung trennen. Ab etwa 80 mm Öffnung zeigen sie einen deutlichen Farbkontrast: Die hellere Komponente A ist gelborange, während der schwächere Stern B bläulich schimmert. Manchen Beobachtern erscheint Albireo B gelegentlich sogar als grünlich. Dieser Effekt ist allerdings eine optische Täuschung, bedingt durch den Vergleich mit Albireo A im gleichen Gesichtsfeld, denn grüne Sterne gibt es nicht.

Die beiden Sterne sind rund 380 Lichtjahre von uns entfernt, ihr linearer Abstand ist so groß wie die Strecke von 50 aneinander gereihten Sonnensystemen. Albireo A hat übrigens noch einen weiteren Begleiter in einem Winkelabstand von 0,4'', der aber mit Amateurteleskopen nicht zu trennen ist.

Ihr Weg zu β Cyg

- Albireo im Sternbild Schwan kann zwar von Mai bis November beobachtet werden, die ideale Beobachtungszeit ist jedoch im Sommer.
- Ihn zu finden, gelingt auch jedem Anfänger: Suchen Sie zunächst das Sternbild Schwan, das wie ein Kreuz aussieht.
- Albireo bildet sozusagen den Kopf des Schwans bzw. den Griff des Kreuzes.

Das Sternbild Schwan mit einem 80-mm-Objektiv, die Nahaufnahme entstand im Fokus des C 14.

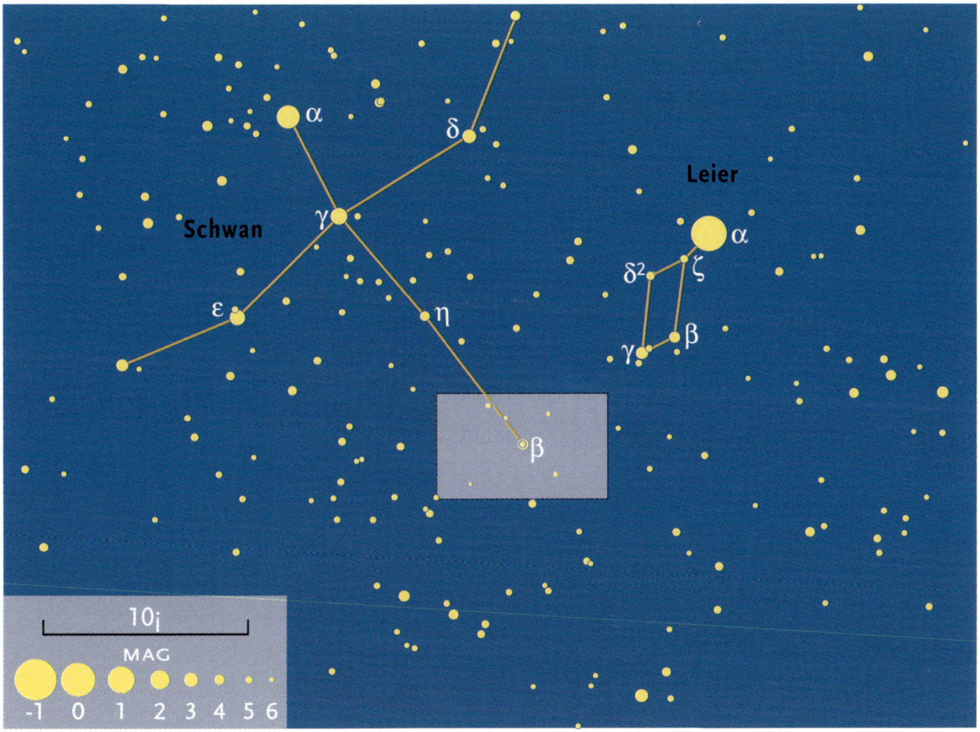
Schwan
Leier
α
δ
γ
ε
η
β
α
δ²
ζ
β
γ
10°
MAG
-1 0 1 2 3 4 5 6

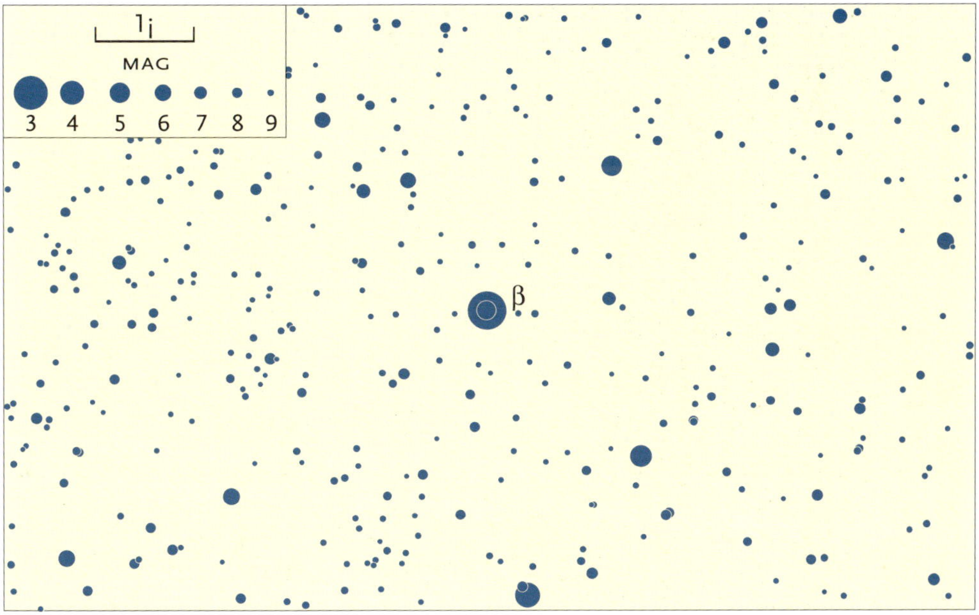
1°
MAG
3 4 5 6 7 8 9
β

Der Hantel-Nebel M 27

Rektaszension	Deklination	Helligkeit	Größe	∅ Instrument	Sichtbarkeit
$19^h 59{,}6^m$	+22° 43'	$7{,}6^m$	6,7'	50 mm	Mai–Oktober

Sommer

M 27 ist der wohl auffälligste Planetarische Nebel am nördlichen Sternhimmel und bereits in einem Fernglas zu erkennen. Trotz seiner Größe ist der Hantel-Nebel aber nicht leicht zu finden, da er in einer sehr sternreichen Gegend liegt. In einem Teleskop bis etwa 100 mm Öffnung können Sie ihn als länglichen, etwas verschwommenen Nebel sehen. Empfehlenswert ist eine 30–40fache Vergrößerung. Ein korkenähnlicher Umriss zeigt sich in einem 150-mm-Teleskop, in noch größeren Instrumenten können Sie die relativ scharf begrenzten Ränder der „Hantel" ausmachen. Diese lassen sich bei besten Sichtbedingungen als sehr schwache Bögen bis auf die gegenüberliegende Nebelseite verfolgen. Auch der Zentralstern ist nicht einfach zu sehen, erst Beobachter mit Teleskopen ab 200 mm Öffnung können ihn erahnen. Die Entfernung des Hantel-Nebels schätzt man auf etwa 1200 Lichtjahre, sein Alter auf rund 3000–4000 Jahre.

Ihr Weg zu M 27

- M 27 befindet sich im unscheinbaren Sternbild Füchschen, südlich des Schwans.
- Beginnen Sie die Suche bei Albireo im Schwan.
- 3,5° weiter südöstlich stoßen Sie auf 10 Vul, der zusammen mit Albireo und α Vul ein gleichseitiges Dreieck bildet.
- Weitere 4° südöstlich davon folgt ein Dreieck aus den Sternen 13, 14 und 16 Vul.
- Den Hantel-Nebel finden Sie 0,5° südlich von 14 Vul, der Südspitze dieses Sterndreiecks.

Eine farbige CCD-Aufnahme von M 27, die am Celestron 14 gelang

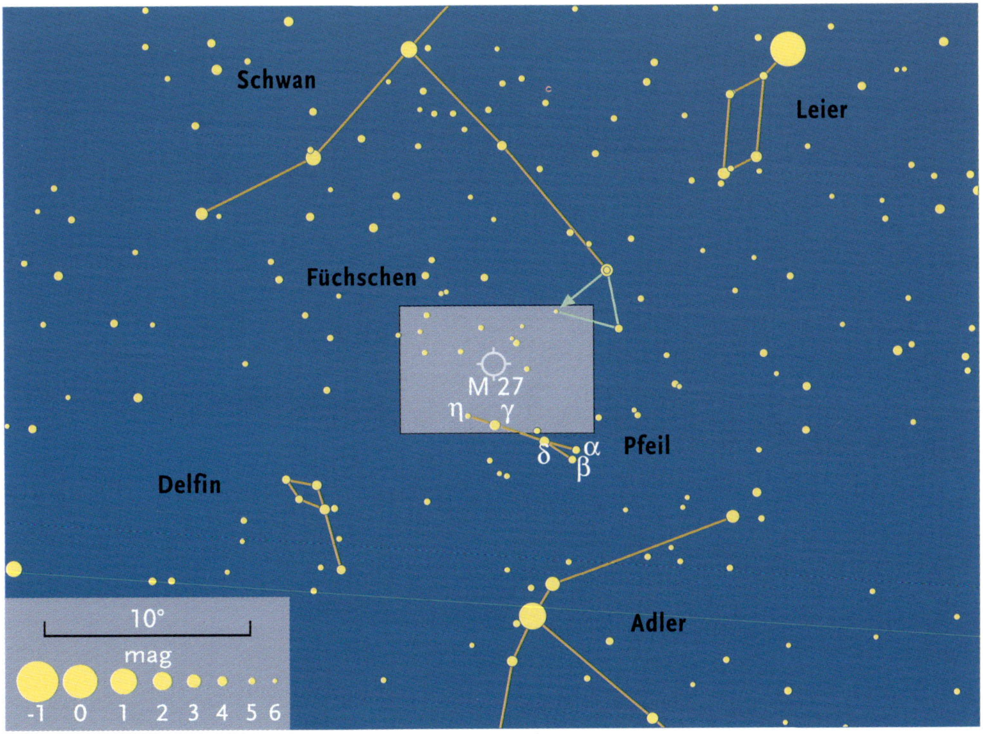
Schwan
Leier
Füchschen
M 27
η
γ
δ
α
β
Pfeil
Delfin
Adler
10°
mag
-1 0 1 2 3 4 5 6

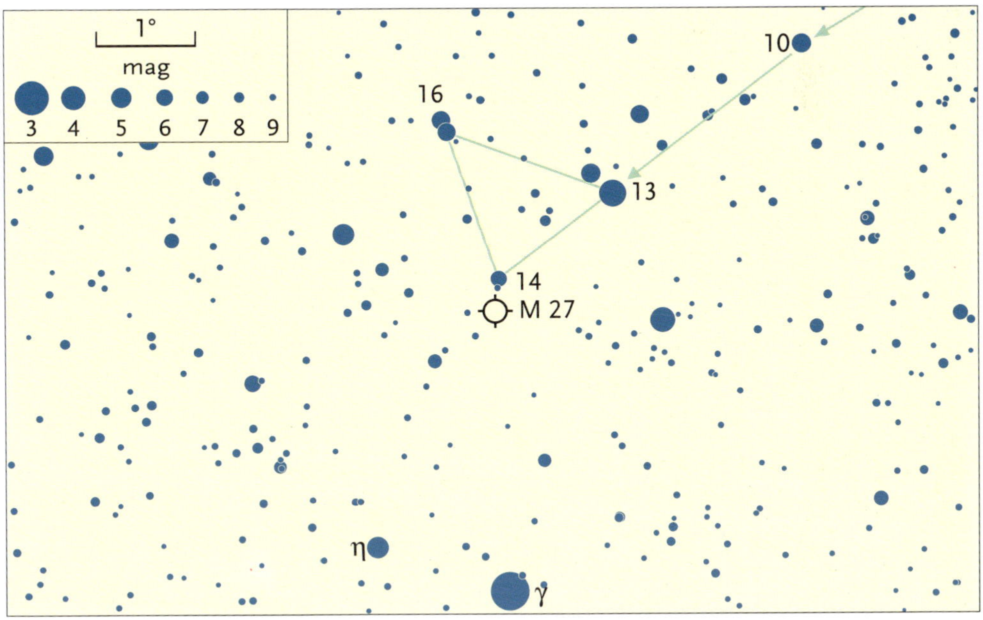
1°
mag
3 4 5 6 7 8 9
10
16
13
14
M 27
η
γ

Der Zirrus-Nebel NGC 6960/6992

Rektaszension	Deklination	Helligkeit	Größe	∅ Instrument	Sichtbarkeit
$20^h 52{,}0^m$	+30° 58’	–	180’	80 mm	Mai–November

Der Zirrus-Nebel ist einer der spektakulärsten Gasnebel – aber auch eine Herausforderung für Einsteiger. Voraussetzung für seine Beobachtung ist ein dunkler Nachthimmel fernab jeglichen Stadtlichts. Der westliche Bogen NGC 6960 zeigt sich im 15x80-Fernglas als feine Sichel. Auffällig ist, dass der Teil nördlich des Sterns 52 Cyg deutlich heller und schärfer ist als der Südteil. Der Ostbogen NGC 6992 ist insgesamt heller und breiter. Spätestens für die Beobachtung dieses Objektes sollten Sie die Anschaffung eines Nebelfilters in Erwägung ziehen: Mit diesem Zubehör ausgerüstet zeigt Ihnen ein 114-mm-Teleskop bereits einige spinnennetzartige Feinstrukturen in NGC 6992, dabei können Sie ruhig über 100fach vergrößern. Mit 200 mm Öffnung kann man sich kaum satt sehen an der Fülle von Einzelheiten, die dieser Nebel zu bieten hat. Vor wahrscheinlich 15 000 Jahren explodierte hier rund 2500 Lichtjahre von uns entfernt eine Supernova, die diese Gasmassen in den Raum geschleudert hat.

Ihr Weg zu NGC 6960/6992

- Der Zirrus-Nebel steht im Ostteil des Sternbildes Schwan. Starten Sie Ihre Suche bei ε Cyg, dem südlichen Flügelstern des Schwans.
- 3° weiter südlich finden Sie 52 Cyg, einen Stern 4. Größe, gleichzeitig haben Sie damit auch schon NGC 6960 im Visier.
- NGC 6992 erreichen Sie, indem Sie 52 Cyg an den Südrand Ihres Okulargesichtsfeldes positionieren und anschließend etwa 3° nach Osten schwenken.

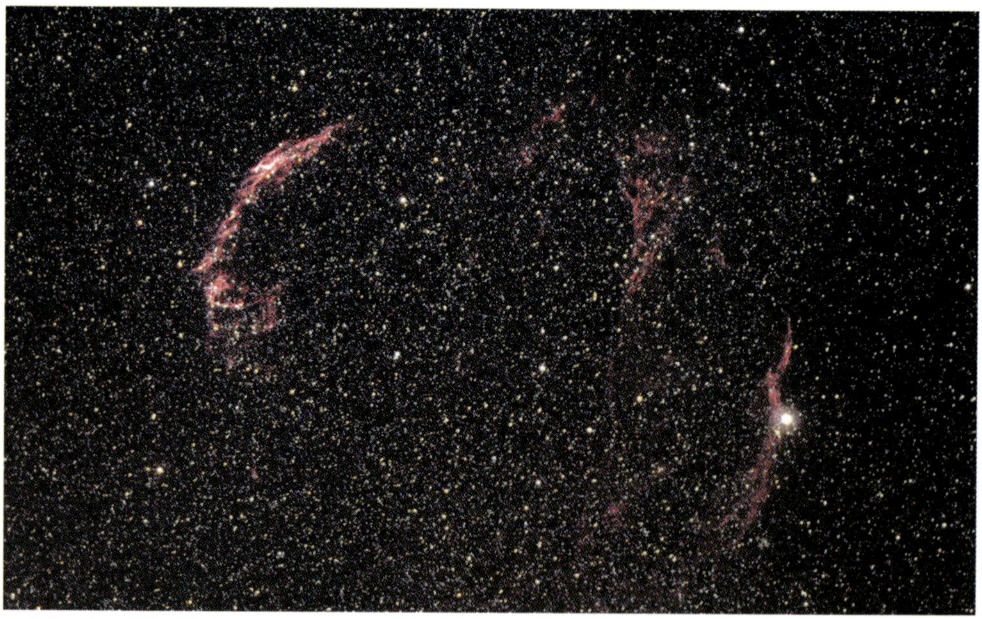

12-minütige Farbaufnahme des Zirrus-Nebels mit einer 140/225-mm-Schmidt-Kamera

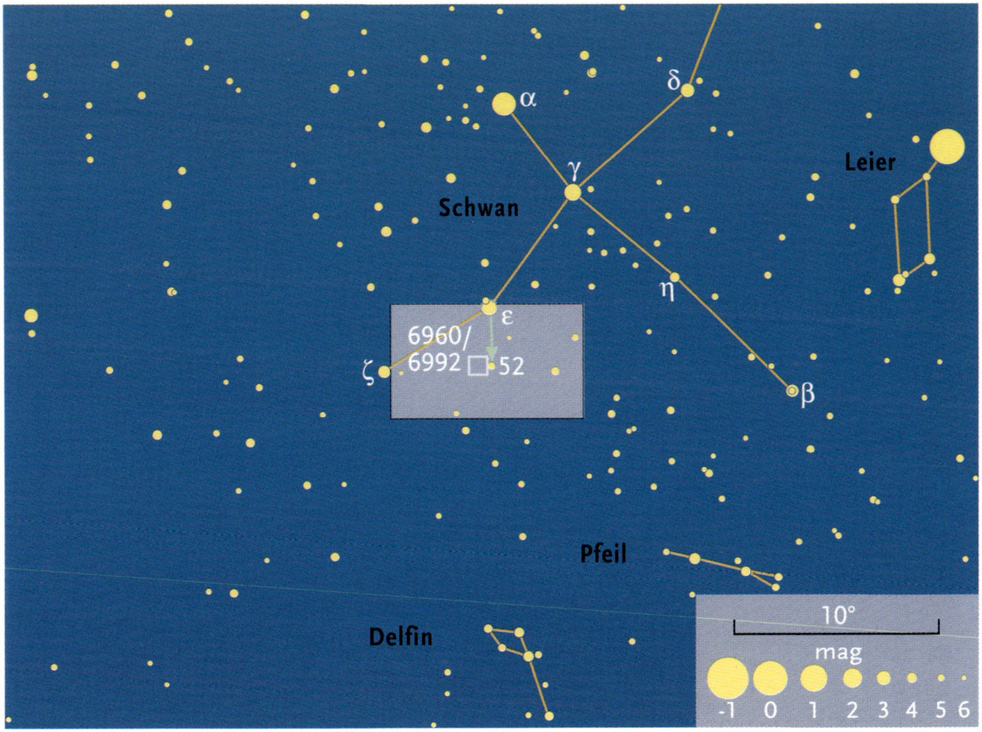
α
δ
γ
Schwan
Leier
η
ε
6960/
6992
52
ζ
β
Pfeil
Delfin
10°
mag
-1 0 1 2 3 4 5 6

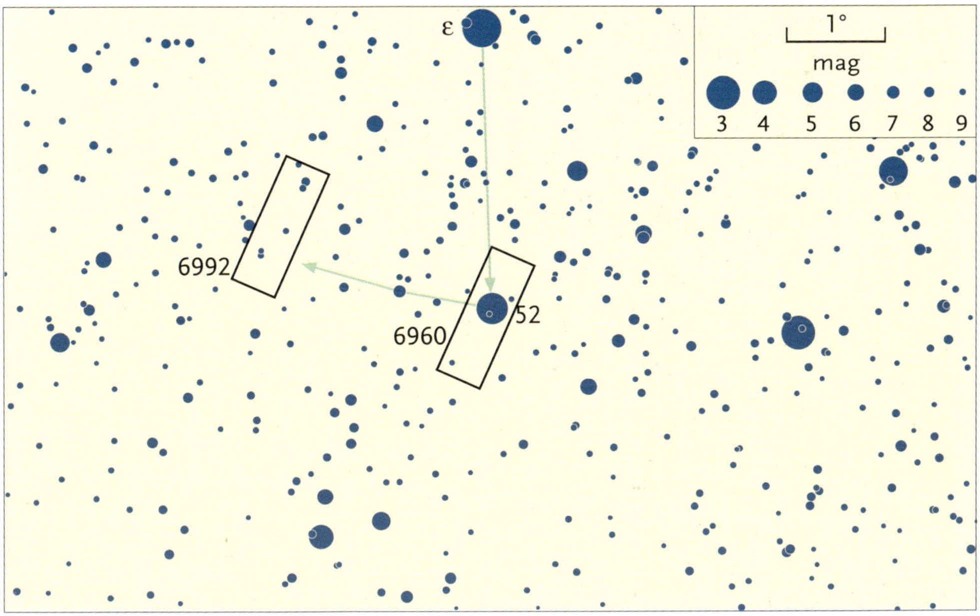
ε
1°
mag
3 4 5 6 7 8 9
6992
6960
52

Checkliste Sommer

Objekt	Beobachtet am	Beobachtet mit	Kommentar

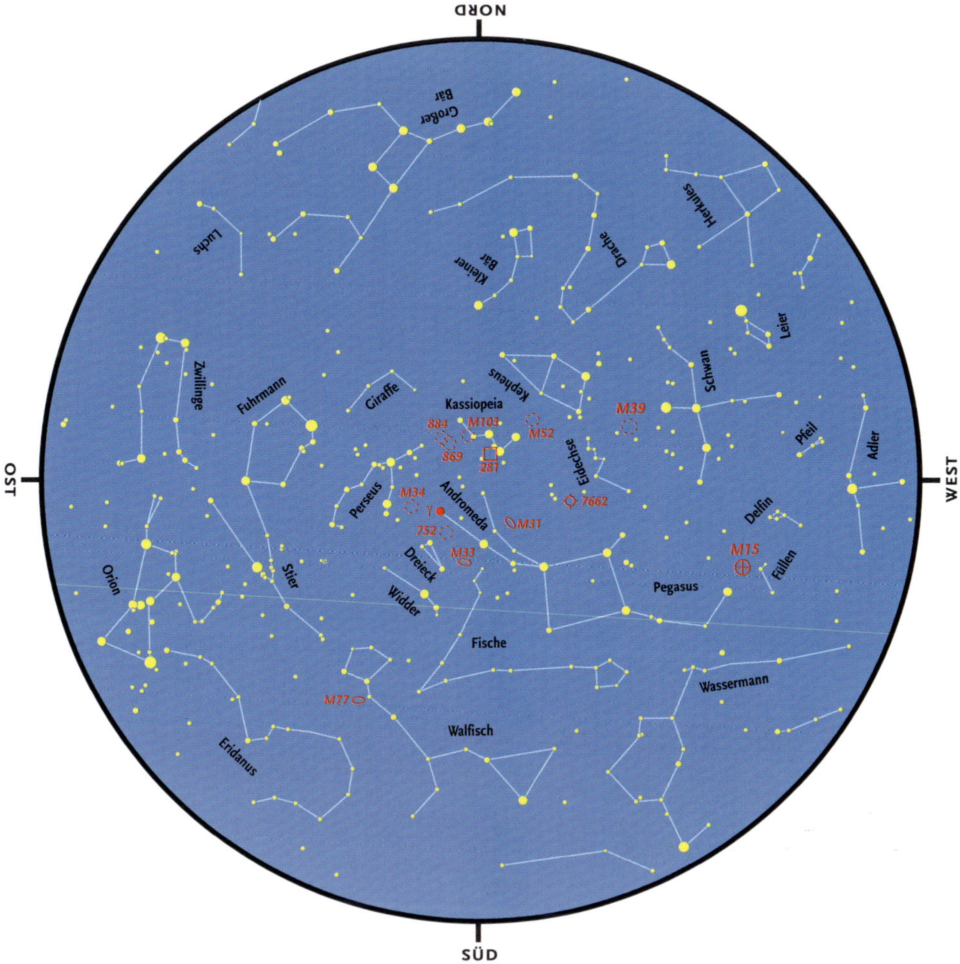

Objekt	∅ Instrument	Seite
Sternhaufen M 15	50 mm	80
Sternhaufen M 39	50 mm	82
Sternhaufen M 52	80 mm	84
Planet. Nebel NGC 7662	80 mm	86
Galaxie M 31	40 mm	88
Gasnebel NGC 281	80 mm	90
Sternhaufen M 103	60 mm	92

Objekt	∅ Instrument	Seite
Galaxie M 33	50 mm	94
Sternhaufen NGC 752	50 mm	96
Doppelstern γ And	50 mm	98
Sternhaufen NGC 869/884	40 mm	100
Sternhaufen M 34	50 mm	102
Galaxie M 77	100 mm	104

Der Kugelsternhaufen M 15

Rektaszension	Deklination	Helligkeit	Größe	∅ Instrument	Sichtbarkeit
$21^h\,30{,}0^m$	+12° 10'	$6{,}0^m$	12'	50 mm	Juli-November

Von allen Kugelsternhaufen unserer Milchstraße hat M 15 die höchste Sterndichte im Zentrum. Schon in kleinen Teleskopen mit 50–80 mm Öffnung fällt auf, wie stark die Helligkeit zur Kernregion hin zunimmt. Ein 114-mm-Teleskop zeigt die hellsten, etwa $12{,}5^m$ hellen Einzelsterne, um das Zentrum herum bleibt allerdings ein Schimmer nicht aufgelöster Sterne. Auch mit 200 mm Öffnung wird die Kernregion nicht aufgelöst, immerhin werden Ihnen aber nun schon weit über 100 Einzelsterne geboten. Der Stern 7. Größe am Nordrand ist allerdings ein Vordergrundstern.

Dieser rund 32 000 Lichtjahre entfernte Sternhaufen hat übrigens eine abwechslungsreiche Einwohnerschaft zu bieten: einen Planetarischen Nebel, 112 veränderliche Sterne sowie neun Pulsare. Und wer weiß, womöglich verbirgt sich in seinem Zentrum sogar ein Schwarzes Loch...

Ihr Weg zu M 15

- M 15 finden Sie im Sternbild Pegasus, eine Handbreit über dem Himmelsäquator.
- Beginnen Sie Ihre Suche bei ε Peg, südwestlich des Pegasus-Quadrates.
- Knapp 1° nordwestlich davon stoßen Sie auf eine kleine Reihe aus Sternen 6. und 7. Größe.
- Nach weiteren 2° in die gleiche Richtung folgt ein lang gezogenes Dreieck aus Sternen 6. bis 8. Größe, das nach Südosten zeigt.
- An seiner Westspitze finden Sie einen Stern 6. Größe.
- 0,5° weiter westlich taucht der Kugelhaufen auf.

M 15, nur 1 Minute mit einer CCD-Kamera am Celestron 14 belichtet

Übersichtskarte

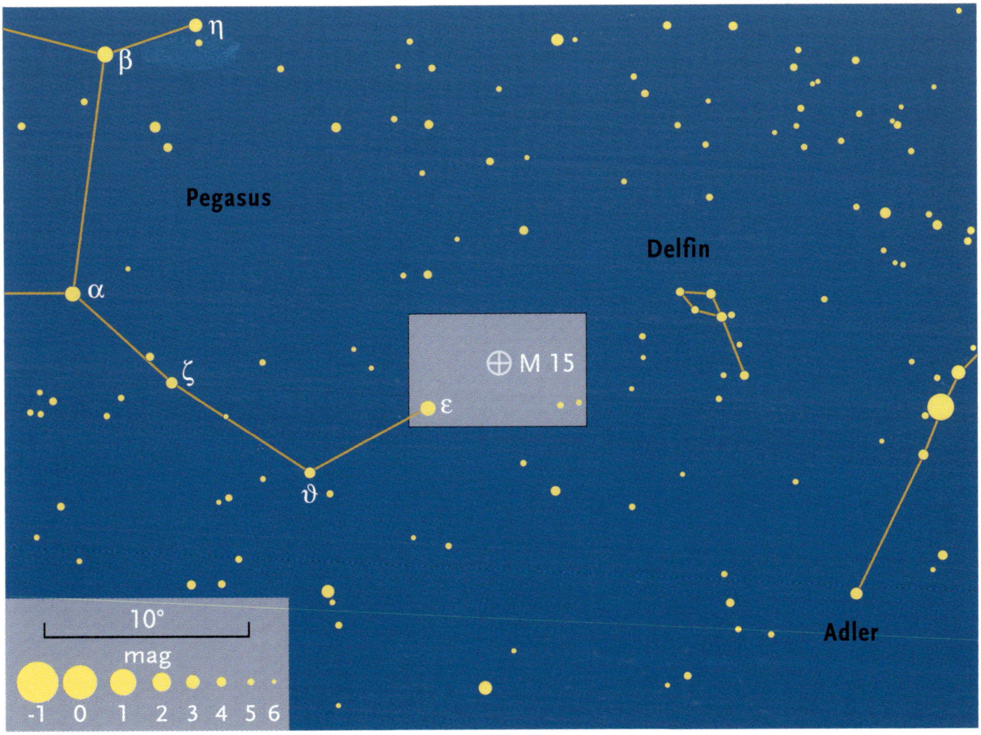

Detailkarte

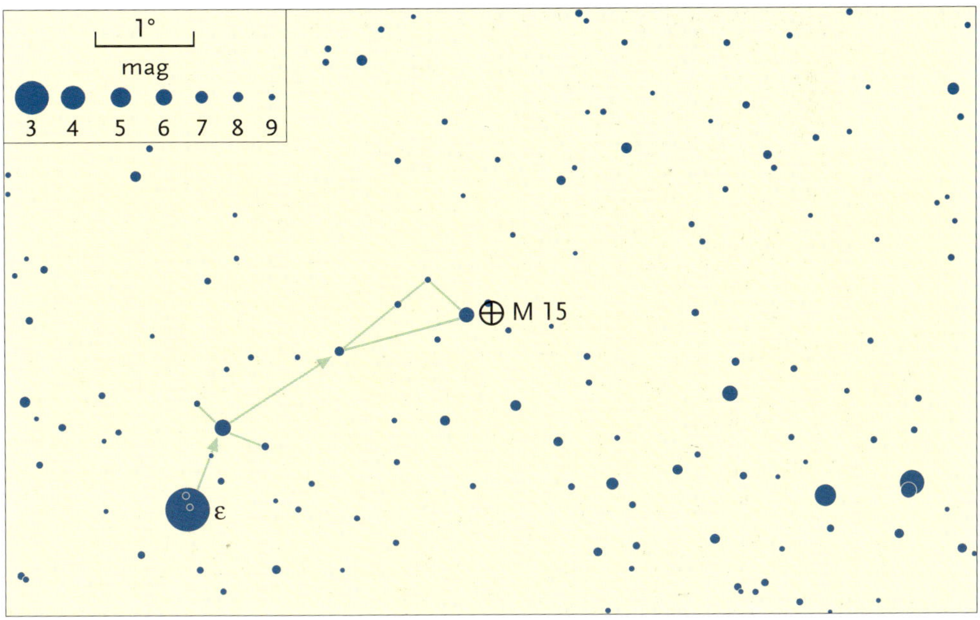

Der offene Sternhaufen M 39

Rektaszension	Deklination	Helligkeit	Größe	∅ Instrument	Sichtbarkeit
$21^h 32{,}2^m$	+48° 26'	$4{,}6^m$	31'	50 mm	Mai–Dezember

Oh ja, es gibt tatsächlich Himmelsobjekte, bei deren Beobachtung Besitzer eines kleineren Teleskops oder Fernglases gegenüber Beobachtern mit Instrumenten großer Öffnung im Vorteil sind. Der offene Sternhaufen M 39 ist ein schönes Beispiel dafür: Mit einem 150–200-mm-Teleskop sehen Sie angesichts der enormen Sterndichte in dieser Himmelsregion und des vergleichsweise kleinen Gesichtsfeldes den Wald vor lauter Bäumen nicht. M 39 enthält zwar helle Sterne, im allgemeinen Getümmel gehen diese aber fast unter. Ein 10x50-Fernglas hingegen offenbart Ihnen eine hübsche Ansammlung von über einem Dutzend Sterne 6. bis 9. Größe, die sich über die Fläche einer Vollmondscheibe verteilen. Wer diesen Sternhaufen dennoch mit einem Teleskop betrachten möchte, sollte nicht mehr als 30–40fach vergrößern. Schon mit 114 mm Öffnung werden Sie praktisch alle seiner rund 30 Mitglieder sehen können, allerdings auch viele Hintergrundsterne, denn der Sternhaufen ist „nur" 880 Lichtjahre von uns entfernt.

Ihr Weg zu M 39

- M 39 im Sternbild Schwan steht in den Spätsommermonaten fast im Zenit.
- Die Suche beginnt bei Deneb, dem Hauptstern im Schwan.
- Von dort aus geht es 9° nach Osten, wo Sie ein lang gezogenes Dreieck aus den Sternen ρ Cyg, 71 Cyg und SAO 50824 erreichen.
- Stellen Sie 71 Cyg in die Gesichtsfeldmitte ein und schwenken dann 2° nach Norden, dort werden Sie M 39 sofort erkennen.

M 39, mit einem 135-mm-Teleobjektiv 30 Minuten auf Farbfilm belichtet

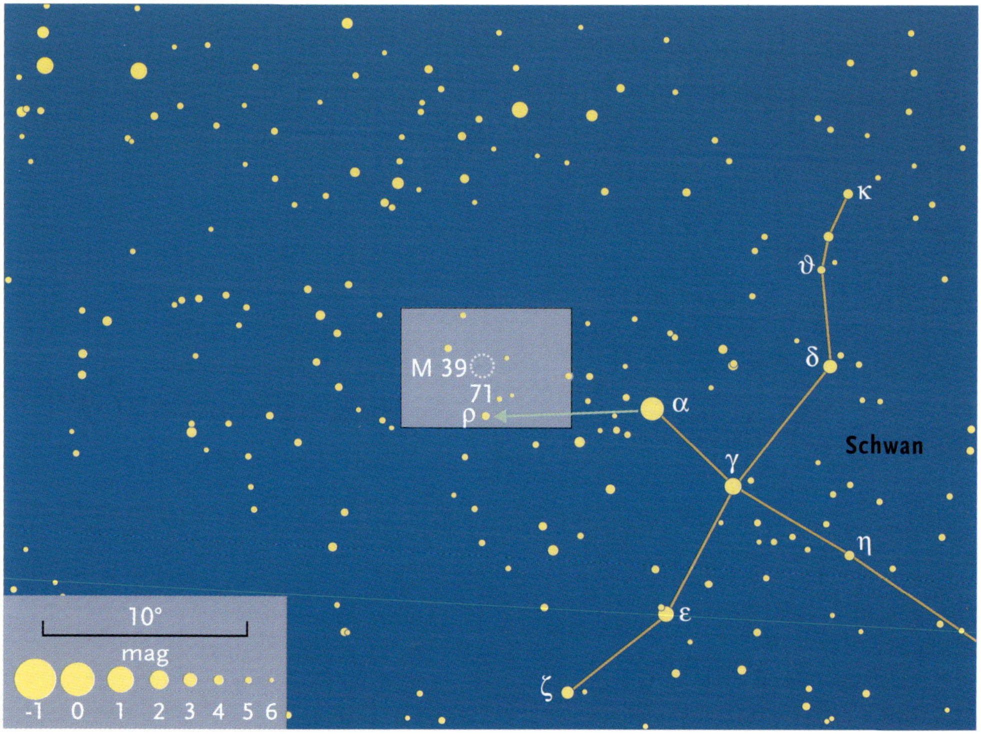
M 39
71
ρ
α
δ
ϑ
κ
Schwan
γ
η
ε
ζ
10°
mag
-1 0 1 2 3 4 5 6

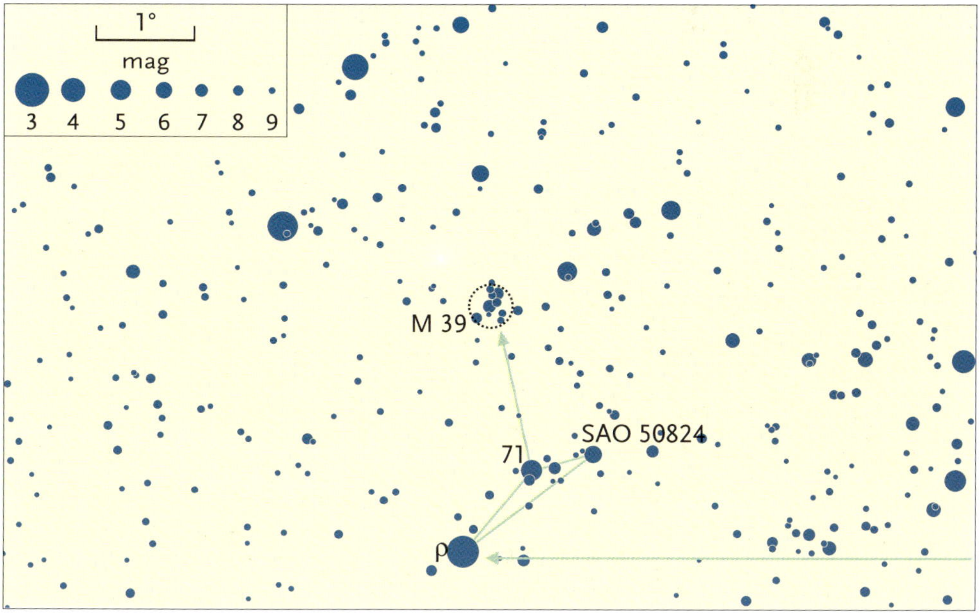
1°
mag
3 4 5 6 7 8 9
M 39
SAO 50824
71
ρ

Der offene Sternhaufen M 52

Rektaszension	Deklination	Helligkeit	Größe	∅ Instrument	Sichtbarkeit
$23^h 24{,}2^m$	+61° 35'	$6{,}9^m$	12'	80 mm	ganzjährig

Die Milchstraße enthält im Sternbild Kassiopeia eine Fülle von kleinen hübschen Sternhaufen. M 52 können Sie bereits mit einem 10x50-Fernglas als kleines Wölkchen in der Nachbarschaft eines Sterns 8. Größe erspähen. Ein 80-mm-Teleskop zeigt eine längliche Sternansammlung von etwa einem Dutzend Sterne nordöstlich jenes Sterns. Ab 120–150 mm Öffnung sehen Sie zwischen den helleren Sternen des Haufens weitere schwächere Einzelsterne, empfehlenswert ist eine Vergrößerung von 50–100fach. Sehr schön anzusehen ist M 52 im 200-mm-Fernrohr, angesichts der sternreichen Umgebung sollten Sie aber nicht mehr als 100fach vergrößern. Der leicht rötliche Stern 8. Größe am Südwestrand von M 52 gehört in der Tat auch physisch zum rund 5000 Lichtjahre entfernten Sternhaufen – wir haben hier einen Riesenstern mit rund 500facher Sonnenleuchtkraft vor uns.

Ihr Weg zu M 52

- M 52 in der Kassiopeia ist in unseren Breiten das gesamte Jahr hindurch zu beobachten, am besten jedoch in den Herbstmonaten, wenn der Sternhaufen durch den Zenit wandert.
- Startpunkt der Suche ist β Cas, der westlichste Stern des Himmels-W.
- 2° nördlich davon finden Sie ein lang gezogenes Viereck aus Sternen 6. bis 7. Größe.
- Von diesem Viereck aus bewegen Sie Ihr Teleskop 4,5° nach Westen, bis Sie bei dem Stern 4 Cas ankommen, der zusammen mit zwei Sternen 6. Größe ein fast rechtwinkliges Dreieck bildet.
- 0,75° südlich von 4 Cas liegt M 52.

M 52 im Fokus des Celestron 14, auf Schwarzweißnegativfilm 45 Minuten lang belichtet

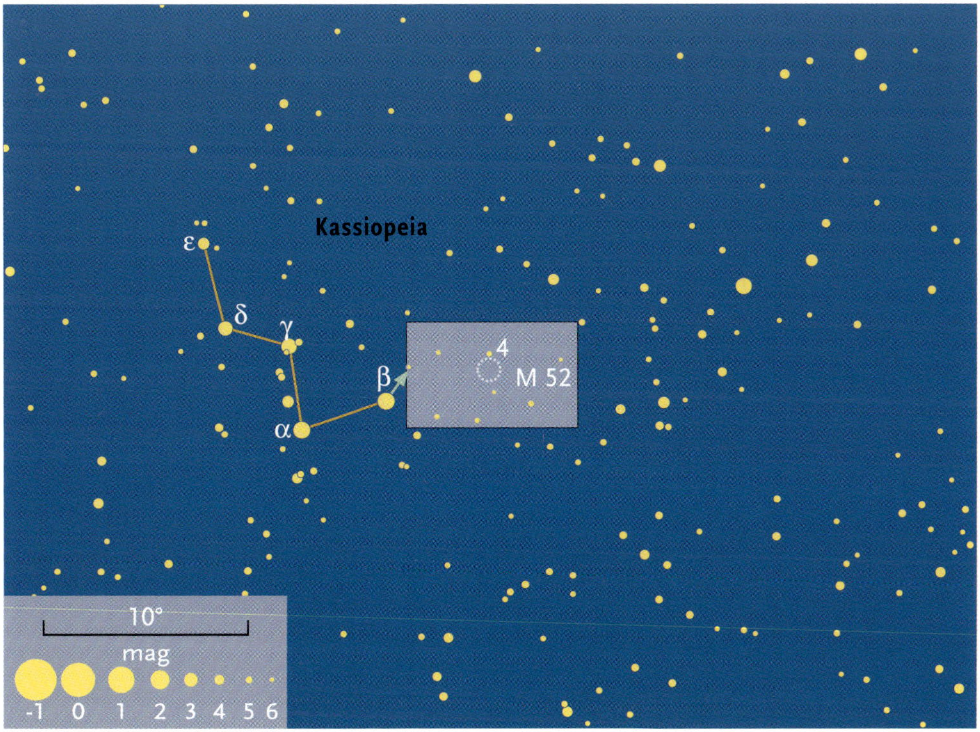
Kassiopeia
ε
δ
γ
β
α
4
M 52
10°
mag
-1 0 1 2 3 4 5 6

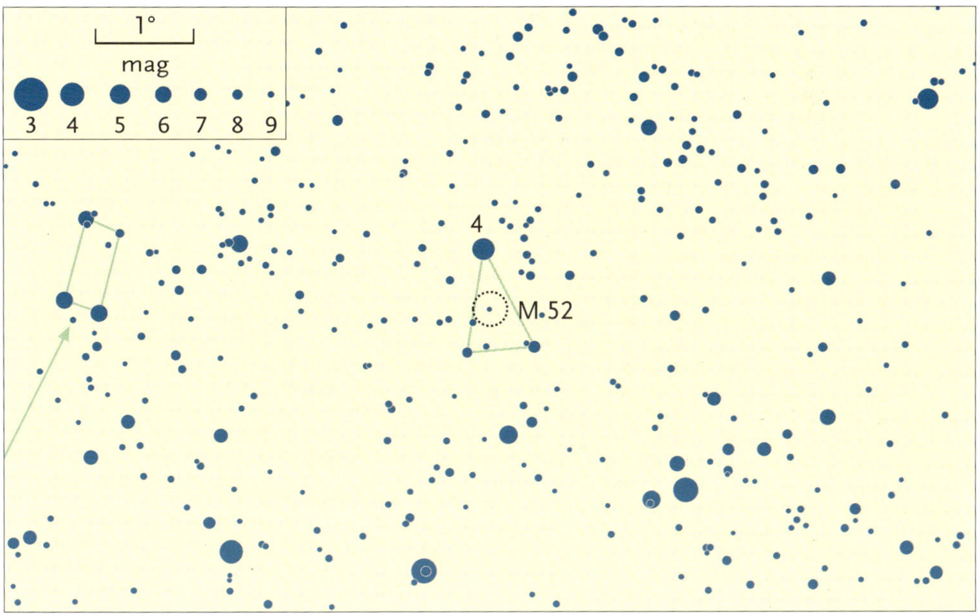
1°
mag
3 4 5 6 7 8 9
4
M 52

Der „Blaue Schneeball“ NGC 7662

Rektaszension	Deklination	Helligkeit	Größe	∅ Instrument	Sichtbarkeit
$23^h\ 25{,}9^m$	+42° 33’	$8{,}6^m$	0,3’ x 0,2’	80 mm	Juli–Februar

Herbst

Aufzufinden ist dieser Planetarische Nebel bereits mit einem 10x50-Fernglas, allerdings ist er darin nicht von einem Stern zu unterscheiden. Mit einem 80-mm-Teleskop sehen Sie bei 100–120-facher Vergrößerung vielleicht schon ein kleines Scheibchen. Wenn Sie ein 114-mm-Teleskop besitzen, sollten Sie auf jeden Fall 150–180fach vergrößern. Jetzt zeigt sich die leicht ovale Kontur des Nebels. Wer mit 200 mm Öffnung und mindestens 200facher Vergrößerung beobachtet, wird in Nächten mit geringer Luftbewegung ansatzweise die fleckige Struktur von NGC 7662 erkennen können. Rund 2000 Lichtjahre sind diese expandierenden Gasschalen um einen alternden Stern herum von uns entfernt. Mit Öffnungen von 200–250 mm können Sie bei NGC 7662 unter dunklem Himmel bereits die blaue Farbe erkennen, der er seinen Spitznamen verdankt.

Ihr Weg zu NGC 7662

- NGC 7662 befindet sich in der Nordwestecke des Sternbildes Andromeda.
- Starten Sie bei ι, κ und λ And, die ein lang gestrecktes Dreieck bilden, das nach Norden weist. Alle drei Sterne sind etwa 4^m hell.
- Richten Sie Ihr Teleskop auf ι And, 1° westlich davon finden Sie ein kompaktes Dreieck aus Sternen 7. und 8. Größe.
- Noch 1° weiter westlich stoßen Sie auf den 6^m hellen Stern 13 And. NGC 7662 bildet im gleichen Gesichtsfeld südwestlich davon mit zwei Sternen 8. bzw. 9. Größe ein gleichschenkliges Dreieck, an dessen Nordspitze der Nebel steht.

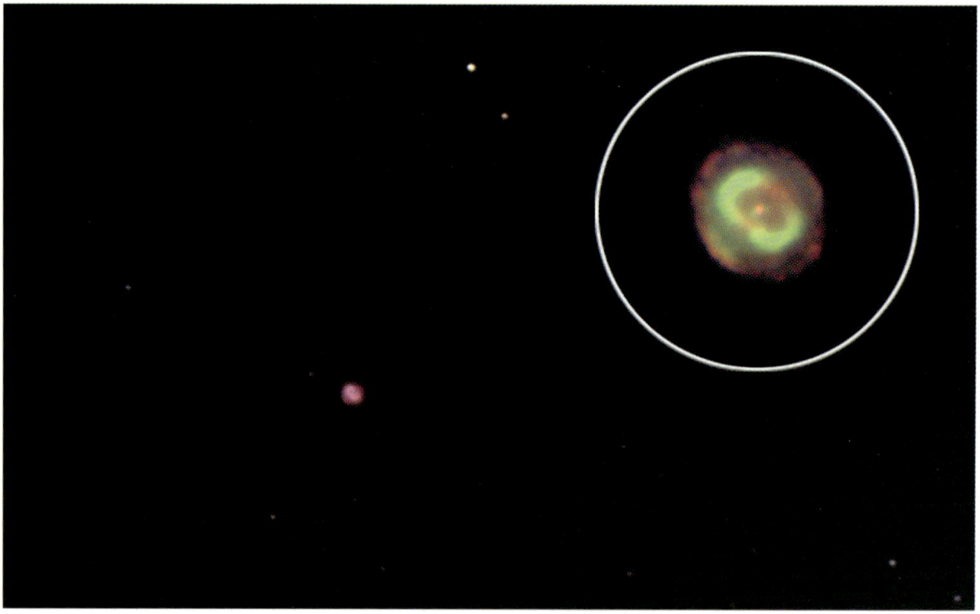

NGC 7662 auf Farbfilm und als CCD-Farbkomposit (Kreis). Beide Bilder entstanden am C 14.

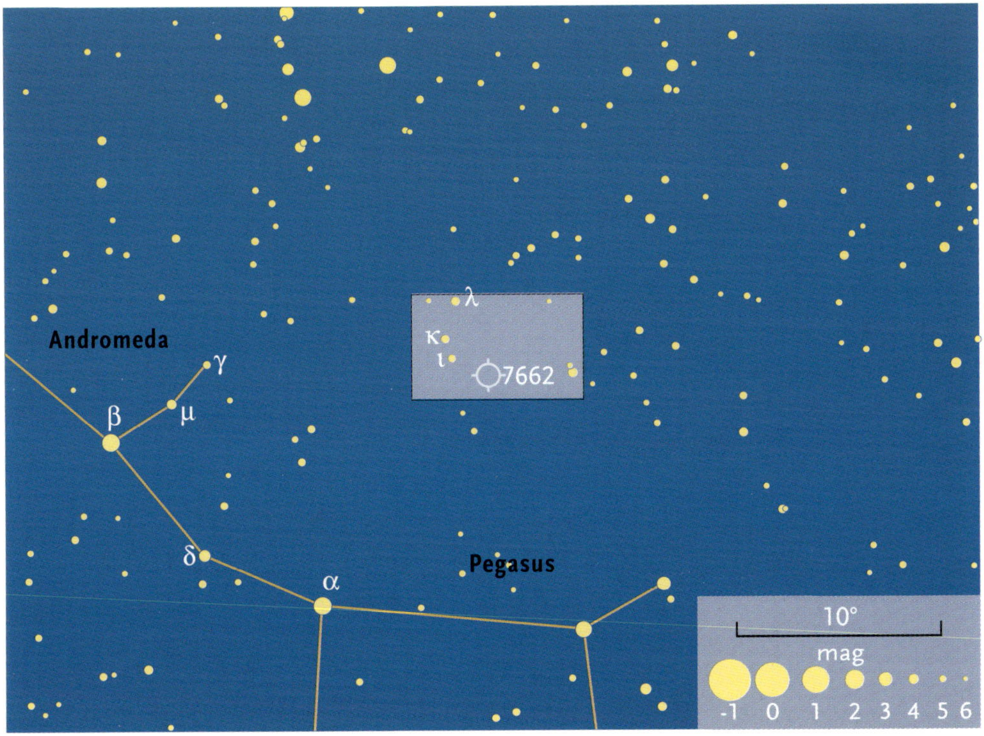
Andromeda
γ
β
μ
δ
α
Pegasus
λ
κ
ι
7662
10°
mag
-1 0 1 2 3 4 5 6

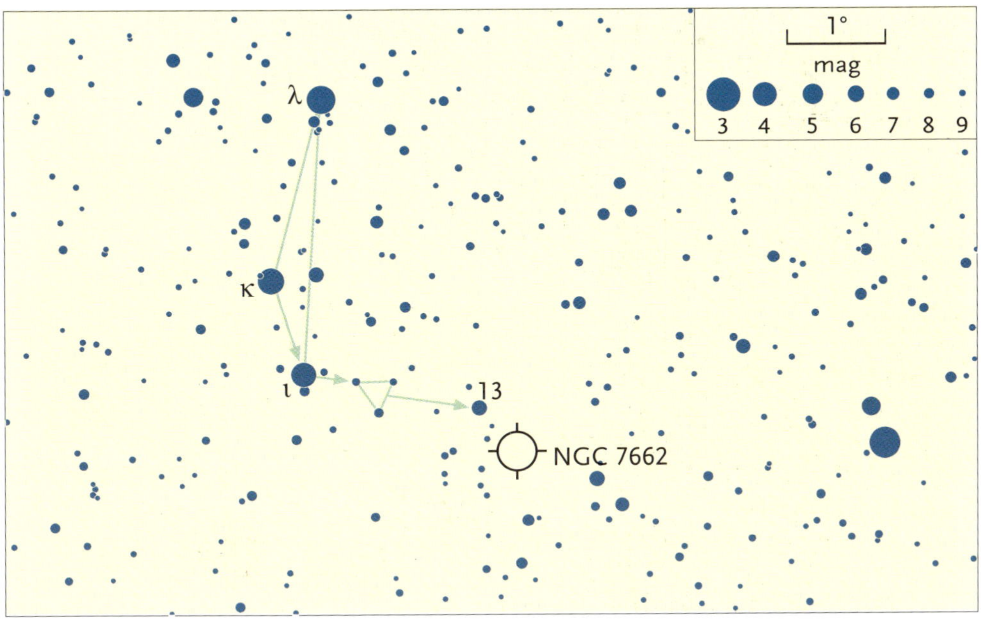
1°
mag
3 4 5 6 7 8 9
λ
κ
ι
13
NGC 7662

Die Andromeda-Galaxie M 31

Rektaszension	Deklination	Helligkeit	Größe	∅ Instrument	Sichtbarkeit
$0^h\,42{,}7^m$	+41° 16'	$4{,}1^m$	200' x 80'	40 mm	Juli–Februar

Oft sind Teleskopneulinge beim Anblick unserer Nachbargalaxie im Okular erst einmal enttäuscht, denn er entspricht kaum dem, was man von Fotografien her kennt. Kein Wunder, denn nur die Kernregion ist hell genug, um von Einsteigern sofort wahrgenommen zu werden. Lohnenswerter ist da der Griff zum Fernglas. Zwar zeigen 8x40- und 10x50-Gläser auch keine Spiralstruktur, doch kann man damit schon eher die große Ausdehnung der rund 3 Millionen Lichtjahre entfernten Galaxie wahrnehmen. Auffallend ist der Kontrast zwischen der hellen Kernregion und den sehr diffusen, deutlich schwächeren Randbezirken, hinter denen sich die Spiralarme verbergen. Mit 50–80-mm-Ferngläsern lassen sich außerdem die Begleitgalaxien M 32 und M 110 ausmachen. Möchten Sie M 31 dennoch mit dem Teleskop ansehen, sollten Sie auf jeden Fall versuchen, ein großes Gesichtsfeld zu erzielen. Unter dunklem Himmel und mit etwas Geduld können Sie dann sogar Dunkelwolken erahnen.

Ihr Weg zu M 31

- Die Andromeda-Galaxie ist schnell gefunden, selbst unter einem klaren Vorstadthimmel ist sie bereits mit bloßem Auge zu erkennen! Sie steht hoch am östlichen Herbsthimmel.
- Richten Sie Ihr Sucherfernrohr auf den Stern β And.
- 4° nordwestlich davon stoßen Sie auf μ And und nach weiteren 3° in dieselbe Richtung auf ν And.
- M 31 erkennen Sie jetzt sofort im Sucher, bei der genaueren Identifizierung hilft das Foto.

10-minütige Belichtung von M 31 und ihren Begleitgalaxien mit der 140-mm-Schmidt-Kamera

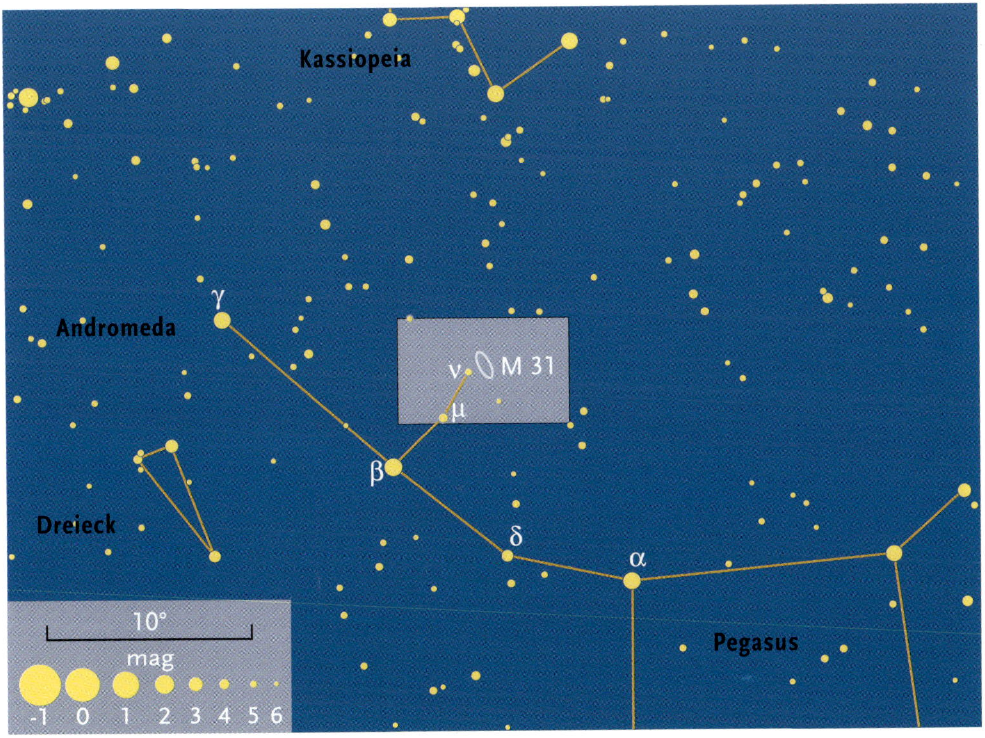
Kassiopeia
Andromeda
γ
ν
M 31
μ
β
δ
α
Dreieck
Pegasus
10°
mag
-1 0 1 2 3 4 5 6

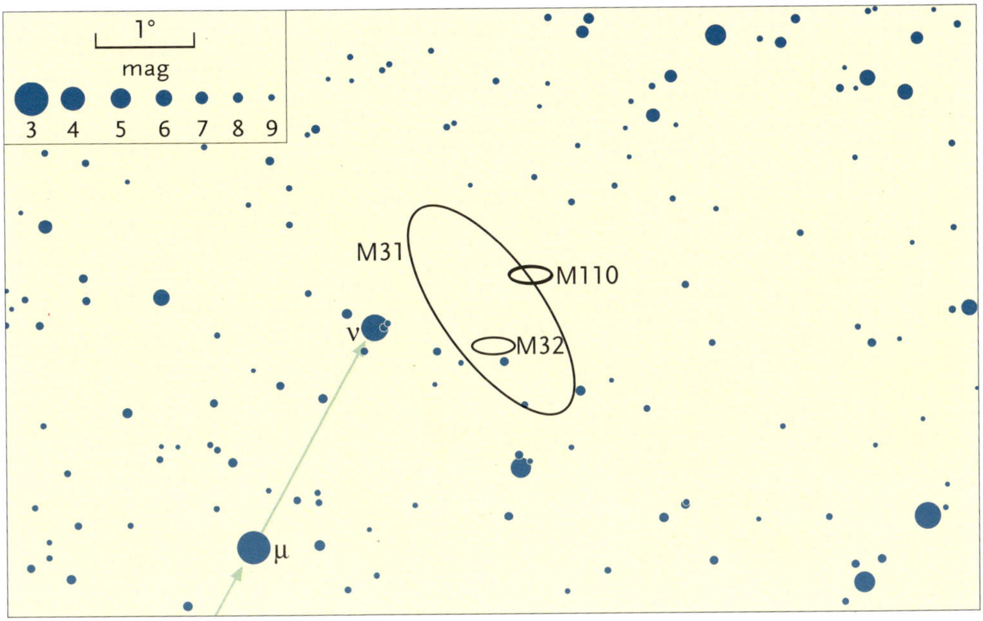
1°
mag
3 4 5 6 7 8 9
M31
M110
M32
ν
μ

Der Gasnebel NGC 281

Rektaszension	Deklination	Helligkeit	Größe	∅ Instrument	Sichtbarkeit
$0^h\ 52{,}8^m$	+56° 37'	–	35' x 30'	80 mm	Juli–März

NGC 281 ist sicherlich eines der schwierigeren Beobachtungsobjekte, die in diesem Buch beschrieben werden, denn um diesen Gasnebel ausmachen zu können, benötigt man etwas Geduld und einen dunklen Himmel. Dann kann man ihn aber schon mit einem 10x50-Fernglas als dreieckigen Nebel inmitten der sternreichen Wintermilchstraße im Sternbild Kassiopeia erkennen. Ein 114-mm-Teleskop zeigt kaum mehr Struktur, dafür aber den kleinen Sternhaufen IC 1590 im Zentrum, in dessen Mitte ein hübscher Dreifachstern mit Komponenten von 8. und 9. Größe steht. Auch hier gilt: Egal mit welcher Öffnung Sie beobachten, achten Sie auf ein möglichst großes Gesichtsfeld, und verwenden Sie damit verbunden nur eine geringe Vergrößerung. Möchten Sie dagegen den Sternhaufen unter die Lupe nehmen, können Sie auch 100–150fach vergrößern, denn sein Durchmesser beträgt gerade einmal 4'.

Sternhaufen und Gasnebel gehören zusammen, sie bilden ein noch aktives Sternentstehungsgebiet, das etwa 7000 Lichtjahre von uns entfernt und gerade einmal 3,5 Millionen Jahre alt ist.

Ihr Weg zu NGC 281

- NGC 281 in der Kassiopeia ist zirkumpolar und kann daher das ganze Jahr über beobachtet werden, am besten jedoch in den Monaten Juli bis März.
- Beginnen Sie die Suche bei α Cas, der westlichen Südspitze des Himmels-W.
- Lokalisieren Sie dann η Cas, der 1,5° weiter nordöstlich steht.
- Mit diesen beiden Sternen bildet der Nebel ein gleichseitiges Dreieck.

So sieht NGC 281 nach 10 Minuten Belichtungszeit mit einer 140-mm-Schmidt-Kamera aus.

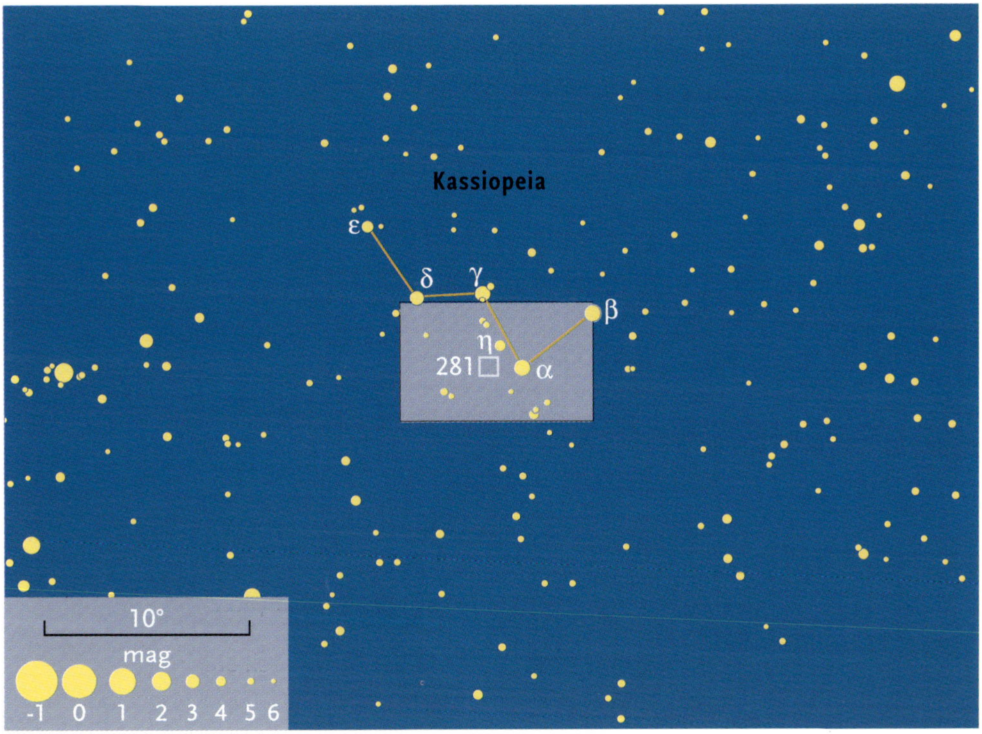
Kassiopeia
ε
δ
γ
β
η
281
α
10°
mag
-1 0 1 2 3 4 5 6

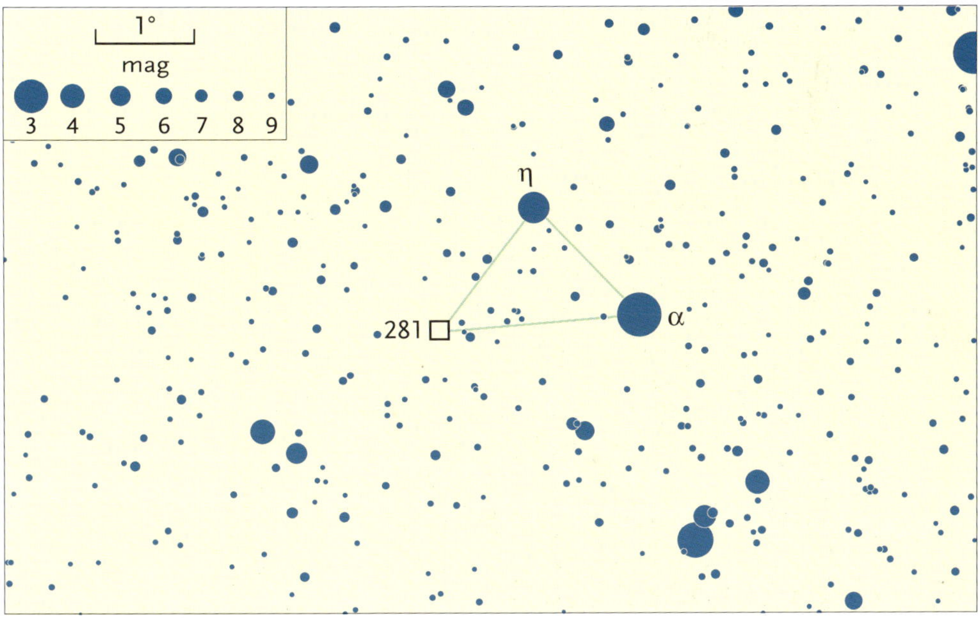
1°
mag
3 4 5 6 7 8 9
η
281
α

Der offene Sternhaufen M 103

Rektaszension	Deklination	Helligkeit	Größe	∅ Instrument	Sichtbarkeit
$1^h 33{,}2^m$	+60° 42'	$7{,}4^m$	6'	60 mm	Juli–März

Herbst

Die hellsten Sterne dieses schönen Sternhaufens sind schon im 10x50-Binokular auszumachen, doch ist M 103 aufgrund seines geringen Durchmessers kein klassisches Fernglasobjekt. Besser beobachten Sie diesen offenen Sternhaufen mit einem 60–80-mm-Teleskop, mit dem Sie bei 60–80facher Vergrößerung bereits knapp ein Dutzend Einzelsterne ausmachen können. Die hellsten davon sind Sterne 7. bis 9. Größe. Mit 114 mm Öffnung lässt sich der dreieckige Umriss des Sternhaufens ausmachen – der helle Stern an der Nordspitze ist allerdings kein Mitglied des rund 8000 Lichtjahre entfernten Haufens, sondern ein Vordergrundstern in „nur" 1300 Lichtjahren Entfernung. Mit einem 200-mm-Teleskop können Sie den leicht rötlichen Farbton bei einem der helleren Sterne an der Nordostkante wahrnehmen, den Sie auch auf der Farbaufnahme erkennen können. Die Sternzahl wächst auf etwa 40 an, wobei hier nicht mehr als etwa 150fach vergrößert werden sollte.

Ihr Weg zu M 103

- Auch M 103 ist wegen seiner nördlichen Position in der Kassiopeia ganzjährig sichtbar, allerdings sind die Monate Juli bis März für eine Beobachtung am besten geeignet.
- Die Suche beginnt bei δ Cas, der östlichen Südspitze des Himmels-W.
- 0,5° weiter östlich stoßen Sie auf ein kleines Dreieck aus Sternen 7. Größe.
- Weitere 0,5° nordöstlich davon finden Sie wiederum zwei Sterne 7. Größe, von denen der nördlichere bereits zu M 103 gehört.

M 103, am 300-mm-Spiegelteleskop bei 1500 mm Brennweite 8 Minuten belichtet

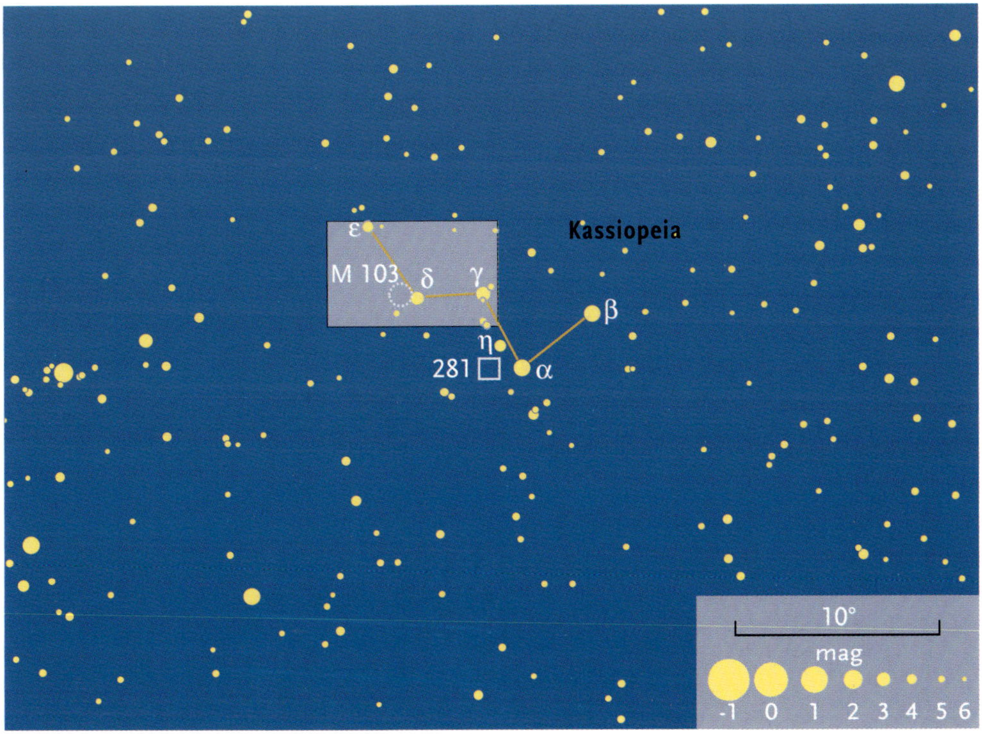
Kassiopeia
ε
M 103
δ
γ
β
η
281
α
10°
mag
-1 0 1 2 3 4 5 6

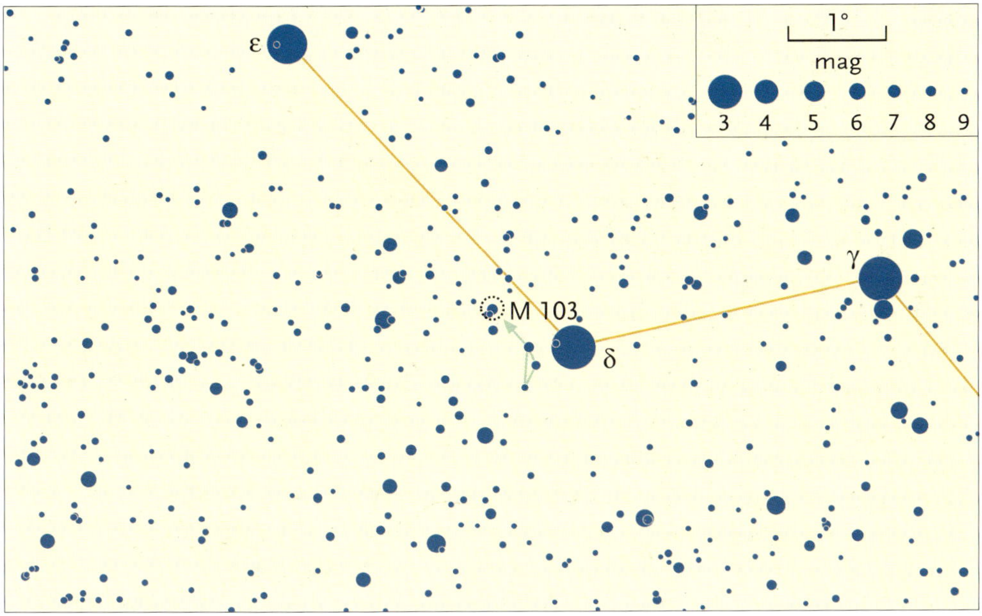
ε
M 103
δ
γ
1°
mag
3 4 5 6 7 8 9

Der offene Sternhaufen NGC 752

Rektaszension	Deklination	Helligkeit	Größe	∅ Instrument	Sichtbarkeit
$1^h 57{,}8^m$	+37° 41'	$5{,}7^m$	50'	50 mm	August–Februar

Herbst

Auch bei diesem Objekt sind Sie mit einem Fernglas oder einem kurzbrennweitigen Großfeldteleskop gegenüber Beobachtern mit großen Instrumenten im Vorteil. Mit einem 10x50-Binokular können Sie bereits rund 30 locker verstreute Einzelsterne erkennen, von denen die hellsten etwa Sterne 9. Größe sind. Der auffallende Stern 7. Größe am Südrand des Sternhaufens scheint übrigens ein Vordergrundobjekt zu sein. Mit einem lichtstarken 100-mm-Teleskop bietet sich Ihnen der grandiose Anblick von etwa 50 Mitgliedssternen. In Fernrohren ab 150 mm Öffnung droht NGC 752 jedoch schon fast im umliegenden Sternfeld zu versinken. Der Sternhaufen ist jetzt nur dann noch auszumachen, wenn Sie maximal etwa 30fach vergrößern und mit Ihrem Okular ein knapp 2° großes Gesichtsfeld erzeugen können. NGC 752 ist rund 1300 Lichtjahre von uns entfernt, bemerkenswert ist sein für offene Sternhaufen ungewöhnlich hohes Alter von 1,1 Milliarden Jahren.

Ihr Weg zu NGC 752

- NGC 752 finden Sie im Ostteil des Sternbildes Andromeda, der offene Sternhaufen steht im Spätherbst hoch am Südhimmel.
- Als Startpunkt für Ihre Suche empfiehlt sich der Stern β Tri.
- Schwenken Sie von dort aus 3° nach Norden, bis Sie auf den 5^m hellen Stern 58 And stoßen.
- 2° weiter westlich finden Sie den Sternhaufen, an dessen Südwestkante sich ein auffälliges Dreieck aus Sternen 6. Größe befindet.

NGC 752 auf einer Ausschnittsvergrößerung aus einem Bild mit einem 50-mm-Normalobjektiv

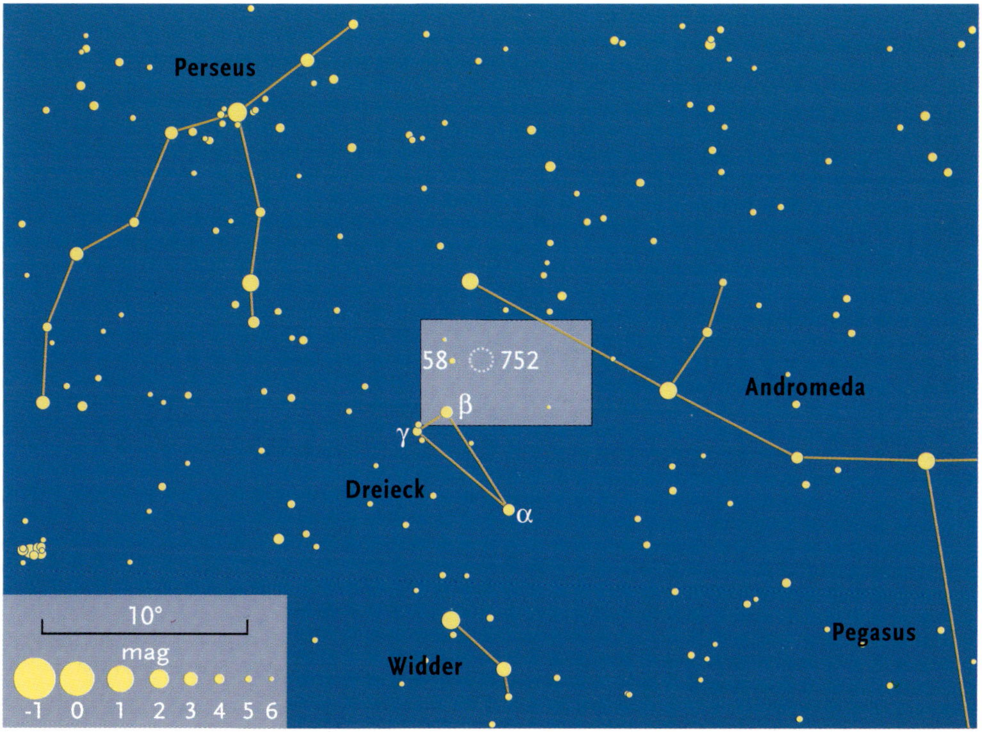
Perseus
58
752
β
γ
Dreieck
α
Andromeda
Pegasus
Widder
10°
mag
-1 0 1 2 3 4 5 6

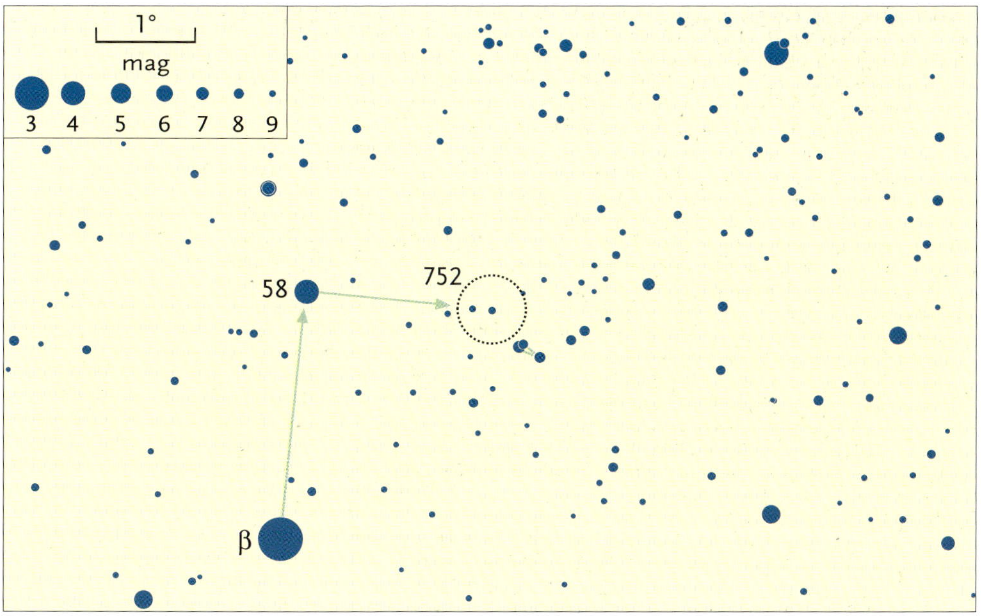
1°
mag
3 4 5 6 7 8 9
58
752
β

Der Doppelstern Alamak (γ And)

Rektaszension	Deklination	Helligkeit	Größe	∅ Instrument	Sichtbarkeit
$2^h\ 03{,}9^m$	+42° 20'	$2{,}3^m/4{,}8^m$	–	50 mm	August–Februar

Der wunderschöne Doppelstern Alamak ist eine Perle am Himmel, die Ihnen selbst in diesigen Nächten noch ein paar schöne Beobachtungsminuten bescheren kann. Seine beiden Komponenten befinden sich in einem gegenseitigen Abstand von 9,6" und sind schon mit einem 50-mm-Teleskop bequem zu trennen. Mit 80–114 mm Öffnung können Sie bereits deutlich den Farbunterschied zwischen den beiden Sternen erkennen: Während die hellere Komponente orangefarben strahlt, zeigt der schwächere Begleiter einen leicht bläulichen Farbton. Die empfehlenswerte Vergrößerung liegt hier bei 120–180fach.

Genauer betrachtet handelt es sich bei Alamak eigentlich um ein Vierfachsystem, denn beide Sterne sind wiederum doppelt. Während die Hauptkomponente Alamak A visuell nicht zu trennen ist, ist ihr Begleiter Alamak B ein gutes Testobjekt für das Auflösungsvermögen von 300-mm-Teleskopen: In Nächten mit sehr ruhiger Luft sollten sich die beiden gegenwärtig nur 0,4" voneinander entfernten Einzelsterne damit gerade so trennen lassen. Alamak befindet sich in einer Entfernung von rund 355 Lichtjahren und ist möglicherweise ein entferntes Mitglied der Plejaden.

Ihr Weg zu γ And

- Alamak ist leicht zu finden – er markiert das Ostende der an das Pegasus-Quadrat „angehängten" Kette, die das Sternbild Andromeda bildet.
- Ideal für die abendliche Beobachtung dieses Doppelsterns ist der Monat November.

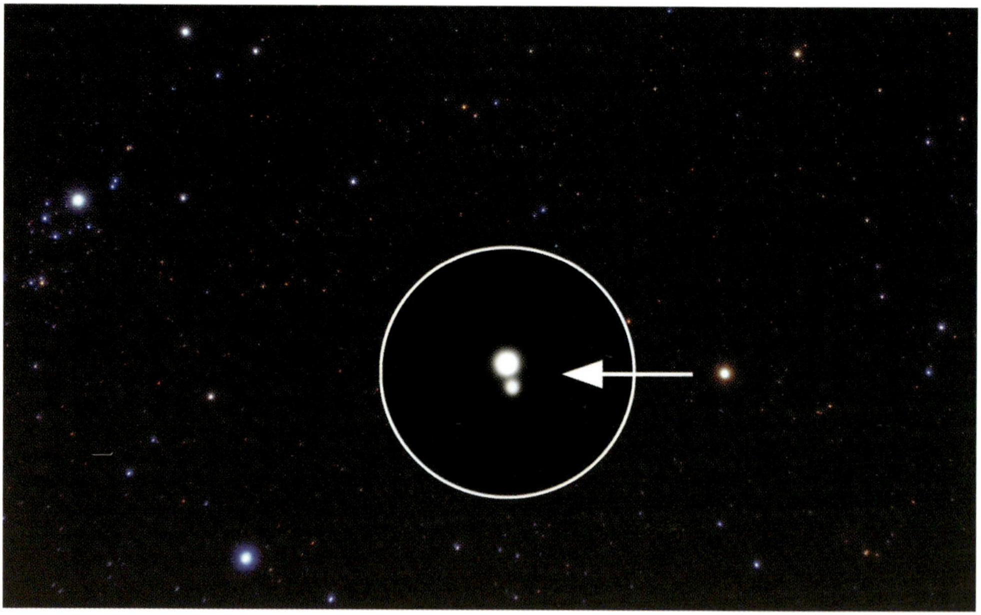

Zweimal Alamak: mit einem 80-mm-Objektiv, daneben mit 20 000 mm Brennweite am C 14

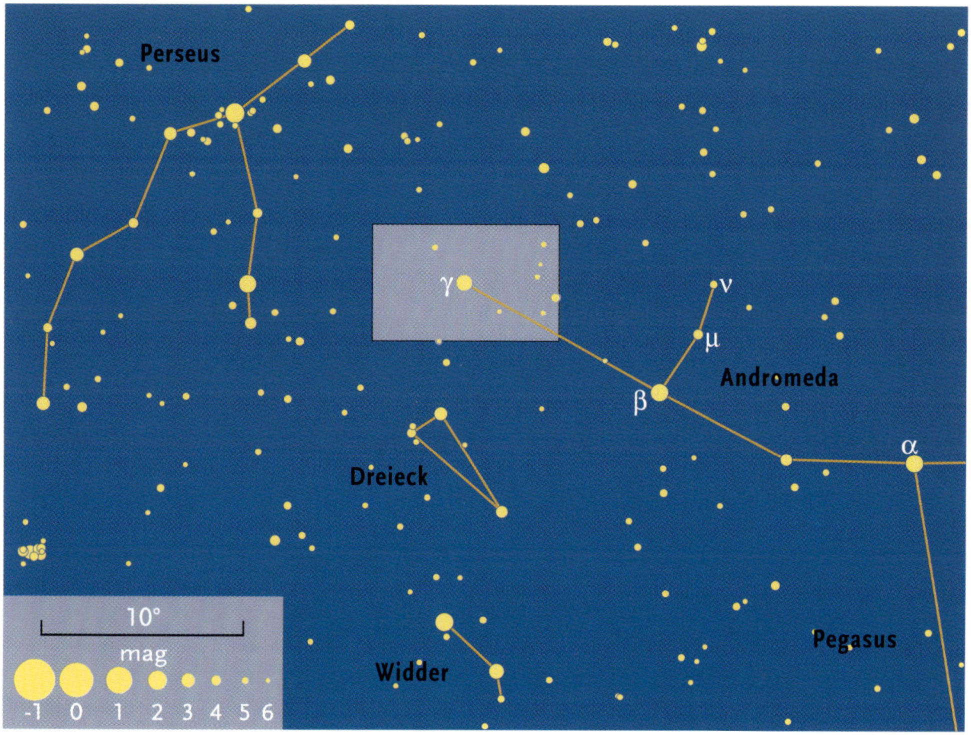
Perseus
γ
ν
μ
Andromeda
β
α
Dreieck
Widder
Pegasus
10°
mag
-1 0 1 2 3 4 5 6

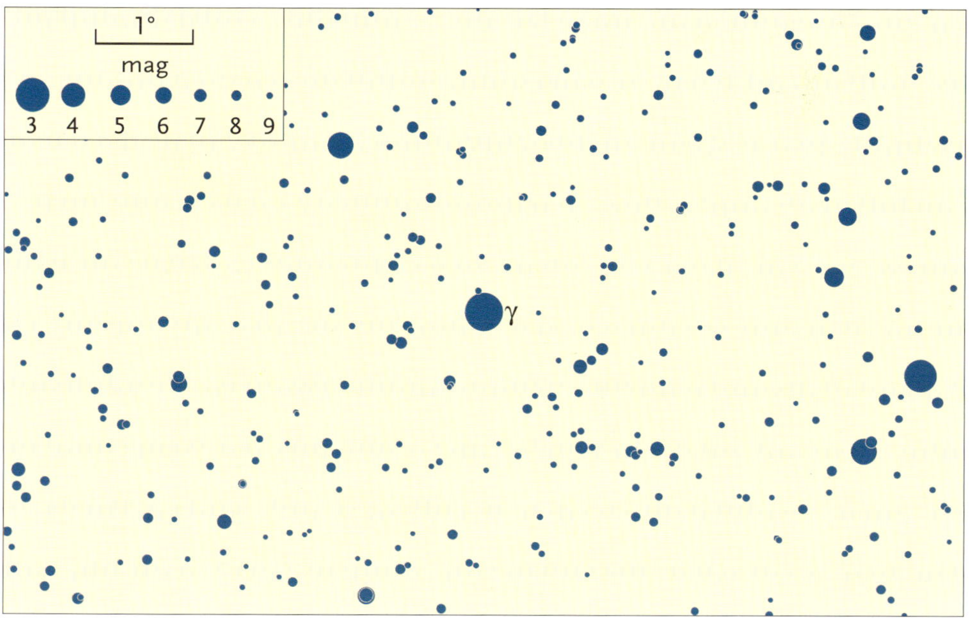
1°
mag
3 4 5 6 7 8 9
γ

Der Doppelsternhaufen h/χ Persei

Rektaszension	Deklination	Helligkeit	Größe	∅ Instrument	Sichtbarkeit
$2^h 20{,}6^m$	+57° 09'	$6{,}1^m/5{,}3^m$	30'	40 mm	ganzjährig

Diesen wunderschönen Doppelhaufen (auch NGC 869/884 genannt) können Sie in klaren Nächten bereits mit bloßem Auge als länglichen Fleck zwischen den Sternbildern Kassiopeia und Perseus wahrnehmen. In jedem Instrument bietet er einen spektakulären Anblick. Mit einem 8x40-Fernglas zeigen sich im westlicheren Sternhaufen h Persei bereits 10 bis 15 eng beieinander stehende Einzelsterne 6. bis 9. Größe, während χ Persei etwas weitläufiger und schwächer wirkt. In einem 114-mm-Teleskop funkeln selbst unter einem Stadthimmel schon Dutzende von Einzelsternen wie kleine Diamanten auf schwarzem Samt. Experimentieren Sie ruhig mit den unterschiedlichsten Vergrößerungen bis hin zu 150–180fach.

Die beiden Sternhaufen stehen nicht zufällig in derselben Himmelsregion, sie bilden in der Tat ein echtes Paar, wobei h Persei 7100 Lichtjahre von uns entfernt ist, während es χ Persei auf eine Distanz von etwa 7500 Lichtjahren bringt.

Ihr Weg zu NGC 869/884

- h und χ Persei finden Sie in der Nordwestecke des Sternbildes Perseus.
- Möchten Sie den Doppelhaufen mit bloßem Auge betrachten, starten Sie in der Kassiopeia und verlängern einfach die Linie γ–δ Cas um den Faktor 2 nach Südosten.
- Mit dem Teleskop nähern Sie sich dem Pärchen am besten ausgehend von η Per, 8° nordwestlich von α Per.
- Schwenken Sie nun 4° nach Westen zu 9 Per und von dort aus weiter gut 1° nach Norden, um die Sternhaufen h und χ Persei zu erreichen.

10-minütige Belichtung von h/χ mit einem 200-mm-Teleskop und 800 mm Brennweite

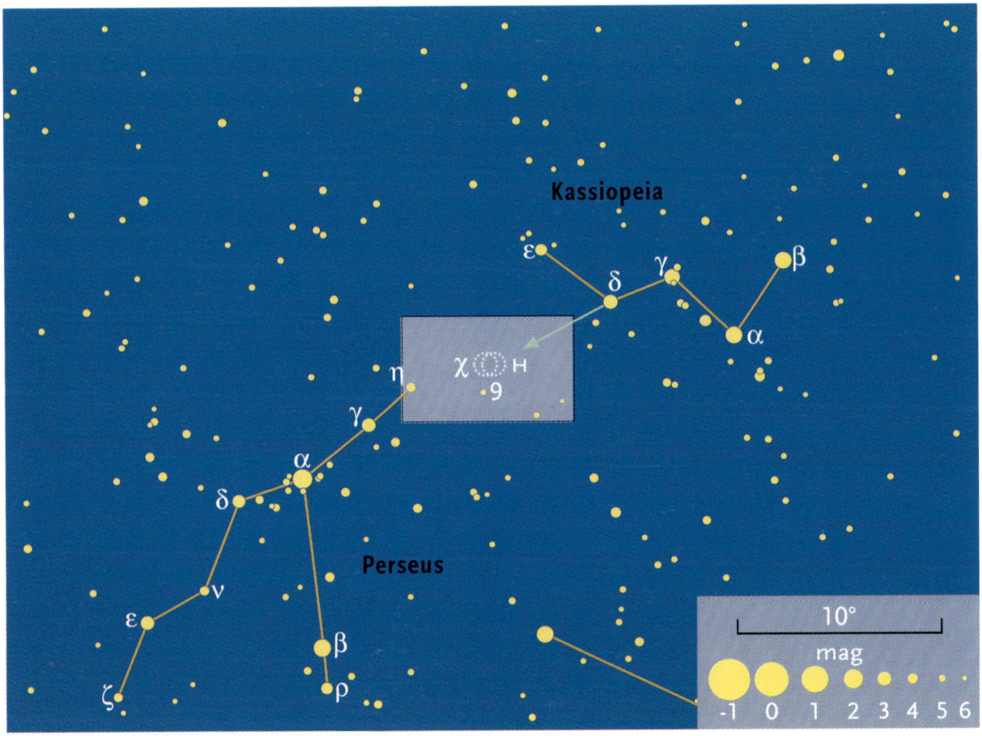
Kassiopeia
Perseus
χ
h
9
10°
mag
-1 0 1 2 3 4 5 6

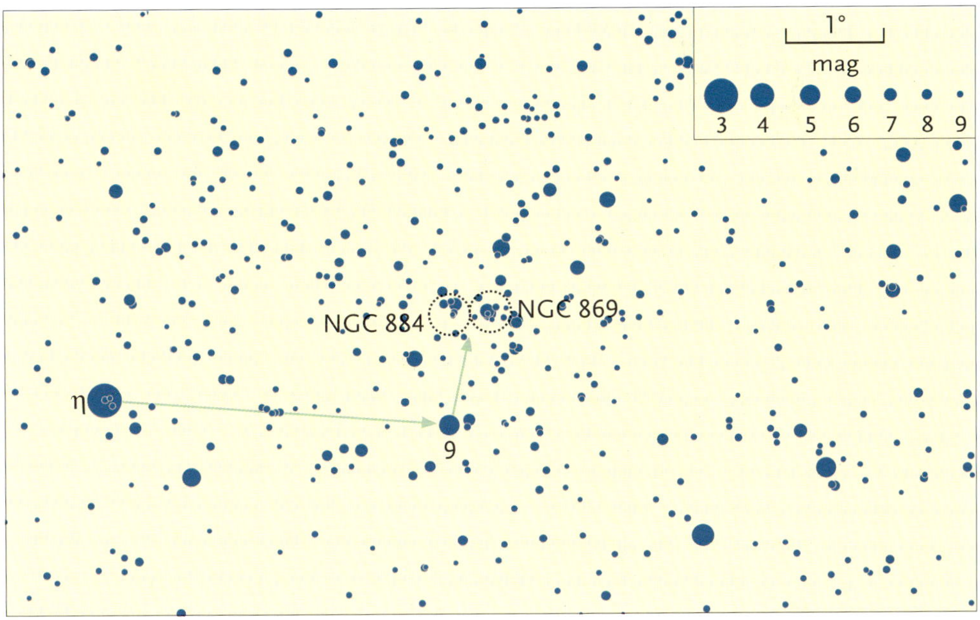
NGC 884
NGC 869
η
9
1°
mag
3 4 5 6 7 8 9

Der offene Sternhaufen M 34

Rektaszension	Deklination	Helligkeit	Größe	∅ Instrument	Sichtbarkeit
$2^h\,42{,}0^m$	+42° 47'	$5{,}2^m$	35'	50 mm	September–März

Herbst

Auch M 34 ist ein recht locker gestreuter Sternhaufen, der bereits im 10x50-Fernglas in knapp 20 Einzelsterne aufgelöst werden kann. Teleskopbeobachter mit 80–114 mm Öffnung sollten ihr langbrennweitigstes Okular einsetzen, um den Sternhaufencharakter noch wahrnehmen zu können. Belohnt werden Sie dann mit rund 50 Sternen, einige davon hübsche Doppelsterne. Versuchen Sie einmal die Doppelsterne h 1123 und ΟΣ 44 zu trennen (s. Foto unten). Dabei ist h 1123 nicht weiter schwierig, die beiden 8,3 bzw. $8{,}4^m$ hellen Komponenten sind bequeme 20" voneinander entfernt. Kniffliger ist ΟΣ 44, da der Abstand zwischen den beiden 8,5 bzw. $9{,}2^m$ hellen Sternen nämlich nur 1,4" beträgt. Empfehlenswert ist hierfür mindestens eine 80–90-mm-Optik und eine 160fache Vergrößerung.

M 34 ist etwa 1400 Lichtjahre entfernt, seine ungefähr 100 Sterne verteilen sich über ein Gebiet mit einem Durchmesser von rund 14–18 Lichtjahren.

Ihr Weg zu M 34

- M 34 befindet sich im Westen des Sternbildes Perseus.
- Beginnen Sie Ihre Suche bei Alamak (γ And) im Sternbild Andromeda.
- 3° weiter östlich stoßen Sie auf ein spitzwinkliges Dreieck aus Sternen 7. Größe.
- Von dort aus geht es weitere 3° nach Osten, bis Sie ein Fünfeck aus Sternen 7. und 8. Größe erreichen.
- Schwenken Sie nun noch einmal 1,5° nach Nordosten, dort finden Sie den Sternhaufen. Die Sterne 7. Größe stehen in der Nähe seines Zentrums.

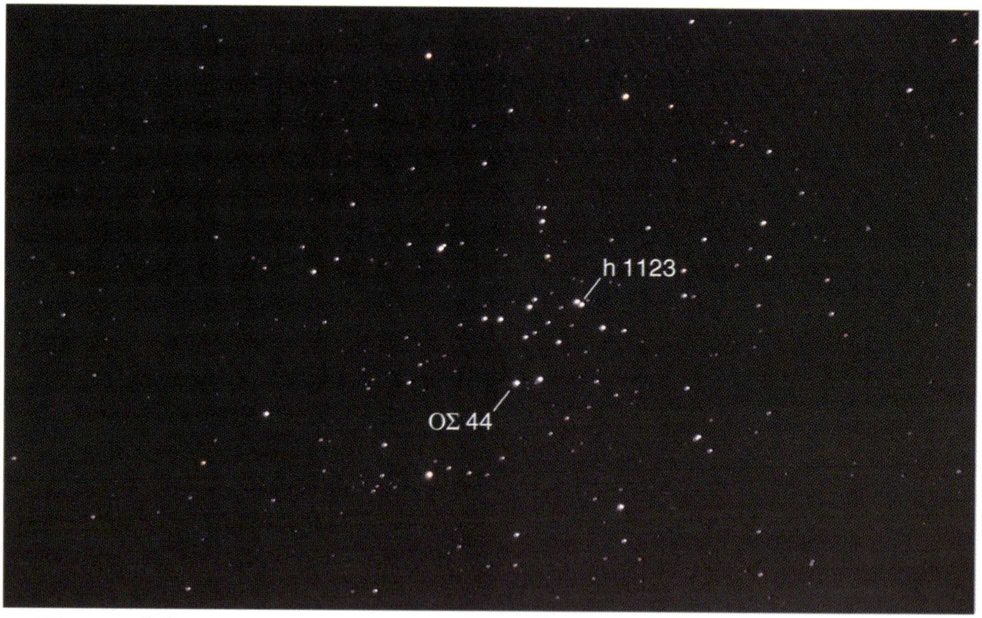

10-Minuten-Belichtung von M 34 am 300-mm-Teleskop unter dem Düsseldorfer Stadtrandhimmel

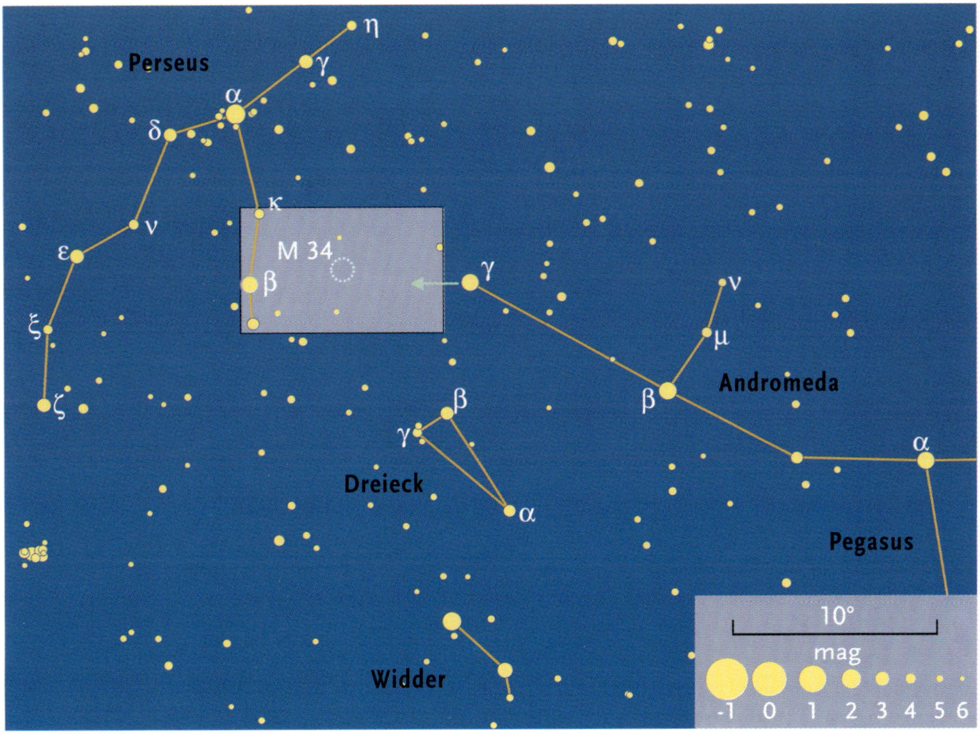
Perseus
η
γ
α
δ
κ
ν
ε
M 34
β
γ
ν
ξ
μ
ζ
β
Andromeda
β
γ
β
Dreieck
α
α
Pegasus
Widder
10°
mag
-1 0 1 2 3 4 5 6

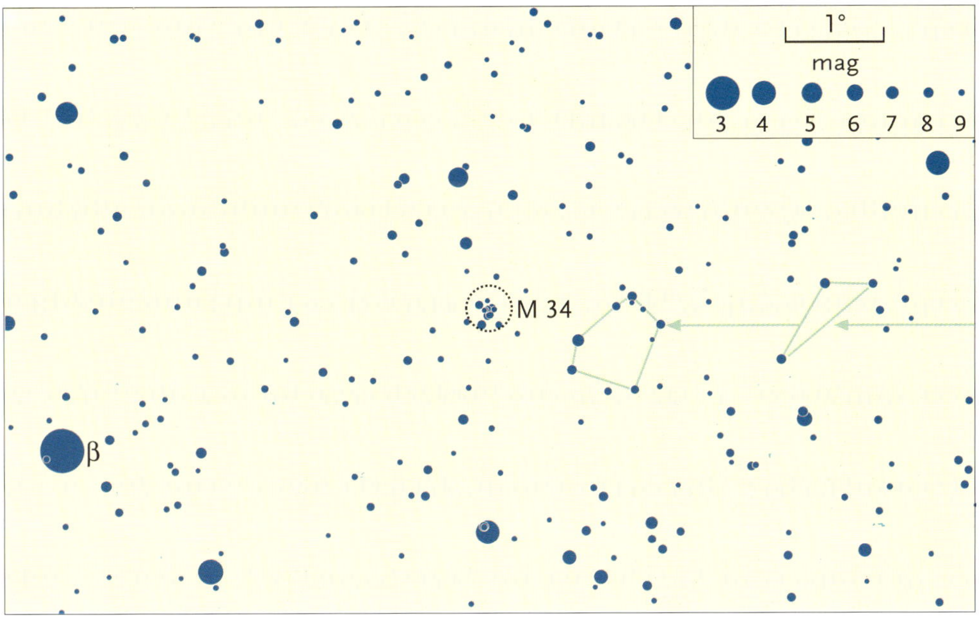
1°
mag
3 4 5 6 7 8 9
M 34
β

Die Spiralgalaxie M 77

Rektaszension	Deklination	Helligkeit	Größe	∅ Instrument	Sichtbarkeit
$2^h 42{,}7^m$	-0° 01'	$8{,}9^m$	9' x 8'	100 mm	Oktober-Januar

Wer diese scheinbar kleine, aber auffällige Galaxie mit seinem 100-mm-Teleskop betrachtet, mag kaum ahnen, was für ein Monster er da vor sich hat. Zu sehen ist gerade einmal ein 2' kleiner, heller Fleck, der von einem diffusen, nur in sehr klaren Nächten erkennbaren Schimmer umgeben ist. M 77 ist eine Galaxie mit einem aktiven Zentrum, in dessen Nähe Gaswolken gefunden wurden, die sich mit mehreren 100 km/s von ihm entfernen. Der Kern beheimatet höchstwahrscheinlich ein extrem massives Schwarzes Loch. All dies nachzuweisen bleibt jedoch den Profis vorbehalten, der Amateurbeobachter sieht davon nichts. Dennoch ist M 77 ein reizvolles Beobachtungsobjekt, denn in Teleskopen ab 150 mm Öffnung sind die äußeren, deutlich vom Kern abgesetzten Bereiche mit etwa 50–80facher Vergrößerung schon gut zu erkennen. Eine 200-mm-Optik zeigt unter einem klaren Himmel bei ruhiger Luft bereits ansatzweise die Spiralstruktur.
Mit etwa 60 Millionen Lichtjahren Entfernung zählt M 77 zu den entferntesten Beobachtungsobjekten, die in diesem Buch beschrieben werden.

Ihr Weg zu M 77

- M 77 befindet sich im Walfisch, fast unmittelbar auf dem Himmelsäquator.
- Lokalisieren Sie im Ostteil des Sternbildes den Stern δ Cet und positionieren Sie ihn an den äußersten Nordwestrand Ihres Teleskopgesichtsfeldes.
- Die Galaxie ist jetzt schnell gefunden, sie liegt nur rund 1° ostsüdöstlich von δ Cet und bildet mit δ und 84 Cet ein gleichschenkliges Dreieck.

M 77 auf einer 22-minütigen CCD-Belichtung am Celestron 14

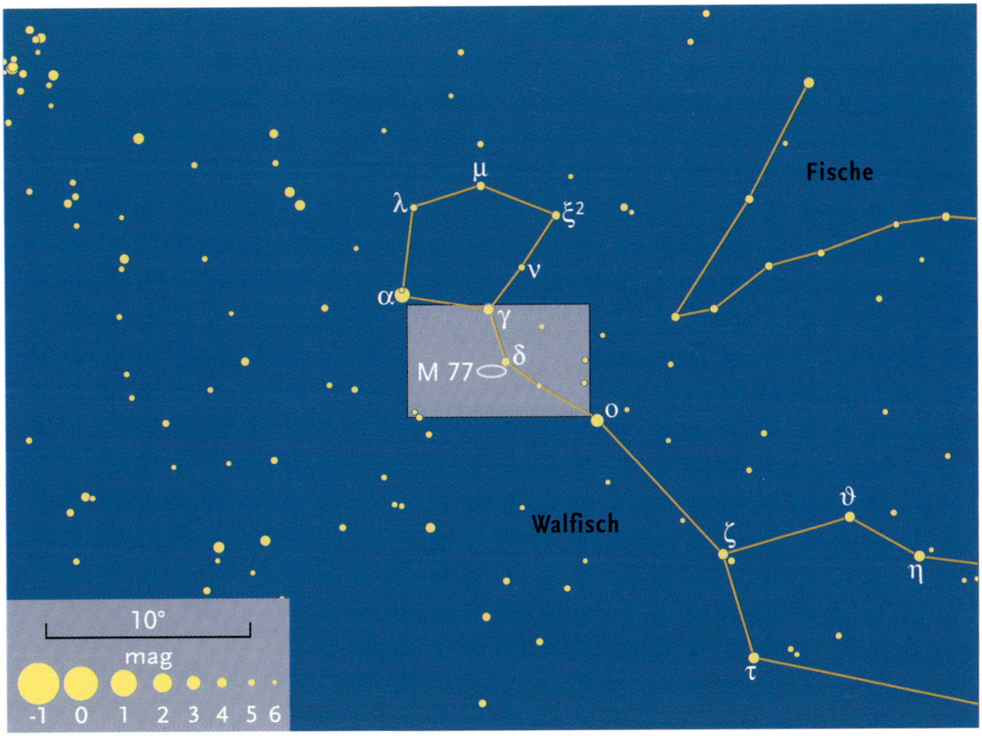
μ
λ
ξ2
ν
α
γ
δ
M 77
o
Fische
Walfisch
ζ
ϑ
η
τ
10°
mag
-1 0 1 2 3 4 5 6

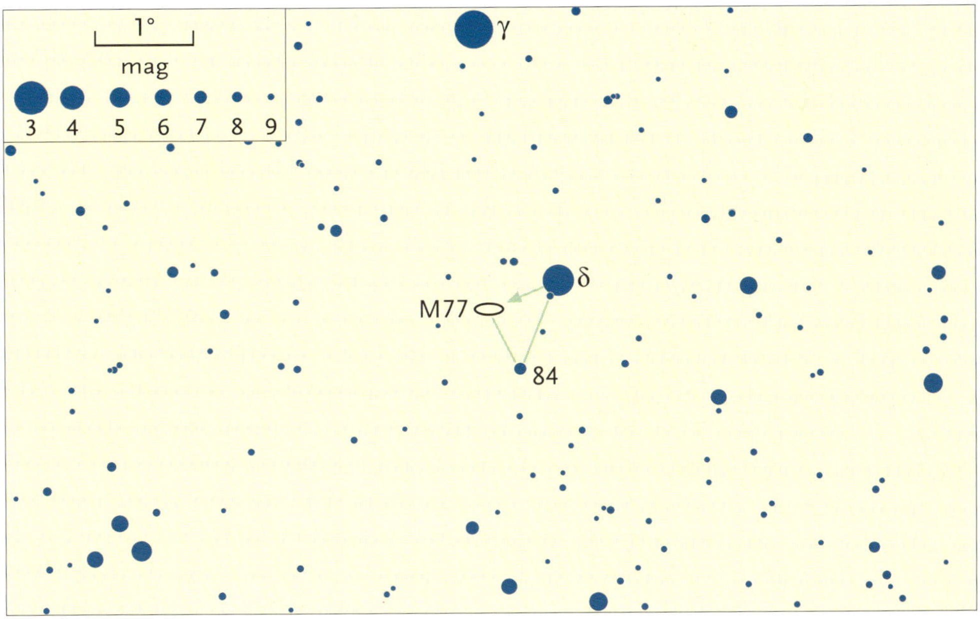
1°
mag
3 4 5 6 7 8 9
γ
δ
M77
84

Checkliste Herbst

Objekt	Beobachtet am	Beobachtet mit	Kommentar

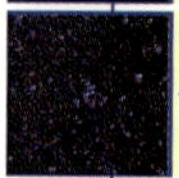			
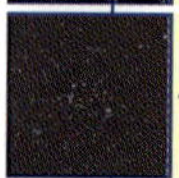			
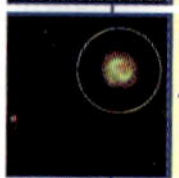			

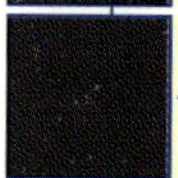			

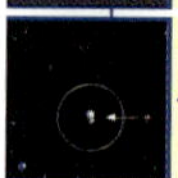			
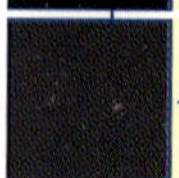			
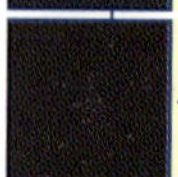			

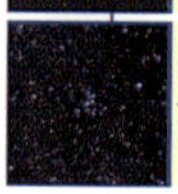			

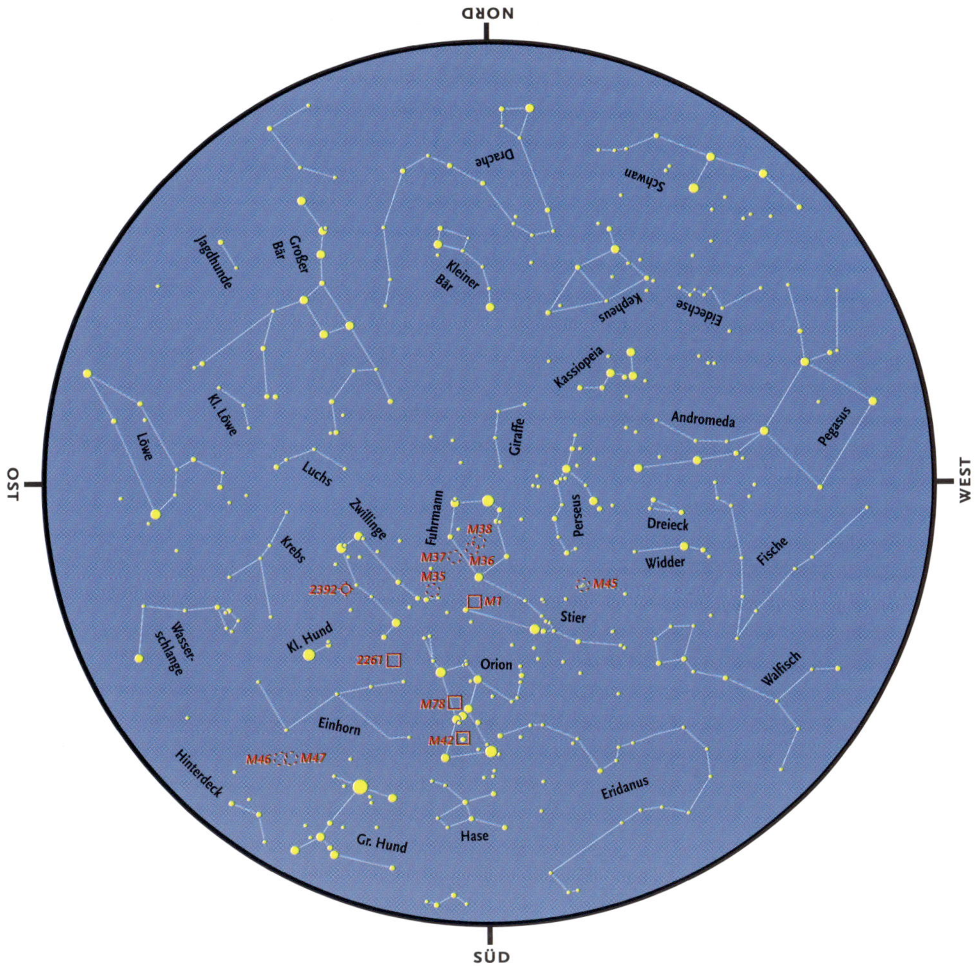

Objekt	∅ Instrument	Seite
Sternhaufen M 45	40 mm	108
Sternhaufen M 38	50 mm	110
Gasnebel M 1	80 mm	112
Gasnebel M 42	40 mm	114
Sternhaufen M 36	50 mm	116
Gasnebel M 78	80 mm	118

Objekt	∅ Instrument	Seite
Sternhaufen M 37	50 mm	120
Sternhaufen M 35	50 mm	122
Gasnebel NGC 2261	100 mm	124
Planet. Nebel NGC 2392	80 mm	126
Sternhaufen M 46/47	50 mm	128

Die Plejaden M 45

Rektaszension	Deklination	Helligkeit	Größe	∅ Instrument	Sichtbarkeit
$3^h\,47{,}0^m$	+24° 07'	$1{,}6^m$	120'	40 mm	Oktober–März

Nun, wie viele Sterne im offenen Sternhaufen der Plejaden können Sie mit bloßem Auge erkennen? Sechs sollten bei klarem Himmel eigentlich immer zu sehen sein, manche Bebobachter schaffen neun und unter besten Bedingungen wird gar von 14 sichtbaren Sternen berichtet. Wie auch immer, am schönsten präsentiert sich dieser Vorzeigesternhaufen in einem Fernglas, ganz egal welche Öffnung es hat. Schon auf den ersten Blick erinnern die Plejaden in ihrer Anordnung ein wenig an den Großen Wagen. Auffällig ist auch eine Kette von Sternen 7. bis 9. Größe, die sich südlich von Alcyone (s. Detailkarte) in Richtung eines Sterns 5. Größe windet. Die bläulichen Reflexionsnebel, die man oft auf Fotografien um die Plejadensterne sieht, sind visuell leider nur sehr schwer zu erkennen. Selbst erfahrene Beobachter benötigen hierzu beste Bedingungen und äußerst reflexarme Ferngläser. Teleskopbeobachter sollten eine möglichst geringe Vergrößerung mit mindestens 1° Gesichtsfeld wählen, damit sie vom Anblick der ausgedehnten, nur etwa 380 Lichtjahre entfernten Plejaden nicht enttäuscht werden. Höhere Vergrößerungen sind nur dann zu empfehlen, wenn Sie z. B. einen Kleinplaneten verfolgen wollen, der die Plejaden durchquert – dank ihrer Nähe zur Ekliptik kommt dies immer wieder vor.

Ihr Weg zu M 45

- Die Plejaden sind im Handumdrehen gefunden, sie stehen 14° nordwestlich des Hauptsterns Aldebaran im Sternbild Stier und des noch ausgedehnteren Sternhaufens der Hyaden.

CCD-Farbkomposit der Plejaden, gewonnen mit einem 300-mm-Teleobjektiv

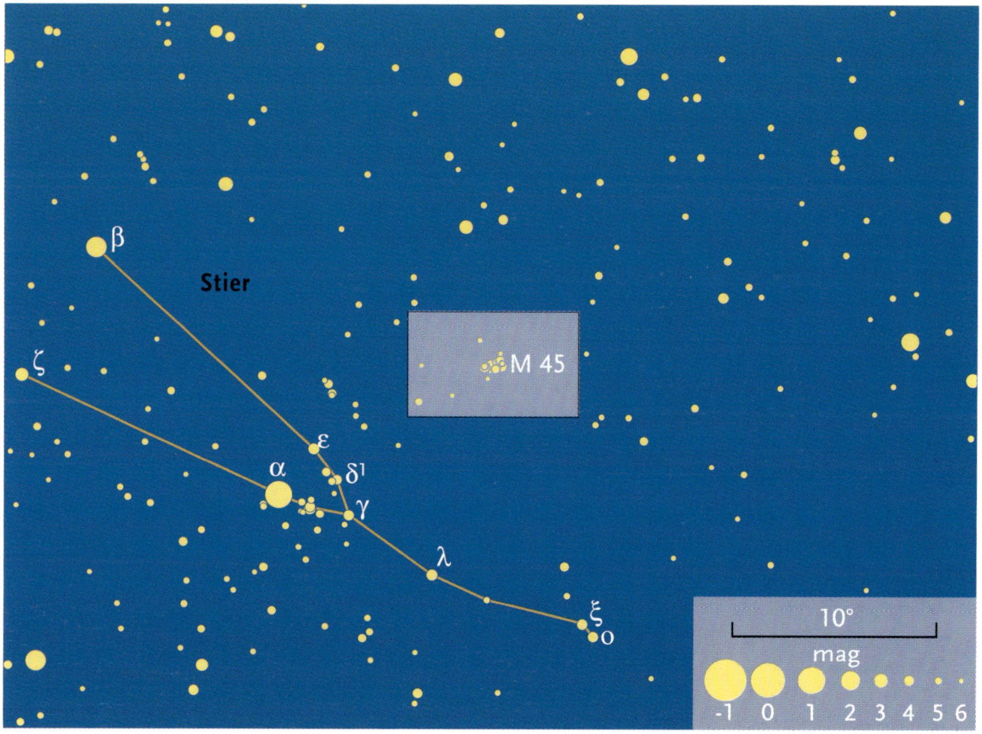
β
Stier
ζ
M 45
ε
α
δ1
γ
λ
ξ
o
10°
mag
-1 0 1 2 3 4 5 6

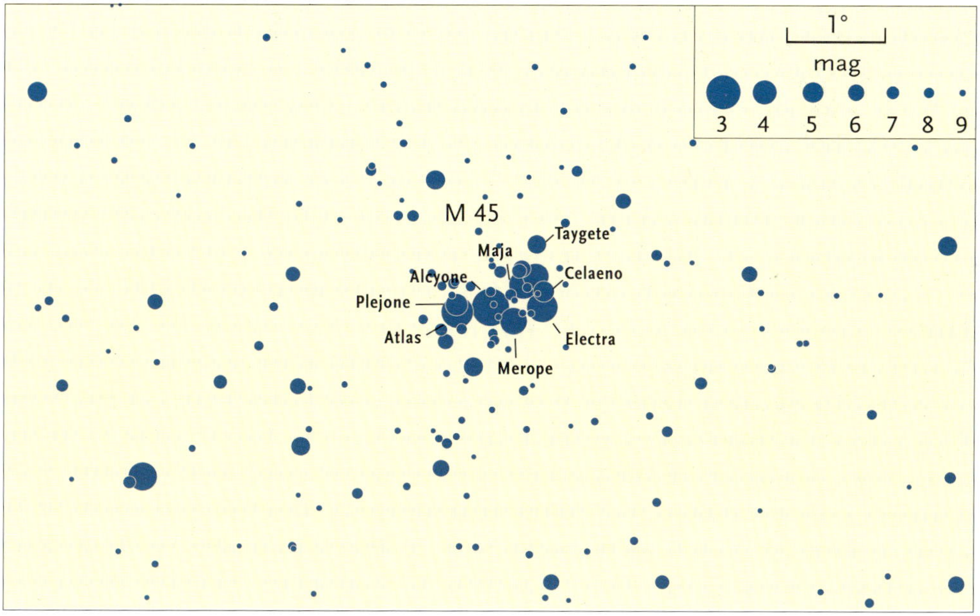
1°
mag
3 4 5 6 7 8 9
M 45
Taygete
Maja
Alcyone
Celaeno
Plejone
Atlas
Electra
Merope

Der offene Sternhaufen M 38

Rektaszension	Deklination	Helligkeit	Größe	∅ Instrument	Sichtbarkeit
$5^h\,28{,}7^m$	+35° 50'	$6{,}4^m$	21'	50 mm	Oktober–April

Zusammen mit M 36 (S. 116/117) und M 37 (S. 120/121) bildet M 38 eine schöne Gruppe von offenen Sternhaufen im Sternbild Fuhrmann. M 38 ist schon gut mit einem 10x50-Fernglas zu beobachten und zeigt sich darin als milchige Wolke mit ein paar versprengten Einzelsternen 9. bis 10. Größe. M 36 können Sie im gleichen Gesichtsfeld sichten. Besonders schön anzusehen ist M 38 mit Öffnungen zwischen 114 und 135 mm bei 40–60-facher Vergrößerung, denn dann füllt sich das Feld mit knapp 40 bis 50 Sternen. Auffällig ist die kreuzförmige Anordnung der helleren Sterne, die mit 150–200 mm Öffnung nicht mehr ganz so klar hervortritt. Dafür können Sie aber mit einem solchen Gerät an die 100 Sterne bewundern. Blicken wir in Richtung M 38, so sehen wir in die Randregionen unserer Galaxis. In 4300 Lichtjahren Entfernung ist der etwa 220 Millionen Jahre alte Sternhaufen am Außenrand unseres lokalen Milchstraßenarms (dem Orion-Arm) zu finden.

Ihr Weg zu M 38

- M 38 steht zur Jahreswende hoch über unseren Köpfen in der unauffälligen Wintermilchstraße im Sternbild Fuhrmann.
- Beginnen Sie die Suche bei ι Aur.
- 4,5° weiter östlich stoßen Sie auf eine auffällige Fünfergruppe aus den Sternen 16 bis 19 Aur und IQ Aur.
- 1,5° weiter nach Ostnordost gelangen Sie zu φ Aur.
- Jetzt schwenken Sie weitere 1,5° nach Norden. Dort finden Sie ein gleichschenkliges Dreieck mit dem Sternhaufen an der Nordspitze.

10-minütige Belichtung von M 38 auf Farbfilm mit der 140-mm-Schmidt-Kamera bei 225 mm Brennweite

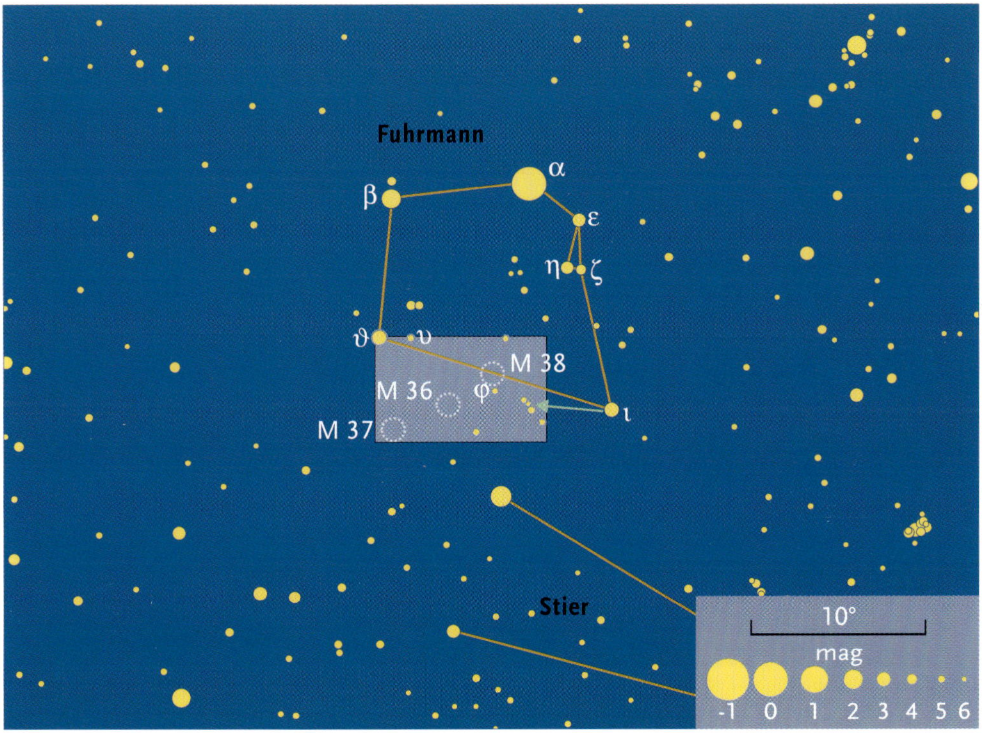
Fuhrmann
α
β
ε
η
ζ
ϑ
υ
M 38
M 36
φ
M 37
ι
Stier
10°
mag
-1 0 1 2 3 4 5 6

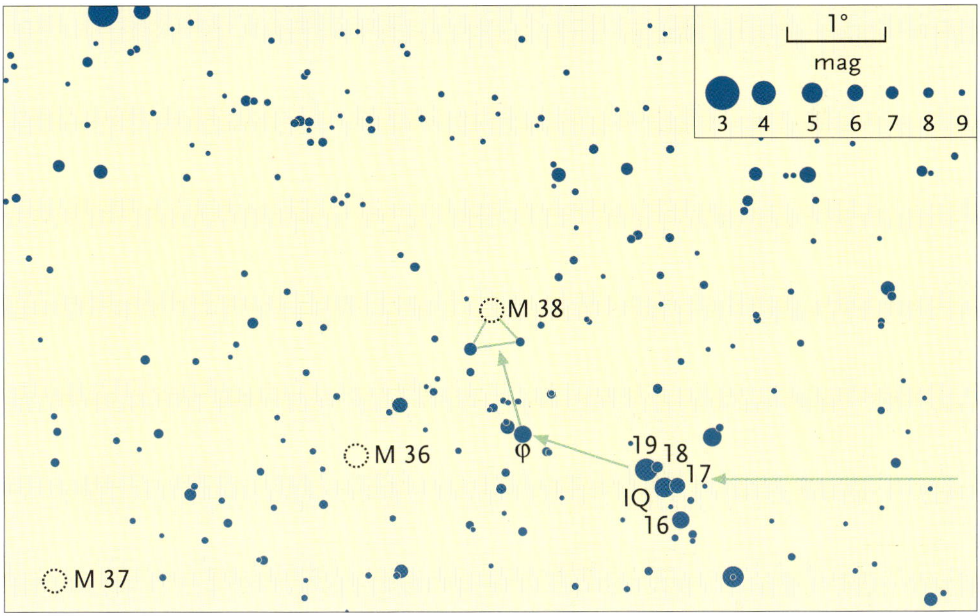
1°
mag
3 4 5 6 7 8 9
M 38
M 36
φ
19
18
17
IQ
16
M 37

Der Krebs-Nebel M 1

Rektaszension	Deklination	Helligkeit	Größe	∅ Instrument	Sichtbarkeit
$5^h 34{,}5^m$	+22° 01'	$8{,}4^m$	6' x 4'	80 mm	November–April

Schon mit einem 80-mm-Teleskop ist das erste Objekt in Charles Messiers Katalog unter dunklem Himmel auszumachen. M 1 zeigt sich darin als kleines, ovales Nebelchen, dem selbst Öffnungen von 114–150 mm nicht mehr Details entlocken können. Verwenden Sie eine etwa 60–90-fache Vergrößerung. Wer über ein 200-mm-Teleskop verfügt, erkennt eine leichte Einbuchtung an der Ostseite des Nebels und aus dem Oval wird eine leichte S-Form. Die auf der Fotografie erkennbaren Filamente bleiben den meisten Amateurbeobachtern allerdings verborgen, erst ab einem Optikdurchmesser von rund 400 mm lassen sie sich erahnen. Dennoch ist das fahle Licht des Krebs-Nebels etwas Besonderes: Es handelt sich um den Überrest einer Supernovaexplosion, die chinesische Astronomen im Jahre 1054 beobachteten. Im Zentrum des Nebels befindet sich heute ein Neutronenstern mit nur wenigen Kilometern Durchmesser, der 30-mal (!) in der Sekunde um sich selber rotiert – ein Pulsar. M 1 ist 6300 Lichtjahre von uns entfernt und einer der exotischsten Supernovareste in unserer Galaxis.

Ihr Weg zu M 1

- Seine beste Position hoch im Süden erreicht M 1 am abendlichen Winterhimmel im Monat Januar.
- Lokalisieren Sie zuerst ζ Tau an der Ostkante des Stieres.
- Knapp 1° nördlich von ζ Tau finden Sie zwei Sterne 6. bzw. 7. Größe.
- Schwenken Sie von dem nördlicheren 0,5° nach Westen, dort finden Sie den Krebs-Nebel.

Der Krebs-Nebel als CCD-Farbkomposit, aufgenommen an einem 400-mm-Teleskop

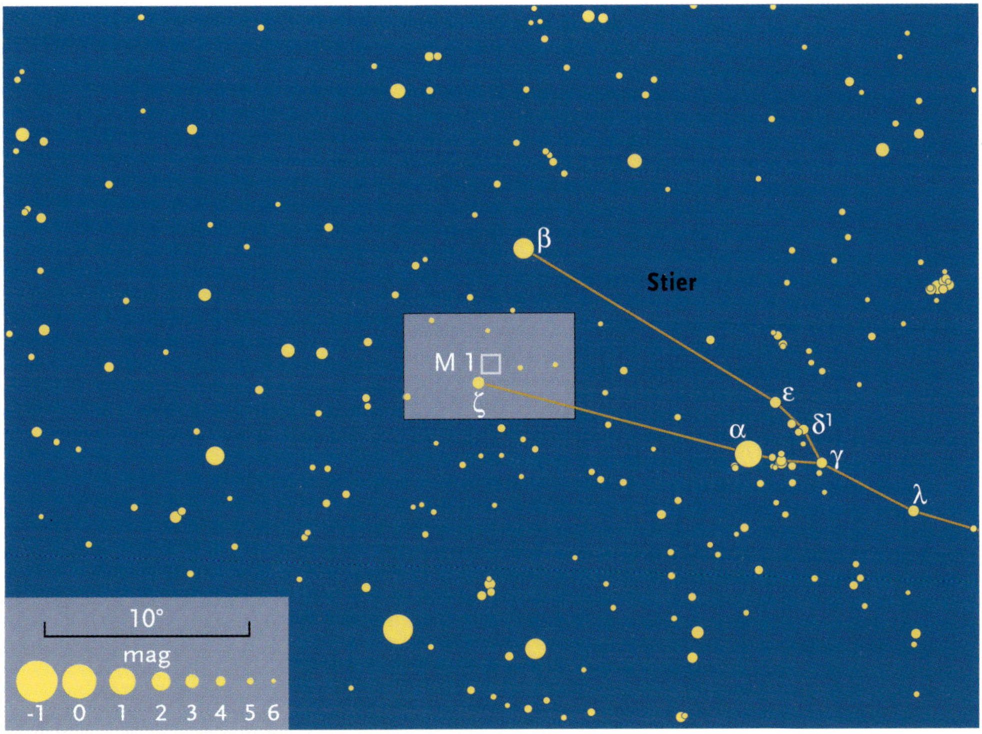
β
Stier
M 1
ζ
α
ε
δ1
γ
λ
10°
mag
-1 0 1 2 3 4 5 6

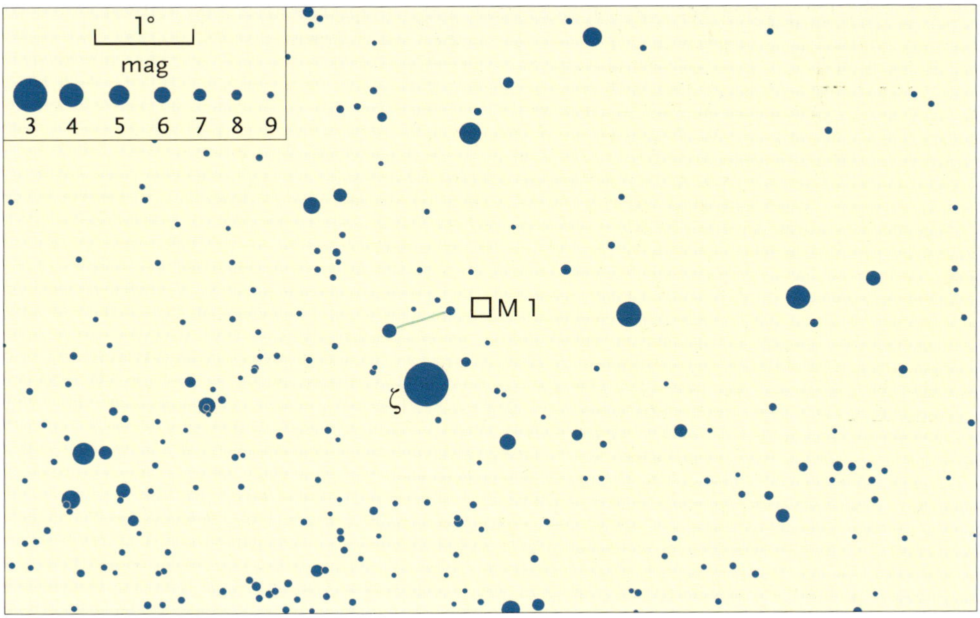
1°
mag
3 4 5 6 7 8 9
M 1
ζ

Der Orion-Nebel M 42

Rektaszension	Deklination	Helligkeit	Größe	∅ Instrument	Sichtbarkeit
$5^h 35{,}4^m$	–5° 27’	$4{,}0^m$	66’ x 60’	40 mm	November–März

Keine Frage, der Orion-Nebel ist ein Paradeobjekt für Einsteiger. Schon mit bloßem Auge erkennt man eine kleine diffuse Aufhellung im „Schwertgehänge“ des Himmelsjägers Orion. Mit einem 8x40-Fernglas sehen Sie, dass dieser Nebel einige Sterne 5. Größe umhüllt. Im 80-mm-Fernrohr kann man unter guten Bedingungen bei 20–30facher Vergrößerung ansatzweise die „Flügel“ des Nebels erkennen. Im 114-mm-Teleskop zeigt sich die teilweise recht wolkige Struktur der Nebelfetzen. Außerdem sehen Sie eine Dunkelwolke, die sich von Osten her gleichsam in den Nebel hineinfrisst. Die zentrale Nebelregion zeigt sich als ein flockiges Gebilde, dessen Südostecke von einem rechten Winkel begrenzt wird. Inmitten dieses Nebels sehen Sie das Trapez, eine kompakte Gruppe aus Sternen 5. und 6. Größe. Probieren Sie ruhig alle Vergrößerungen aus, um dieses 1500 Lichtjahre entfernte Sternentstehungsgebiet zu erkunden. M 43 geht da als runder, diffuser Nebel um einen Stern 7. Größe fast unter, trotzdem sollten Sie sich auch dieses Objekt nicht entgehen lassen.

Ihr Weg zu M 42

- Der Orion-Nebel steht knapp unterhalb der drei Gürtelsterne im Sternbild Orion.
- Das Aufsuchen ist sehr einfach, beginnen Sie bei ε Ori, dem mittleren der Gürtelsterne.
- Schwenken Sie jetzt 4,5° nach Süden, so stecken Sie schon mitten im großen Orion-Nebel M 42.
- M 43 finden Sie knapp 0,5° weiter nördlich.

Der Orion-Nebel, mit einem 200-mm-Teleskop und 1000 mm Brennweite 10 min. auf Farbfilm belichtet

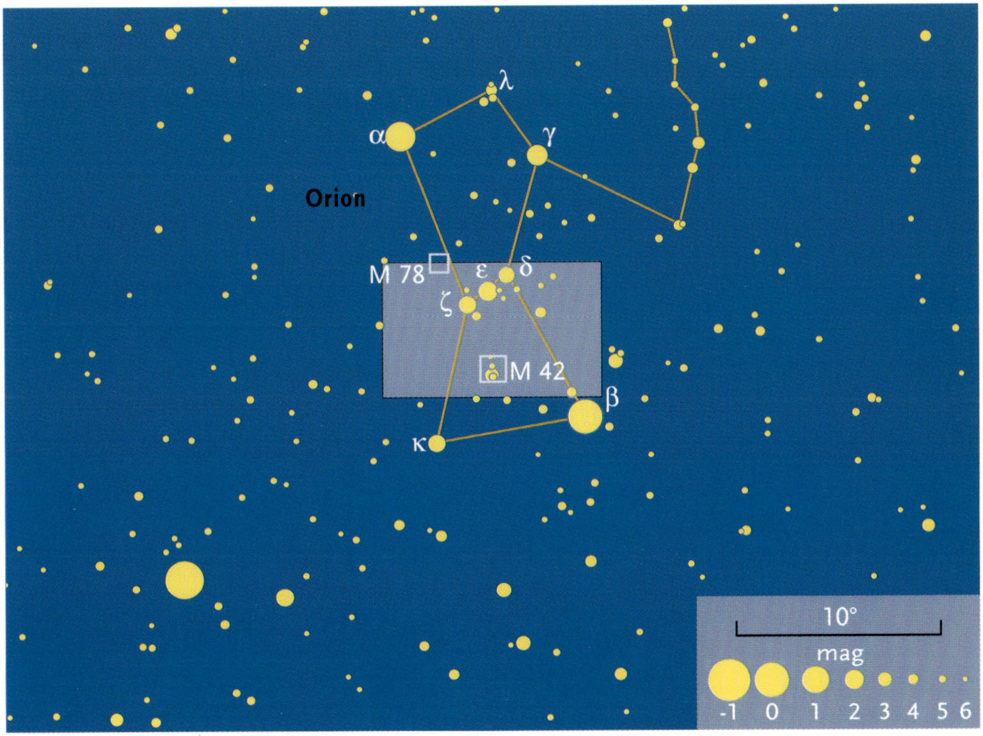
Orion
λ
α
γ
M 78
ε
δ
ζ
M 42
β
κ
10°
mag
-1 0 1 2 3 4 5 6

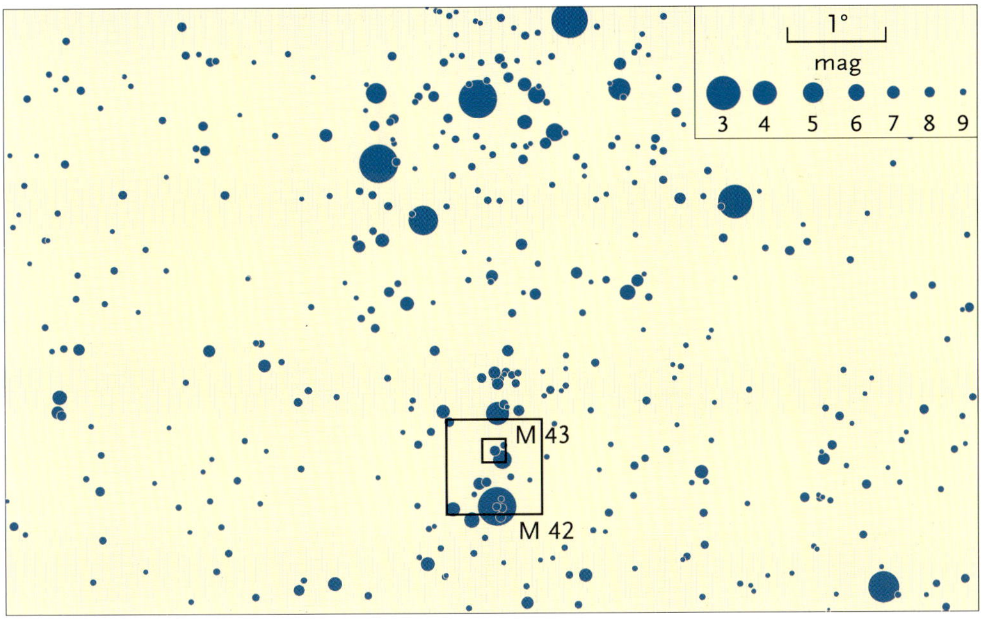
1°
mag
3 4 5 6 7 8 9
M 43
M 42

Der offene Sternhaufen M 36

Rektaszension	Deklination	Helligkeit	Größe	∅ Instrument	Sichtbarkeit
$5^h 36{,}1^m$	+34° 08'	$6{,}0^m$	12'	50 mm	Oktober–April

Winter

Obwohl M 36 der kleinste in der Gruppe der Sternhaufen im Sternbild Fuhrmann ist, hat er doch etwas zu bieten. Schon ein 10x50-Fernglas zeigt rund ein Dutzend Sterne 9. bis 10. Größe. Mit 80–114 mm Öffnung fällt auf, dass ein paar der hellsten Sterne wie ausgebreitete Vogelflügel um den Haufen herum angeordnet sind. Verwenden Sie hier am besten eine 70–120fache Vergrößerung. In Teleskopen mit 120–150 mm Durchmesser tritt diese Struktur noch deutlicher hervor, insgesamt können Sie nun ungefähr 35 Sterne erkennen.

Im Vergleich zu M 38 (S. 110/111) wirkt M 36 kompakter und heller. Seine Entfernung liegt bei rund 4100 Lichtjahren, damit sind beide Haufen in der Tat echte Nachbarn. M 36 ist mit einem Alter von etwa 25 Millionen Jahren allerdings deutlich jünger. Hypothetische Beobachter von M 38 aus könnten am Himmel einen Sternhaufen bewundern, der den Plejaden (S. 108/109) an unserem Erdhimmel nicht unähnlich wäre, zumal M 36 genau wie die Plejaden hauptsächlich aus jungen, blauen Riesensternen besteht.

Ihr Weg zu M 36

- M 36 steht hoch am südlichen Winterhimmel im Sternbild Fuhrmann.
- Starten Sie Ihre Suche bei ι Aur.
- Bewegen Sie Ihr Teleskop nun 4,5° nach Osten, bis Sie die Sterngruppe um 16 bis 19 Aur erreicht haben.
- Weitere 3,5° östlich davon erreichen Sie einen Stern 6. Größe.
- M 36 liegt gut 0,5° nordwestlich dieses Sterns auf der Verbindungslinie zu einem weiteren Stern 6. Größe.

Farbaufnahme von M 36, mit der 140-mm-Schmidt-Kamera 10 Minuten belichtet

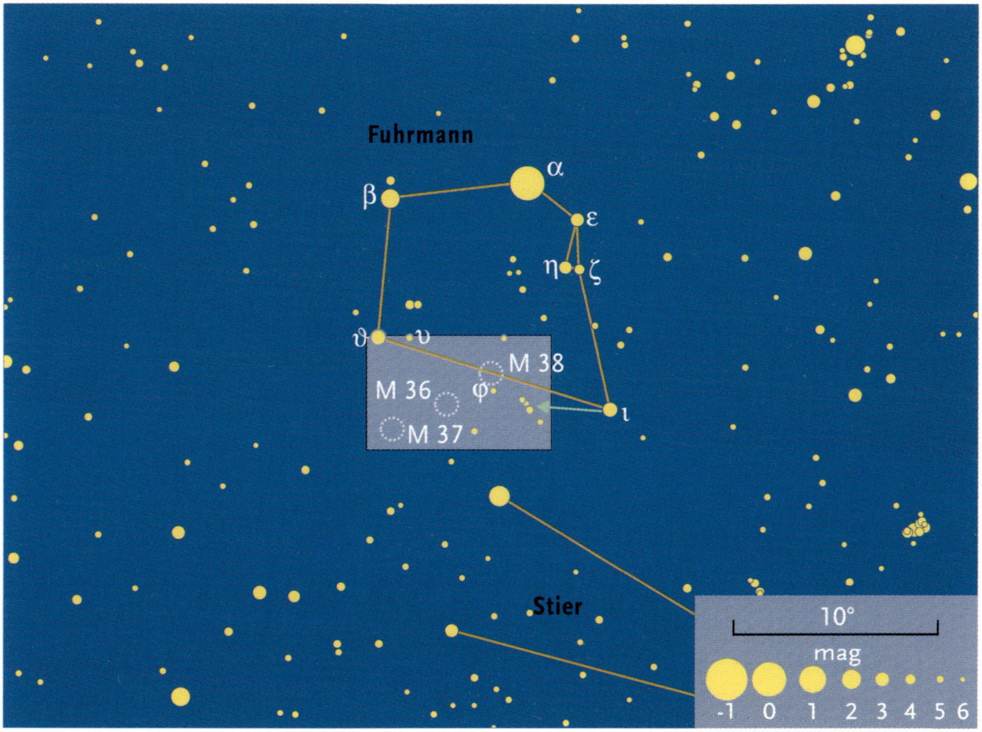
Fuhrmann
α
β
ε
η
ζ
ϑ
υ
M 38
M 36
φ
ι
M 37
Stier
10°
mag
-1 0 1 2 3 4 5 6

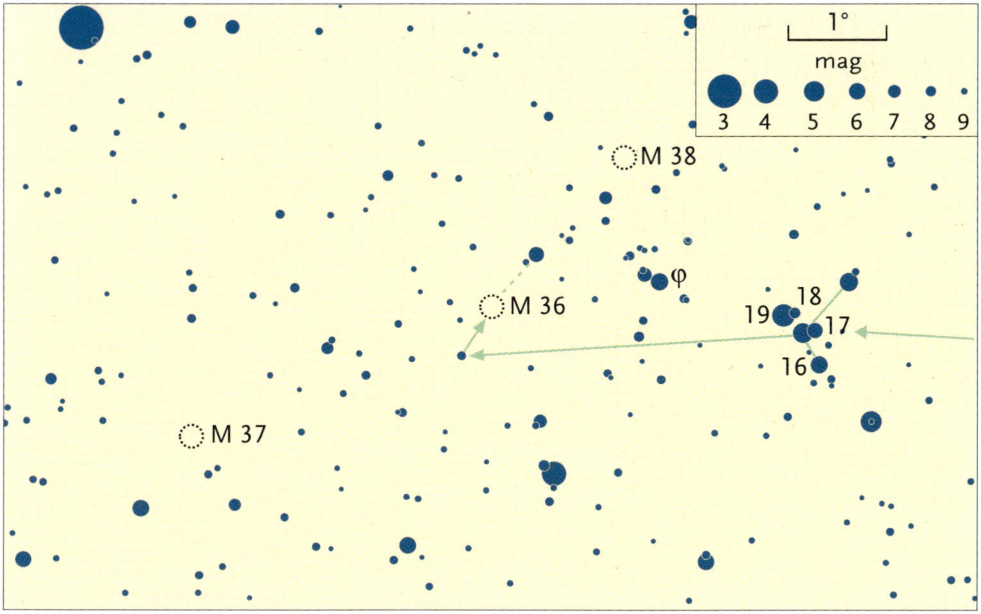
1°
mag
3 4 5 6 7 8 9
M 38
φ
18
19
17
M 36
16
M 37

Der Gasnebel M 78

Rektaszension	Deklination	Helligkeit	Größe	∅ Instrument	Sichtbarkeit
$5^h 46,7^m$	+0° 03'	$8,6^m$	8' x 6'	80 mm	November–März

M 78 ist der hellste Reflexionsnebel am Himmel, sein Staubanteil reflektiert das Licht zweier bläulicher Riesensterne. Die beiden Sterne 10. Größe sind gut in einem 80-mm-Teleskop zu sehen. Bei 30–40facher Vergrößerung erkennt man den kometenähnlichen Umriss des Nebels: Seine Nordwestkante ist relativ scharf begrenzt, während die Ostseite sehr diffus in den Himmelshintergrund übergeht. Weitere Strukturen sind nicht einmal mit Fernrohren bis 200 mm Öffnung erkennbar, die Vergrößerung sollte hier 80–100fach nicht übersteigen.
M 78 befindet sich in der Nähe weiterer Nebel im Sternbild Orion (s. Foto). Der Flammen-Nebel (NGC 2024) bei ζ Ori und die ausgedehnten Filamente von Barnard's Loop sind wie der Reflexionsnebel etwa 1600 Lichtjahre entfernt. Visuell können Sie von diesem Nebelkomplex bis auf den Orion-Nebel (S. 114/115) und M 78 aber leider kaum etwas erkennen.

Ihr Weg zu M 78

- M 78 befindet sich im Sternbild Orion und steht fast unmittelbar auf dem Himmelsäquator.
- Beginnen Sie Ihre Suche bei ζ Ori, dem östlichen Gürtelstern des Orion.
- Knapp 1° weiter nördlich stoßen Sie auf einen Stern 5. Größe, nach weiteren 1,5° folgt ein Stern 6. Größe.
- Von diesem Stern aus schwenken Sie 1,5° nach Osten, jetzt haben Sie M 78 im Gesichtsfeld.
- Zusammen mit 51 Ori und dem Suchstern 6. Größe bildet der Nebel ein fast rechtwinkliges Dreieck, an dessen Ostspitze er steht.

CCD-Aufnahmen von M 78 mit einem 180-mm-Objektiv und dem Celestron 14

Übersichtskarte

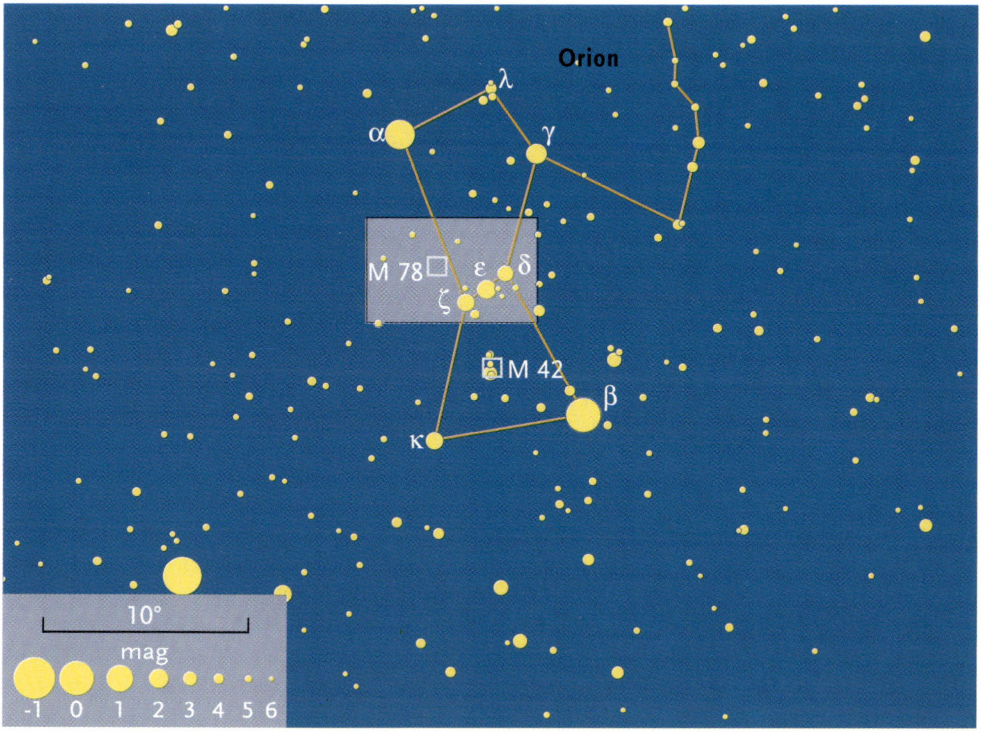

Detailkarte

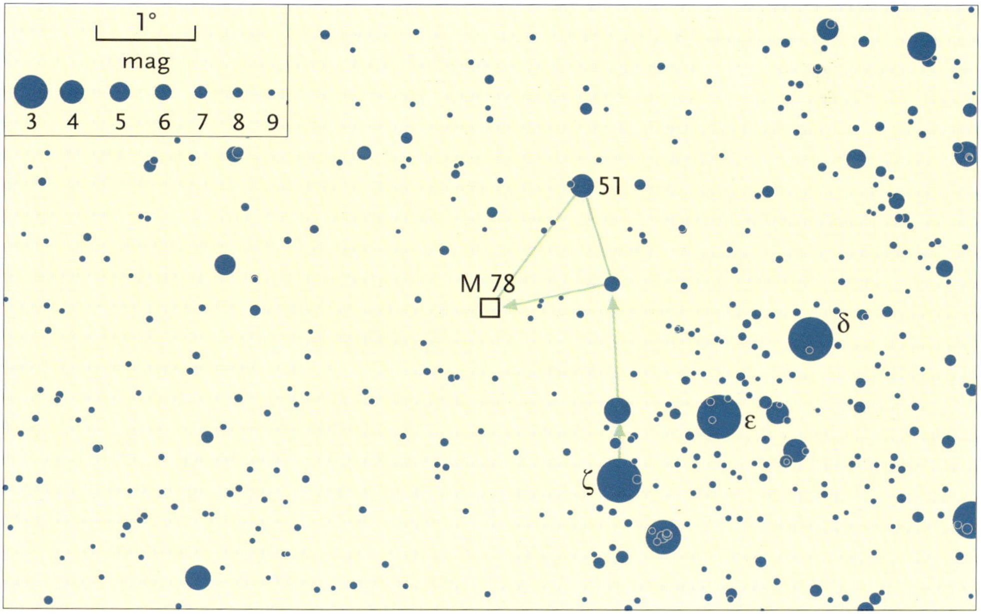

Der offene Sternhaufen M 37

Rektaszension	Deklination	Helligkeit	Größe	∅ Instrument	Sichtbarkeit
$5^h\,52{,}4^m$	+32° 33'	$5{,}6^m$	23'	50 mm	Oktober–April

Verglichen mit seinen Nachbarn M 36 (S. 116/117) und M 38 (S. 110/111) ist M 37 mit Sicherheit der eindrucksvollste Sternhaufen im Sternbild Fuhrmann. Im 10x50-Fernglas sehen Sie einen hellen, ovalen Nebelfleck, der sich ansatzweise in die hellsten Einzelsterne auflösen lässt. Im 80-mm-Teleskop können Sie rund 15 Sterne 9. bis 11. Größe ausmachen, die vor einer ausgedehnten Wolke nicht aufgelöster, schwächerer Haufensterne stehen. Die empfehlenswerte Vergrößerung liegt bei 50–70fach. Wunderbar ist der Anblick in Teleskopen mit 114–150 mm Öffnung, denn nun füllt sich das Gesichtsfeld mit mindestens 100 Einzelsternen, die sich deutlich um das Haufenzentrum herum konzentrieren. Und wenn Sie mit 200 mm Öffnung beobachten, wird sich Ihnen der atemberaubende Anblick einer Fülle von funkelnden Sternen vor dem nachtschwarzen Himmel bieten...
Rund 4400 Lichtjahre ist dieser sternreiche Haufen von uns entfernt. Mit seinem Alter von rund 300 Millionen Jahren ist er der älteste der Fuhrmann-Sternhaufen. Nehmen Sie sich Zeit und genießen Sie dieses himmlische Kleinod!

Ihr Weg zu M 37

- Am Winterhimmel steht M 37 hoch im Süden im Sternbild Fuhrmann.
- Startpunkt der Suche ist ϑ Aur.
- Von hier aus geht es knapp 2° nach Westen, wo Sie den Stern υ Aur finden.
- 4° weiter südlich stoßen Sie auf ein lang gezogenes spitzwinkliges Dreieck aus Sternen 6. Größe.
- M 37 befindet sich 0,5° nordöstlich der Südwestspitze dieses Dreiecks.

Die einzige Profi-Aufnahme in diesem Buch: M 37 auf einem Ausschnitt aus dem „Digital Sky Survey"

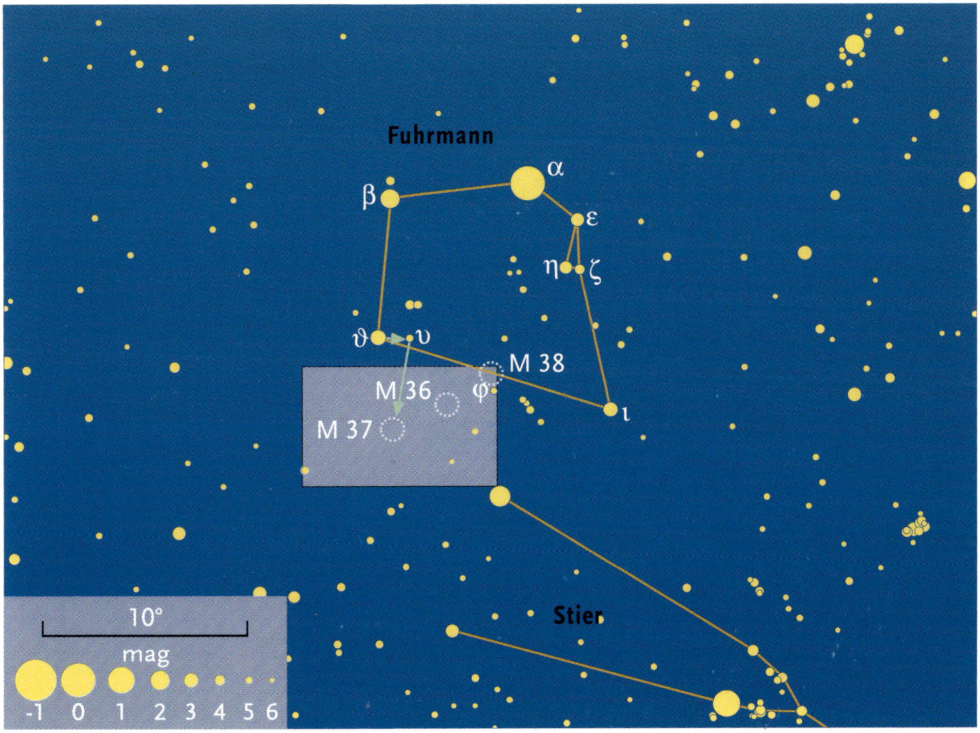
Fuhrmann
α
β
ε
η
ζ
ϑ
υ
M 38
M 36
φ
M 37
ι
Stier
10°
mag
-1 0 1 2 3 4 5 6

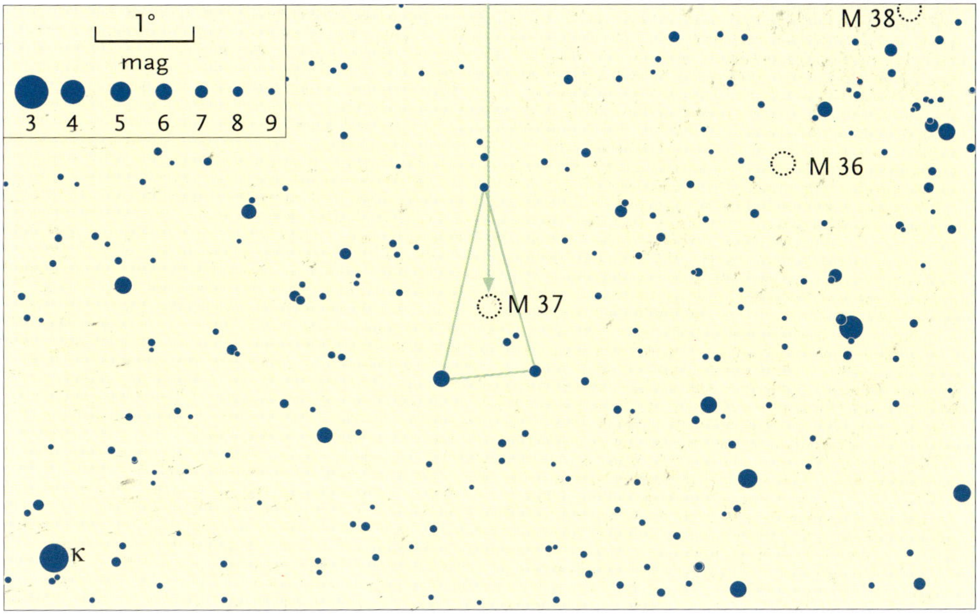
1°
mag
3 4 5 6 7 8 9
M 38
M 36
M 37
κ

Der offene Sternhaufen M 35

Rektaszension	Deklination	Helligkeit	Größe	∅ Instrument	Sichtbarkeit
$6^h\ 08{,}9^m$	+24° 20'	$5{,}1^m$	28'	50 mm	November–April

M 35 ist ein weiteres Highlight am Winterhimmel. Da die hellsten Einzelsterne $7–9^m$ hell sind, kann man diesen Sternhaufen schon im 8x40-Binokular erkennen. Mit 80–114 mm Öffnung fällt ein lang gezogenes Dreieck im Osten des Haufens auf, dessen Spitze nach Südosten weist. Die schwächeren Mitgliedssterne sind recht locker gruppiert, auszumachen sind rund 50. Am besten verwenden Sie eine 30–50fache Vergrößerung. 150–200-mm-Optiken zeigen neben M 35 auch den wesentlich schwächeren Sternhaufen NGC 2158. Der Kontrast ist enorm: Während die Sternfülle bei M 35 das Gesichtsfeld zu sprengen scheint, drängen sich die wenigen sichtbaren Einzelsterne bei NGC 2158 vor einem diffusen Hintergrund nicht aufgelöster Einzelsterne auf ein Gebiet mit einem Durchmesser von nur 5' zusammen. Die ideale Vergrößerung für die Beobachtung dieses ungleichen Paares liegt bei 50–70fach. Während M 35 nur rund 2800 Lichtjahre von uns entfernt ist, beträgt die Entfernung zu NGC 2158 stolze 16 000 Lichtjahre! Damit kann man diesen Sternhaufen zu den galaktischen Außenseitern zählen.

Ihr Weg zu M 35

- M 35 steht im Westteil der Zwillinge, am Rande der Wintermilchstraße.
- Lokalisieren Sie zunächst den Stern 1 Gem, der sich am Westrand einer Dreierkette mit μ und η Gem befindet.
- Von dort aus schwenken Sie 1,5° nach Nordosten, schon haben Sie den Sternhaufen gefunden. Er steht in einer Linie mit den Sternen 1, 2 und 5 Gem.

M 35 und NGC 2158, aufgenommen mit einem 130-mm-Teleskop bei 910 mm Brennweite

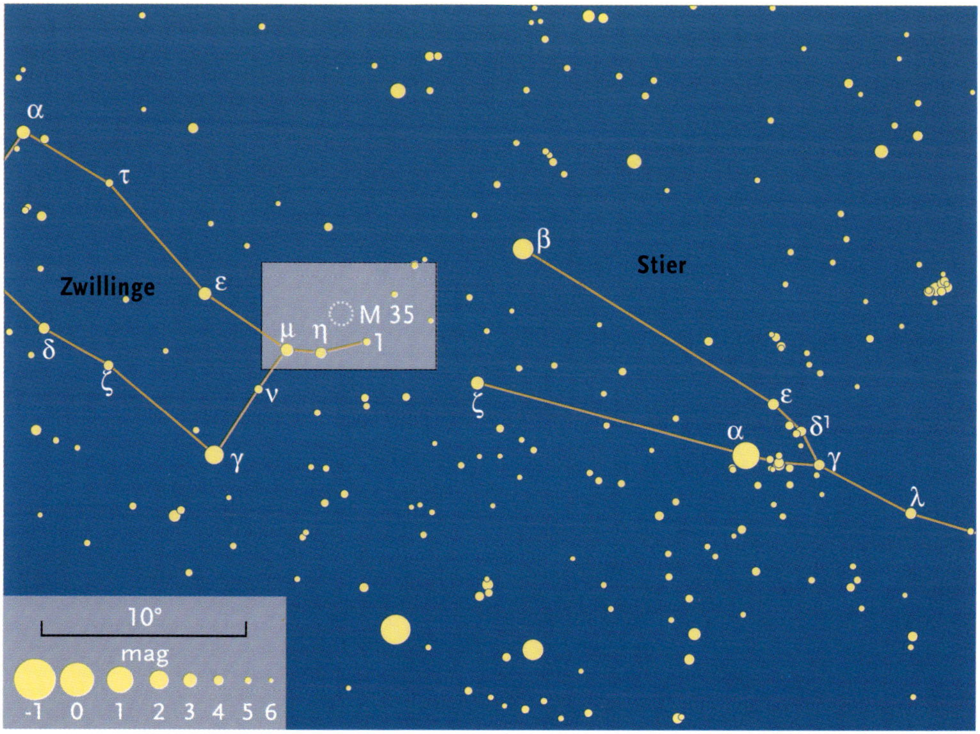
α
τ
Zwillinge
ε
δ
ζ
μ
η
M 35
1
ν
γ
β
Stier
ζ
α
ε
δ1
γ
λ
10°
mag
-1 0 1 2 3 4 5 6

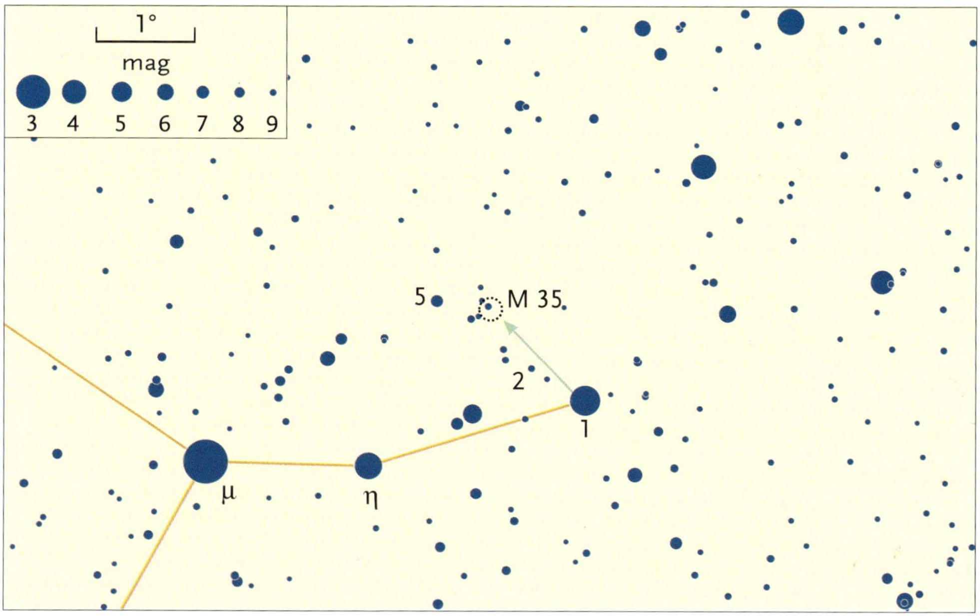
1°
mag
3 4 5 6 7 8 9
5
M 35
2
1
μ
η

Der Hubble-Nebel NGC 2261

Rektaszension	Deklination	Helligkeit	Größe	∅ Instrument	Sichtbarkeit
$6^h 39{,}2^m$	+8° 44'	–	2' x 1'	100 mm	Dezember–März

Winter

Dieser etwa 2600 Lichtjahre entfernte Reflexionsnebel erinnert auf den ersten Blick an einen Kometen. Sie werden ihn unter guten Bedingungen bereits mit einem 100-mm-Teleskop bei 100facher Vergrößerung erkennen können. Seine fächerförmige Gestalt zeigt sich ab etwa 150 mm Öffnung, versuchen Sie ruhig 120–150fach zu vergrößern. Nun können Sie an der Südspitze einen Stern 11. Größe ausmachen, den Veränderlichen R Mon. Ein 200-mm-Teleskop zeigt die leicht fleckige Struktur und die relativ scharf begrenzten Ränder des Nebels.
NGC 2261 wird mitunter als „Hubbles Veränderlicher Nebel" bezeichnet, da der Astronom Edwin Hubble der erste war, der Variationen in seiner Helligkeit und Gestalt feststellte. Die Ursache dafür sind neben der Helligkeitsvariation von R Mon selbst vermutlich ständig wandelnde Schattenwürfe, die dichte Staubwolken in der Nähe dieses Sterns hervorrufen.

Ihr Weg zu NGC 2261

- NGC 2261 ist am südlichen Winterhimmel im Einhorn zu finden.
- Die Suche startet bei ξ Gem in der Südwestecke des Sternbildes Zwillinge. Dieser Stern bildet mit 30 Gem und einem Stern 6. Größe ein nach Westen zeigendes spitzwinkliges Dreieck.
- Von dort aus bewegen Sie Ihr Teleskop 3° nach Süden, wo Sie auf S Mon stoßen, der inmitten des Sternhaufens NGC 2264 steht.
- Folgen Sie dann einer Kette aus drei Sternen 7. bis 9. Größe nach Süden. NGC 2261 steht 0,5° südsüdwestlich des südlichsten Sterns.

Feinstrukturen in NGC 2261 auf einem CCD-Farbkomposit, erhalten am Celestron 14

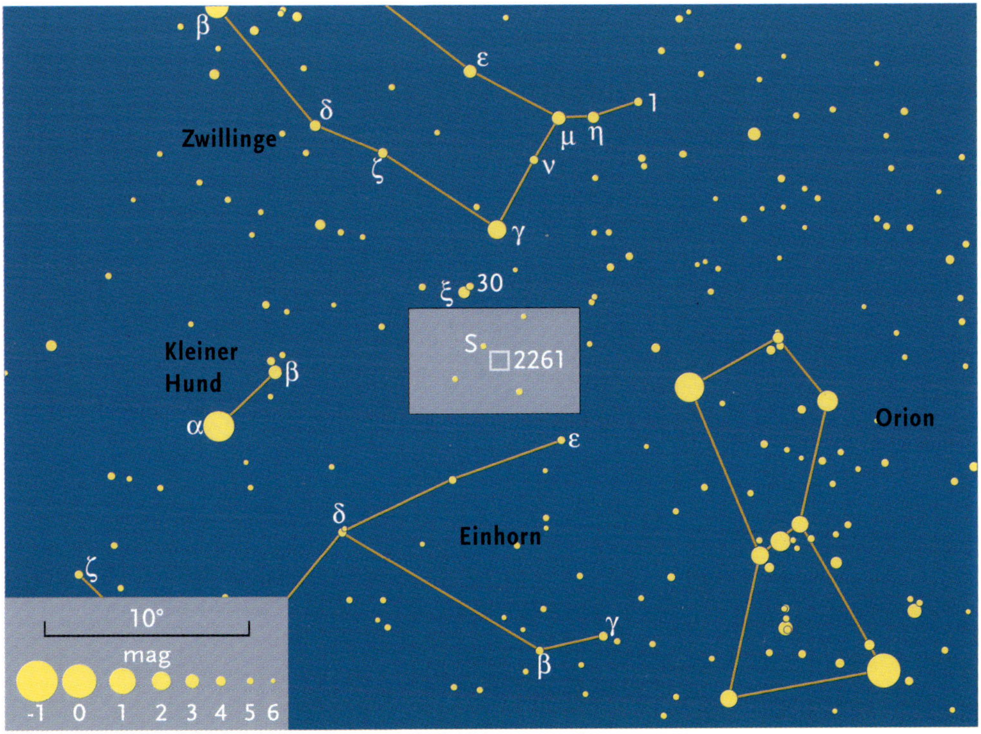
Zwillinge
β
δ
ζ
ε
μ
η
1
ν
γ
ξ
30
S
□2261
Kleiner
Hund
β
α
ε
δ
Einhorn
Orion
ζ
γ
β
10°
mag
-1 0 1 2 3 4 5 6

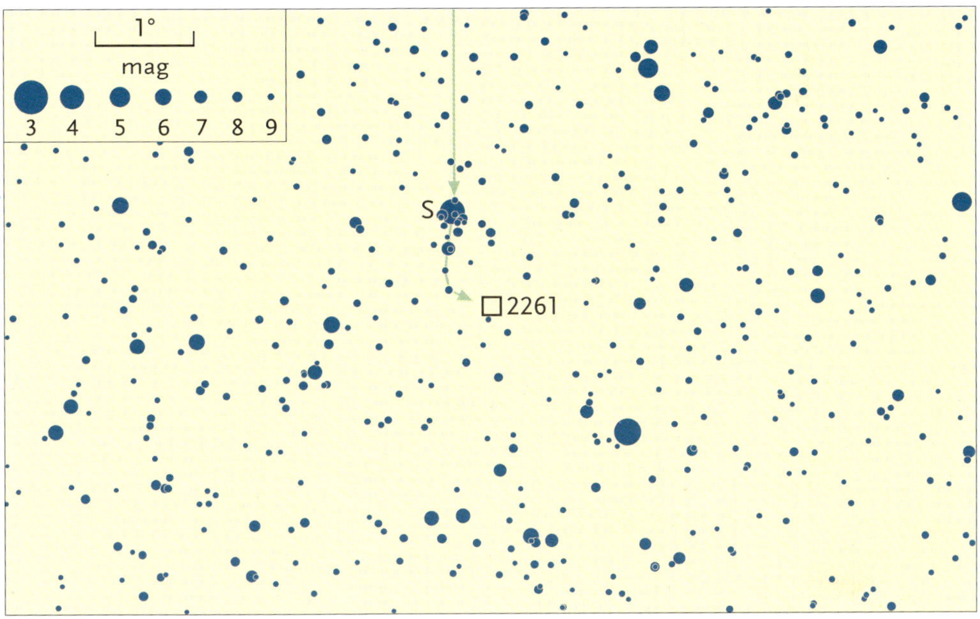
1°
mag
3 4 5 6 7 8 9
S
□2261

Der Eskimo-Nebel NGC 2392

Rektaszension	Deklination	Helligkeit	Größe	∅ Instrument	Sichtbarkeit
$7^h\,29{,}2^m$	+20° 55'	$9{,}9^m$	0,3'	80 mm	November–April

Sehen Sie den kosmischen Eskimo auf dem Foto, wenn Sie das Buch auf den Kopf drehen? Mit 80 mm Öffnung und mindestens 120facher Vergrößerung können Sie diesen hellen Planetarischen Nebel in natura als kleines Fleckchen erkennen. Mit 120–150 mm Öffnung haben Sie sogar eine Chance, auch den $10{,}5^m$ hellen Zentralstern in dem ansonsten strukturlosen Scheibchen zu finden. Ein 200-mm-Teleskop endlich lässt Sie die „Kapuze" des Eskimos erahnen. Hier können Sie eine 150–200fache Vergrößerung einsetzen.

NGC 2392 ist erst 10 000 Jahre alt, seine Entfernung liegt bei 5000 Lichtjahren. Selbst nach Untersuchungen mit dem Hubble Space Telescope ist die Dynamik innerhalb dieses kuriosen Nebels noch nicht ganz verstanden: Nach wie vor rätseln die Forscher über das Zustandekommen der unterschiedlichen Filamente und Verdickungen in der „Kapuze".

Ihr Weg zu NGC 2392

- NGC 2392 befindet sich im Ostteil des Sternbildes Zwillinge.
- Peilen Sie von Pollux (β Gem) aus den gut 8° weiter südwestlich stehenden δ Gem an.
- 2° östlich davon stoßen Sie auf ein Dreieck aus Sternen 5. bis 7. Größe.
- Lokalisieren Sie den mittleren Stern 63 Gem.
- 0,5° südöstlich davon erkennen Sie einen Stern 8. Größe an der Nordspitze eines fast rechtwinkligen Dreiecks.
- Stellen Sie diesen ins Okulargesichtsfeld, der Eskimo-Nebel befindet sich nur 1,6' südlich davon.

CCD-Farbkomposit von NGC 2392, die Aufnahmen entstanden am C 14 bei 4000 mm Brennweite.

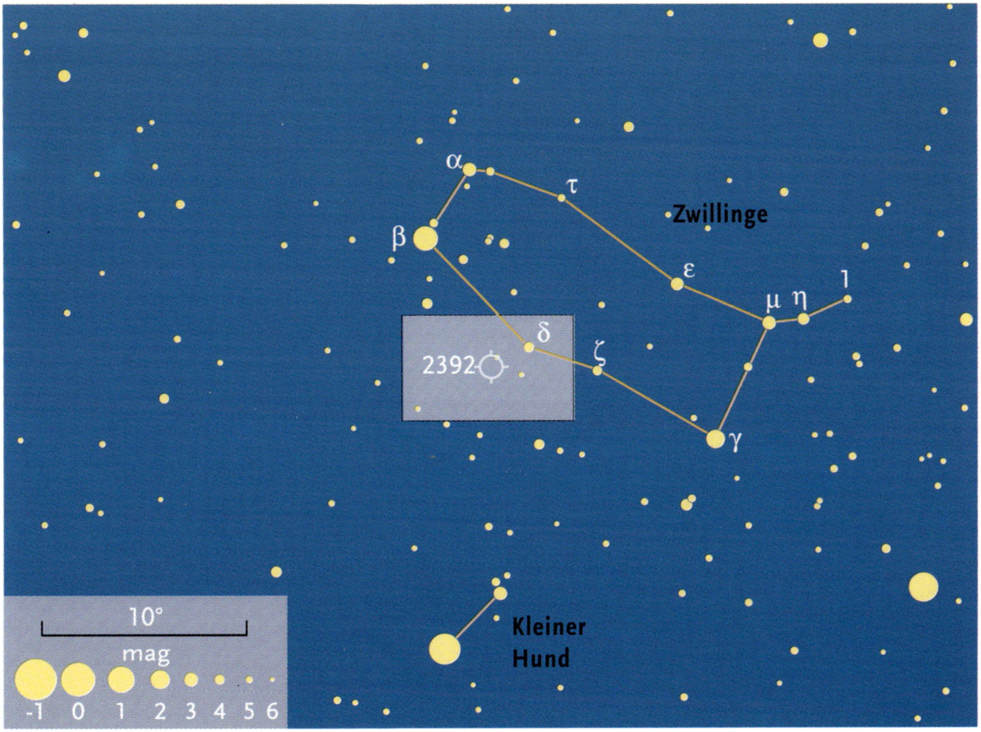

α
τ
Zwillinge
β
ε
μ η
ı
δ
2392
ζ
γ
10°
mag
-1 0 1 2 3 4 5 6
Kleiner
Hund

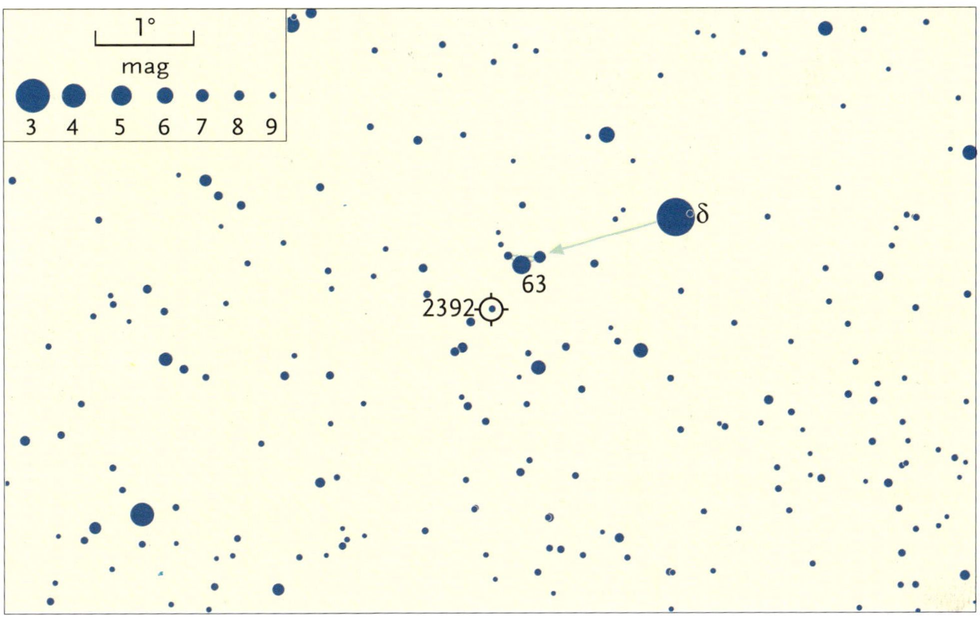

1°
mag
3 4 5 6 7 8 9
δ
63
2392

Die Sternhaufen M 46 und M 47

Rektaszension	Deklination	Helligkeit	Größe	∅ Instrument	Sichtbarkeit
$7^h 39{,}1^m$	–14° 39'	$6{,}1^m/4{,}4^m$	27' / 30'	50 mm	Januar–März

Ein 8x40-Fernglas zeigt die beiden offenen Haufen bei klarem Himmel umgeben von Sternen 5. Größe des Sternbildes Hinterdeck. Mit einer 80-mm-Weitwinkeloptik können Sie beide gut in Einzelsterne auflösen, sofern Sie kein Horizontdunst daran hindert. Während man bei dem rund 5400 Lichtjahre entfernten M 46 zwei Dutzend verstreuter Sterne 9. bis 10. Größe erkennt, wird der etliche tausend Lichtjahre nähere M 47 von einer kompakten Ansammlung von Sternen 5. bis 7. Größe dominiert. Mit einem Gesichtsfeld von etwa 2° können Sie beide Haufen auf einen Blick sehen. Aber auch jeder Haufen für sich ist gut 40–60fach vergrößert ein Augenschmaus. In M 46 können Sie zudem den Planetarischen Nebel NGC 2438 finden, der sich in Wirklichkeit allerdings 2500 Lichtjahre vor dem Sternhaufen befindet. Hierfür benötigen Sie aber mindestens 150 mm Öffnung und eine etwa 60–80fache Vergrößerung.

Ihr Weg zu M 46 und M 47

- M 46 und M 47 stehen im Sternbild Hinterdeck, tief am winterlichen Südhimmel.
- Beginnen Sie die Suche bei Sirius im Sternbild Großer Hund.
- Sirius bildet mit den Sternen ι und γ CMa ein lang gestrecktes Dreieck. 5° östlich von γ stoßen Sie auf einen Stern 5. Größe.
- Von hier aus tasten Sie sich gut 2,5° nach Nordosten zu einem weiteren Stern 5. Größe, der mit einem Stern 6. Größe und M 47 ein nach Osten zeigendes Dreieck bildet.
- M 46 folgt gut 1° weiter östlich.

Dieses CCD-Farbkomposit zeigt M 46 und M 47, aufgenommen mit einem 180-mm-Teleobjektiv.

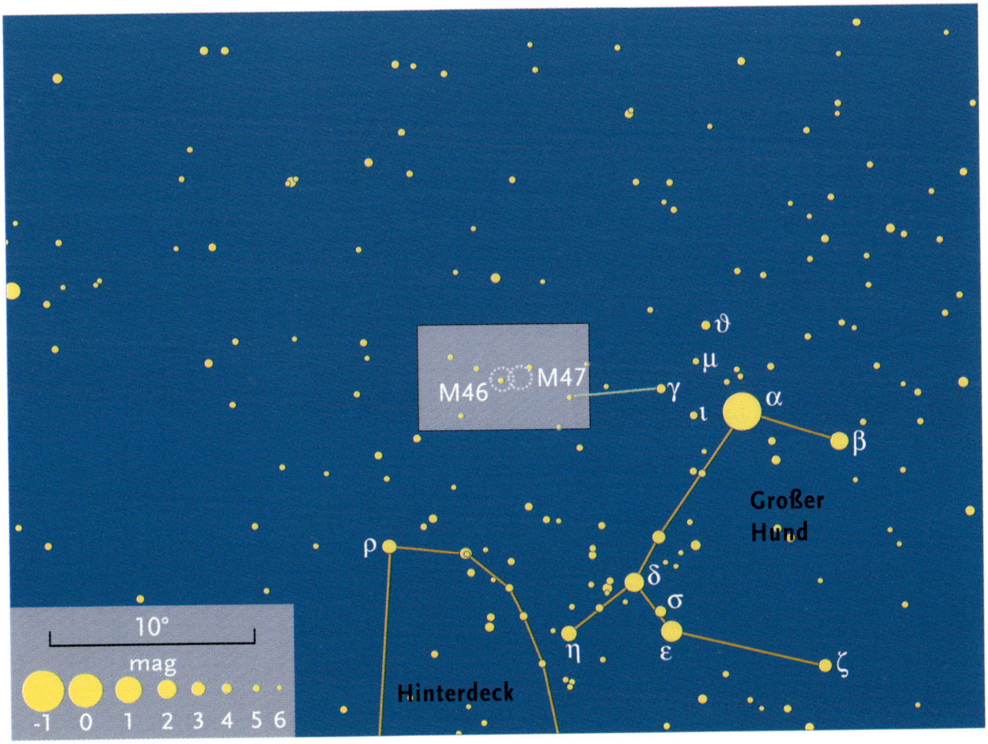

M46
M47
ϑ
μ
γ
α
ι
β
Großer Hund
ρ
δ
σ
η
ε
ζ
Hinterdeck
10°
mag
-1 0 1 2 3 4 5 6

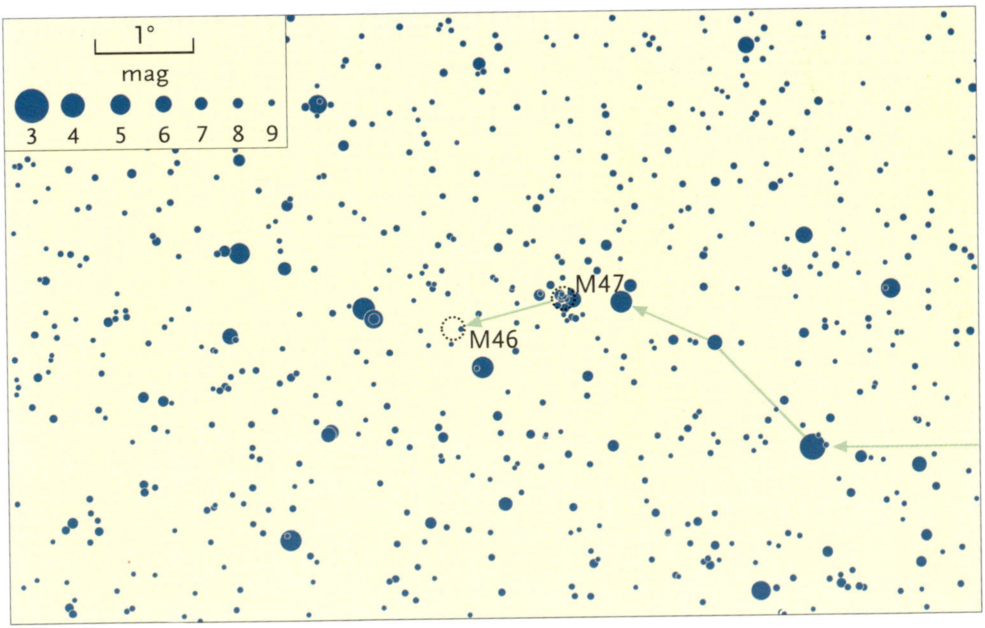

1°
mag
3 4 5 6 7 8 9
M47
M46

Checkliste Winter

Objekt	Beobachtet am	Beobachtet mit	Kommentar

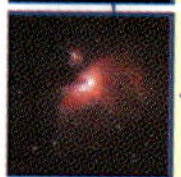			

Wie die Fotos entstanden

Die meisten Fotografien in diesem Buch entstanden mit dem Celestron 14 der Sternwarte Solingen-Aufderhöhe (356 mm Öffnung, die Brennweite lag meist bei rund 2500 mm). Verwendet wurde außerdem eine SBIG-ST8-CCD-Kamera mit integriertem Filterrad für die Farbkompositaufnahmen.

Daneben kamen die folgenden Instrumente zum Einsatz:

- 140-mm-Celestron-Schmidt-Kamera mit 225 mm Brennweite
- 180-mm-f/2,8-Zeiss-Sonnar-Teleobjektiv
- 300-mm-f/4-Zeiss-Sonnar-Teleobjektiv
- 200-mm-Vixen-Newton-Reflektor mit 800 mm Brennweite
- 200-mm-Vixen Newton-Reflektor mit 1000 mm Brennweite
- 300-mm-Alt-Newton-Reflektor mit 1690 mm Brennweite
- Celestron 11-Schmidt-Cassegrain-Reflektor bei 1900 mm Brennweite
- 50-mm-f/1,8-Normalobjektiv
- 135-mm-f/2,8-Teleobjektiv
- 400-mm-Cassegrain-Reflektor (Keller) mit 3200 mm Brennweite
- Celestron 14 der Farm Tivoli in Namibia
- Celestron 14 der Sternwarte Eulbach/Odenwald
- 114-mm-Newton-Reflektor (Quelle) mit 910 mm Brennweite
- 130-mm-Refraktor (Vixen Photaron)
- 400-mm-f/4-Teleobjektiv
- 80-mm-f/2,8-Objektiv
- Starlight-XPress-CCD-Kamera mit ICX027-Chip

Zum Weiterlesen

- Burnham R.: Burnhams Celestial Handbook Vol. 1-3, Dover Publications

Dieses dreibändige Jahrhundertwerk bietet eine Fülle von Abbildungen, Karten und Hintergrundinformationen zu allen Sternbildern sowie vielen Deep-Sky-Objekten.

- Celnik, W. E.: Kosmos StarObserver, Kosmos Verlag, Stuttgart

Ein Jahrbuch für den aktiven Himmelsbeobachter mit großem Praxisteil

- Hahn H.-M. / Weiland G.: Der neue Kosmos Himmelsführer, Kosmos Verlag, Stuttgart

Alle Sternbilder, Tabellen der Sterne und Objekte, Einführung in die Astronomie

- Karkoschka E.: Atlas für Himmelsbeobachter, Kosmos Verlag, Stuttgart

Ein handliches Buch mit vielen Karten und Daten zu Deep-Sky-Objekten

- Keller H.-U.: Kosmos Himmelsjahr, Kosmos Verlag, Stuttgart

Unverzichtbares Hilfsmittel zum Auffinden der Planeten und zur Vorbereitung von Beobachtungsabenden

- Kepple G. / Sanner G.: The Night Sky Observer's Guide

Der wohl umfassendste Deep-Sky-Führer, vor allem für Beobachter mit größeren Teleskopen

- Klötzler H. J.: Das Astro-Teleskop für Einsteiger, Kosmos Verlag, Stuttgart

Wissenswertes rund um Teleskope, wie sie funktionieren, was man mit ihnen sieht

- Legrand / Lacroux: Der Kosmos Mondführer, Kosmos Verlag, Stuttgart

Ein handlicher Mondführer mit Aufsuchkarten für die interessantesten Mondregionen

- Roth G.: Planeten beobachten, Hüthig Verlag, Heidelberg

Einfach alles über die Planetenbeobachtung

- Rükl: Mondatlas, Verlag Werner Dausien, Hanau

Der perfekte Mondatlas für ausgedehnte Trips zu unserem Trabanten

- Tirion W.: Sky Atlas 2000.0, Cambridge University Press

Standardwerk unter den Himmelsatlanten, sehr übersichtlich und auch für Einsteiger geeignet

Zeitschriften

- Sterne und Weltraum

Ein Fachmagazin, das u.a. monatliche Beobachtungshinweise und Tipps aus der Praxis veröffentlicht. Redaktion Sterne und Weltraum, Max-Planck-Institut für Astronomie, Königstuhl 17, 69117 Heidelberg

- Star Observer

Bei Einsteigern beliebte Astronomiezeitschrift mit aktuellen Hinweisen auch für die Deep-Sky-Beobachtung. Space Science Zeitschriftenverlag, Linzer Str. 63, A-3002 Purkersdorf

- Interstellarum

Das Deep-Sky-Magazin schlechthin, ein Muss für jeden Beobachter, Oculum-Verlag

Astronomische Vereinigungen

- Vereinigung der Sternfreunde e.V. (VdS), Am Tonwerk 6, 64646 Heppenheim

Die VdS mit ihren Fachgruppen ist der ideale Kontakt für Beobachter, die Anschluss suchen.

Impressum

Mit 101 vierfarbigen Grafiken von Gerhard Weiland nach Vorlagen der Verfasser, vier Piktogrammen von Gunther Schulz, vier Übersichtssternkarten von Sven Melchert, 51 Farbfotos und 12 Schwarzweißfotos der Bildagentur Astrofoto.

Grundlayout und Umschlaggestaltung von Frido Steinen-Broo, eStudio Calamar, unter Verwendung einer Fotografie von Gerald Rhemann und vier Piktogrammen von Gunther Schulz.

Lektorat: Justina Engelmann, Stuttgart
Projektleitung: Sven Melchert
Herstellung: Siegfried Fischer, Stuttgart

Die Deutsche Bibliothek – CIP-Einheitsaufnahme

Ein Titelsatz für diese Publikation ist bei Der Deutschen Bibliothek erhältlich

© 2001, Franckh-Kosmos Verlags-GmbH & Co., Stuttgart
Alle Rechte vorbehalten
ISBN 3-440-08526-0
Printed in Czech Republik/Imprimé en République Tchèque
Satz: Typomedia, Ostfildern
Druck und Bindung: Těšinská Tiskárna AG, Český Tesín

Informationen senden wir Ihnen gerne zu

Bücher · Kalender · Spiele · Experimentierkästen · CDs · Videos · Seminare
Natur · Garten & Zimmerpflanzen · Heimtiere · Pferde & Reiten · Astronomie · Angeln & Jagd · Eisenbahn & Nutzfahrzeuge · Kinder & Jugend

KOSMOS Postfach 106011
D-70049 Stuttgart
TELEFON +49 (0)711-2191-0
FAX +49 (0)711-2191-422
WEB www.kosmos.de
E-MAIL info@kosmos.de

Inhalt

Einleitung

Über dieses Buch

Eine Überwinterung bei kalten Temperaturen ist für Europäische Landschildkröten unverzichtbar. Darüber sind sich Reptilienexperten und Fachtierärzte heute einig. Für uns Schildkrötenhalter ist es jedoch eine echte Herausforderung, unseren Schützling monatelang in Dunkelheit und Kälte quasi „sich selbst zu überlassen". Dieses Buch soll Schildkrötenhalter dazu ermutigen, die Bedürfnisse eines wechselwarmen Tieres zu akzeptieren und seinen Instinkten zu vertrauen.

Alle Jahre wieder – sobald es auf die kalte Jahreszeit zugeht – stellt sich Unsicherheit ein. Nicht nur Neueinsteiger, sondern auch langjährige Schildkrötenhalter kennen dieses mulmige Gefühl, wenn die Überwinterung ansteht. Kein Herbst und kein Winter ist wie der andere. Auch nach vielen erfolgreich durchgeführten Überwinterungen lassen sich Befürchtungen nicht restlos ausräumen. Selbst für erfahrene Halter hält die Überwinterungsphase gelegentlich Überraschungen bereit.

Seit über zwölf Jahren verfolge ich als Moderatorin bzw. Administratorin in Internetforen Probleme und Erfahrungsberichte zur Überwinterung. In den Herbst- und Wintermonaten kehren Jahr für Jahr die gleichen Fragen mit der Bitte um konkrete Antworten wieder. Zwar gibt es Literatur und unzählige Internetseiten zu dieser Thematik, trotzdem bleiben viele Fragen offen. So entstand die Idee einer knappen und übersichtlichen Zusammenstellung der häufigsten Fragen und Antworten, die mir während meiner Beratungstätigkeit begegnet sind. Die einzelnen Fragen bauen nicht aufeinander auf, sondern Sie als Leser können dort einsteigen, wo der Informationsbedarf am größten ist.

Viele Erkenntnisse beruhen auf Erfahrungen, die ich in jahrzehntelanger Schildkrötenhaltung selbst gewonnen habe. Meine erste Schildkröte, eine weibliche Griechische Landschildkröte (*Testudo hermanni boettgeri*), die sich heute noch bester Gesundheit erfreut, bekam ich als Kind im Jahre 1969. Seitdem überwintere ich jedes Jahr Schildkröten. Erfahrungen, die ich aus eigenen Fehlern gewonnen habe, fließen in diesen Ratgeber ein. In Fachgruppen wie dem *Schildkrötenstammtisch Hannover* oder der *AG Schildkröten* innerhalb der *Deutschen Gesellschaft für Herpetologie und Terrarienkunde* (DGHT e.V.) konnte ich durch den Austausch mit Gleichgesinnten neue Kenntnisse gewinnen. Seit 2012 erhebe ich in Schildkrötenforen Daten zu Überwinterungsmethoden und versuche, Zusammenhänge zwischen Todesfällen und Erkrankungen herzustellen.

Besonders wichtig ist es mir, Schildkröten in ihrem natürlichen Lebensraum zu beobachten. In Nordgriechenland und in Bulgarien konnte ich mir Überwinterungsquartiere vor Ort ansehen und in dieser Hinsicht meinen Horizont erweitern.

In Fachzeitschriften und Expertenrunden wurde in den letzten Jahren eine Reihe von neuen Untersuchungsergebnissen zur Überwinterungstemperatur, zum Gewichtsverlauf oder zum Phänomen der Panzerröte vorgestellt. Sowohl neue Ergebnisse als auch traditionelle Erfahrungen bezieht dieser Ratgeber mit ein.

Eine erfolgreiche Überwinterung hängt selbstverständlich vom Gesundheitszustand der Schildkröte ab, der wiederum eng mit ihren Haltungsbedingungen verknüpft ist. Dennoch verzichte ich in diesem Buch auf Haltungsempfehlungen, die über die eigentliche Fragestellung hinausgehen. Hierzu gibt es ausreichend geeignete Informationen in Form von Literatur und Internetseiten.

Bad Nenndorf, im Frühjahr 2017

Artensteckbriefe

Zunächst einige Informationen über die am häufigsten gehaltenen europäischen Landschildkrötenarten bzw. -unterarten und Besonderheiten zu ihrer Überwinterung im natürlichen Lebensraum:

Griechische Landschildkröte (östliche Unterart), *Testudo hermanni boettgeri*

Abb. 1. Adulte *Testudo hermanni boettgeri*.

Herkunft: Balkanländer, vor allem Griechenland, Mazedonien, Albanien und Bulgarien.
Größe: ♀ bis 26 cm, ♂ bis 21 cm (in Ausnahmefällen noch größer).
Gewicht: ♀ bis 3000 g, ♂ bis 1900 g.
Carapax: Runder, ovaler oder trapezförmiger Grundriss, Schwanzschild meist geteilt. Farbe und Pigmentierung sehr variabel. Der Panzer ist gelb, honigbraun bis oliv gefärbt und weist schwarze, bei Jungtieren auch braune Zeichnungen auf, die insbesondere im Alter verwaschen aussehen können. Das vierte Wirbelschild in der Mitte ist meist unpigmentiert.
Plastron: Hell mit symmetrischen, dunklen Bändern, die an den Schildrändern unterbrochen sind. Die Naht zwischen den Brustschilden ist meist länger als die Naht zwischen den Schenkelschilden. Inguinalschilde sind vorhanden.
Gliedmaßen: Schwarze, olivfarbene oder gelbe Hornschuppen, vier oder fünf Krallen an den Vorderfüßen, Hornnagel am Schwanz bei beiden Geschlechtern vorhanden.
Überwinterung im natürlichen Lebensraum: Vergraben sich in der Erde im Wurzelbereich von Sträuchern oder Bäumen, unter Laub, Gestrüpp oder in Höhlen. Die durchschnittlichen Wintertemperaturen variieren in den unterschiedlichen Lebensräumen sehr stark. Auf der Peloponnes gibt es nur wenige Frosttage. Auf dem Zentralbalkan fallen die Temperaturen an einigen Wintertagen regelmäßig in den zweistelligen Minusbereich.
Überwinterungsdauer: je nach Verbreitungsgebiet drei (Peloponnes) bis sechs Monate (Rumänien).
Literatur u. a.: CHEYLAN (2001), IVANCHEV (2007), VETTER (2006, 2011).

Abb. 2. Griechische Landschildkröte.

Abb. 3. So unterschiedlich können Griechische Landschildkröten (*Testudo hermanni boettgeri*) aussehen.

Abb. 4. Plastron einer männlichen *Testudo hermanni boettgeri*.

Abb. 5. Juvenile *Testudo hermanni boettgeri* in ihrem natürlichen Lebensraum (Bulgarien, Schwarzmeerküste).

Abb. 6. *Testudo hermanni boettgeri* in ihrem natürlichen Lebensraum (Griechenland, Pinios-Delta).

Abb. 7. *Testudo hermanni boettgeri* in ihrem natürlichen Lebensraum (Bulgarien, Ost-Rhodopen).

Griechische Landschildkröte (westliche Unterart), *Testudo hermanni hermanni*

Herkunft: Italien, westliche Mittelmeerinseln, sehr kleine Bestände in Südfrankreich und Nordspanien.

Größe: Variabel, abhängig von der Lokalform, ♀ bis 21 cm, ♂ bis 16 cm.

Gewicht: ♀ bis 1900 g, ♂ bis 800 g.

Carapax: Oval, höher gewölbt als bei *T. h. boettgeri*. Schwanzschild meist geteilt. Gelbe Grundfärbung mit klarer schwarz-brauner Zeichnung, das vierte Wirbelschild in der Mitte ist pigmentiert; sogenannte Schlüssellochzeichnung auf dem fünften Wirbelschild.

Plastron: Hell mit symmetrischen, durchgehenden schwarzen Bändern. Die Naht zwischen den Brustschilden ist fast immer kürzer als die Naht zwischen den Schenkelschilden. Inguinalschilde sind vorhanden.

Gliedmaßen: Vorwiegend gelb gefärbte Hornschuppen, vier oder fünf Krallen an den Vorderfüßen, Hornnagel am Schwanz bei beiden Geschlechtern, gelber Subocularfleck.

Überwinterung im natürlichen Lebensraum: Siehe *T. h. boettgeri*. Frost tritt im Verbreitungsgebiet jedoch wesentlich seltener auf; bei anhaltenden Wärmephasen kommen manche Exemplare gelegentlich aus ihren Verstecken, um sich in der Sonne aufzuwärmen.

Überwinterungsdauer: je nach Verbreitungsgebiet 3–4,5 Monate.

Literatur u. a.: CHEYLAN (2001), WEGEHAUPT (2006), VETTER (2006, 2011), SCHWEIGER (2014).

Abb. 9. *Testudo hermanni hermanni*, Schlüpfling.

Abb. 8. *Testudo hermanni hermanni*, Porträt; beachte den typischem Wangenfleck. Foto: C. DWORSCHAK

Abb. 10. *Testudo hermanni hermanni*, Carapax. Foto: C. DWORSCHAK

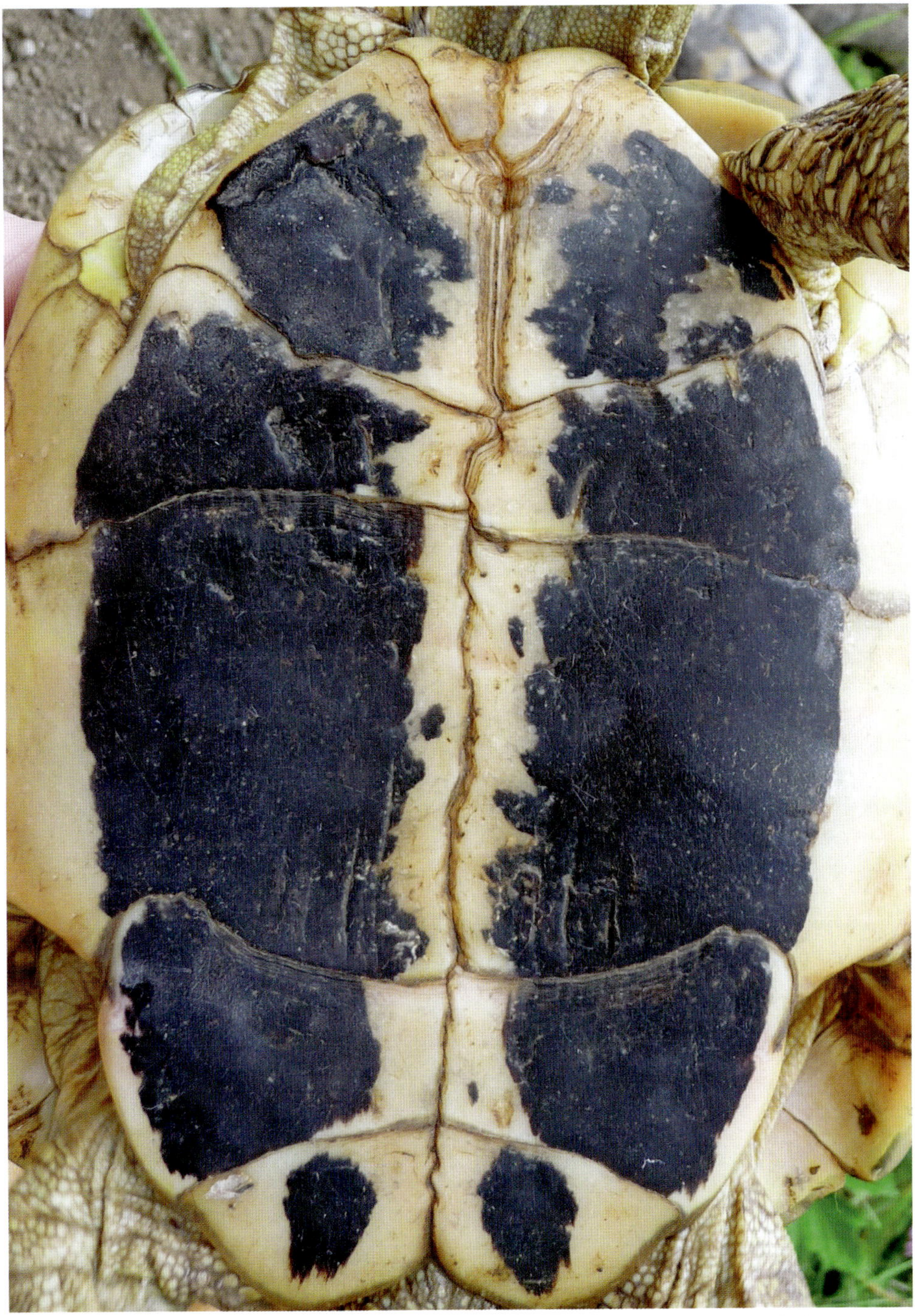

Abb. 11. *Testudo hermanni hermanni*, Plastron. Foto: C. DWORSCHAK

Dalmatinische Landschildkröte, *Testudo hermanni hercegovinensis*

Ob es sich bei *Testudo hermanni hercegovinensis* tatsächlich um eine eigene Unterart oder um eine Lokalform von *T. h. boettgeri* handelt, ist nicht in letzter Konsequenz geklärt. Es gibt jedoch Unterschiede zu *T. h. boettgeri* und *T. h. hermanni*, sodass ich sie hier gesondert beschreibe.

Deutsche Bezeichnung: Dalmatinische Landschildkröte.

Herkunft: Kroatien, Bosnien & Herzegowina.

Größe: ♀ bis 20 cm, ♂ bis 18 cm (im Durchschnitt wesentlich kleiner).

Gewicht: ♀ bis 1600 g, ♂ bis 1400 g.

Carapax: Ovaler Grundriss, höher gewölbt als *T. h. boettgeri*. Schwanzschild meist geteilt. Die Grundfärbung ist ein Gelb, Honigbraun oder Olivton mit klarer schwarzer Zeichnung; das vierte Wirbelschild ist meist in der Mitte pigmentiert.

Plastron: Hell mit symmetrischen, durchgehenden oder unterbrochenen schwarzen Bändern, die weiter außen liegen als bei *T. h. hermanni*. Die Naht zwischen den Brustschilden ist etwa so lang wie die Naht zwischen den Schenkelschilden. Inguinalschilde fehlen bei 61 %, bei 14 % sind sie einseitig vorhanden, bei 25 % beidseitig. Das siebente Marginalschild ist weiter nach vorn verlagert als bei *T. h. boettgeri*. Die Naht zwischen Pectoral- und Humeralschild ist oft U-förmig.

Gliedmaßen: Grünliche Färbung im Nackenbereich, vier oder fünf Krallen an den Vorderbeinen, Hornnagel am Schwanz bei beiden Geschlechtern.

Überwinterung im natürlichen Lebensraum: Siehe *T. h. boettgeri*.

Überwinterungsdauer: 4–5 Monate.

Besonderheiten bei der Überwinterung in menschlicher Obhut: Viele Halter berichten, dass ihre *T. h. hercegovinensis* die Winterstarre früher antreten und später wieder zum Vorschein kommen als *T. h. boettgeri* unter gleichen Bedingungen.

Literatur u. a.: CHEYLAN (2001), VETTER (2006, 2011), MASCORT (2010).

Abb. 12. *Testudo hermanni hercegovinensis*, Plastron. Foto: C. FABIAN

Abb. 13. *Testudo hermanni hercegovinensis* im Freilandterrarium. Foto: C. FABIAN

Abb. 14. *Testudo hermanni hercegovinensis*; Kennzeichen: fehlendes Inguinalschild. Foto: C. FABIAN

Abb. 15. *Testudo marginata*, Plastron (Ossa-Gebirge, Griechenland). Foto: H. MÜLLER

Breitrandschildkröte, *Testudo marginata*

Herkunft: Griechenland, Südalbanien, Toskana, Nordost-Sardinien.
Größe: ♀ bis 32 cm, ♂ bis 38 cm, Zwergform „*T. m. weissingeri*" ♀ bis 23 cm, ♂ bis 20 cm.
Gewicht: ♀ bis ca. 4000 g, ♂ bis ca. 5000 g.
Carapax: Länglich, oval bis rechteckig, mit ausladenden Marginalien. Jungtiere mit hellbrauner Grundfärbung und dunkelbraunen Schildrändern; im Alter dunkelbraun, dunkelgrau bis schwarz gefärbt, oft helle Flecken in der Schildmitte. Schwanzschild ungeteilt.
Plastron: Hell gefärbt; braune oder schwarze, symmetrisch angeordnete Dreiecke.
Gliedmaßen: Vier oder fünf Krallen an den Vorderfüßen, vier Krallen an den Hinterfüßen; kein Hornnagel am Schwanz, schwarzer Streifen über die Länge des Schwanzes.
Überwinterung im natürlichen Lebensraum: Gern in Felsnischen und Höhlen in vergleichsweise trockener Umgebung. Bei anhaltenden Wärmephasen kommen manche Exemplare gelegentlich aus ihren Verstecken, um sich in der Sonne aufzuwärmen.
Überwinterungsdauer: 3–5 Monate.
Besonderheiten bei der Überwinterung in menschlicher Obhut: Laut Haltungsberichten ist *Testudo marginata* auch bei kühlen Herbsttemperaturen noch aktiv. Auf zu hohe Feuchtigkeit reagiert diese Art mit Schnupfen. „*T. m. weissingeri*" sollte aufgrund ihrer Herkunft Peloponnes trocken und etwas wärmer überwintert werden oder die Gelegenheit erhalten, ihre Winterstarre zu unterbrechen.
Literatur u. a.: Bringsøe et al. (2001), Herz (2007), Vetter (2011), Leone & Hermes (2016).

Abb. 16. *Testudo marginata* im natürlichen Lebensraum (Ossa-Gebirge, Griechenland).

Abb. 17. Adulte *Testudo marginata*.

Maurische Landschildkröte, *Testudo graeca ibera*

Herkunft: Vom Balkan (Griechenland, Mazedonien, Bulgarien, Südostrumänien) über die Türkei bis in den Kaukasus.

Größe: Sehr variabel, ♀ bis ca. 35 cm, ♂ ca. 25 cm (im Durchschnitt wesentlich kleiner).

Gewicht: ♀ bis ca. 5000 g, ♂ bis ca. 3000 g.

Carapax: Runder bis ovaler Grundriss, Schwanzschild meist ungeteilt. Breite Wirbelschilde, Färbung und Pigmentierung sehr variabel. Die Grundfärbung ist ein Gelb, Honigbraun oder Oliv; schwarze oder bei Jungtieren auch braune Zeichnungen, die insbesondere im Alter verwaschen aussehen können. Das vierte Wirbelschild in der Mitte ist pigmentiert. Alte Tiere sind häufig nahezu schwarz gefärbt.

Plastron: Hell mit asymmetrischen Flecken, im Alter dunkel. Die Naht zwischen den Brustschilden ist deutlich kürzer als die Naht zwischen den Schenkelschilden; Inguinalschilde sind vorhanden. Das Weibchen besitzt ein schwach bewegliches Scharnier zwischen Abdominal- und Femoralschilden.

Gliedmaßen: Hornschuppen größer als bei *T. h. boettgeri*, vier oder fünf Krallen an den Vorderfüßen, kein Hornnagel am Schwanz, jeweils ein Schenkelsporn (Tuberkel) zwischen Schwanzbereich und Oberschenkeln. Dunkel gefärbter Kopf.

Überwinterung im natürlichen Lebensraum: Siehe *T. h. boettgeri*, bevorzugt jedoch trockenere Lebensräume, daher in der Regel auch trockenere Winterquartiere.

Überwinterungsdauer: Je nach Verbreitungsgebiet drei (Griechenland) bis fünf Monate (Bulgarien).

Besonderheiten bei der Überwinterung in menschlicher Obhut: Anfälliger für Atemwegsinfekte als *T. h. boettgeri*.

Literatur u. a.: BUSKIRK et al. (2001), IVANCHEV (2007), TROMMER (2009), HERZ (2013), MASCORT (2015).

Abb. 18. *Testudo graeca ibera.*

Abb. 19. *Testudo graeca ibera.*

Abb. 20. Halbwüchsige *Testudo graeca ibera* im Habitat.

Abb. 21. *Testudo graeca ibera*, Carapax.

Abb. 22. *Testudo horsfieldii*, adultes Männchen.

Steppenschildkröte, Vierzehenschildkröte, *Testudo horsfieldii*

Testudo horsfieldii ist keine Europäische Landschildkröte. Sie gehört jedoch zu den am häufigsten als Heimtier gehaltenen Schildkrötenarten in Mitteleuropa; nicht selten wird sie wegen ähnlicher Haltungsansprüche mit Europäischen Landschildkröten vergesellschaftet.

Herkunft: Zentralasien, östlich des Kaspischen Meeres, Turkmenistan, Usbekistan und Kasachstan, Nordafghanistan.

Größe: ♀ bis ca. 20 cm, ♂ bis ca. 15 cm. Wesentlich größere Exemplare gibt es im nordöstlichen Verbreitungsgebiet.

Gewicht: ♀ bis 1400 g, ♂ bis 700 g.

Carapax: Kreisrunder Grundriss, oft flacher gewölbt als die europäischen Arten. Schwanzschild ungeteilt. Bräunliche Grundfärbung, grau oder schwarz gefärbte Schilde mit gelben oder honigbraunen Wachstumsfugen.

Plastron: Die Schilde sind in der Mitte schwarz oder grau gefärbt, zu den Rändern hin sind sie gelblich bis bräunlich. Bauchpanzer stärker hochgezogen als bei vorab beschriebenen Arten.

Gliedmaßen: Vier Krallen an den Vorder-, fünf Krallen an den Hinterfüßen, mehrere kleine Schenkelsporne (Tuberkel) an den Oberschenkeln, kleiner Hornnagel am Schwanz bei beiden Geschlechtern.

Überwinterung im natürlichen Lebensraum: Sie verbringt die frostigen Winter in langen, selbst gegrabenen Tunneln.

Überwinterungsdauer: Bis zu sechs Monate.

Besonderheiten bei der Überwinterung in menschlicher Obhut: Bereits Mitte August beginnen die ersten Tiere damit, sich ihre Überwinterungstunnel zu graben. Im September sind sie in der Regel unter der Erde verschwunden. Schwankende Temperaturen verträgt *Testudo horsfieldii* schlechter als Europäische Landschildkröten. Auf trockenes Substrat ist zu achten, wobei die Tiere aber nicht austrocknen dürfen. In feuchtem Substrat sind Atemwegsinfekte und Panzernekrosen häufig anzutreffen. In menschlicher Obhut kommen die Tiere in der Regel Ende Februar aus ihren Winterquartieren.

Literatur u. a.: FRITZ & PFAU (2002), WILMS (2004), VETTER (2011), FASS (2013).

Abb. 23. *Testudo horsfieldii.* Foto: P. KÖSTERKE

Abb. 24. *Testudo horsfieldii*, adultes Männchen.

▸ **Abb. 25.** *Testudo h. hermanni, T. h. boettgeri* und *T. marginata*; Schlüpflinge. Foto: C. DWORSCHAK

Allgemeines

1 Überwinterung – ja oder nein?

Die europäischen Arten bzw. Unterarten vom Balkan und aus dem Mittelmeerraum – *Testudo hermanni*, *Testudo graeca ibera*, *Testudo marginata* und auch die in Zentralasien beheimatete *Testudo horsfieldii* – werden kalt überwintert. Dabei spielt es keine Rolle, ob es sich um ein frisch geschlüpftes oder ein uraltes Tier handelt.
Tropische Landschildkröten und Arten aus winterwarmen Gebieten Nordafrikas legen keine Winterstarre ein.

2 Schildkrötenbabys einwintern?

„Sie sind doch noch soooo winzig!“ – Wer ein Herz für Tiere hat, aber noch unerfahren in der Schildkrötenhaltung ist, dem widerstrebt zunächst der Gedanke, ein wenige Wochen altes Schildkrötenbaby monatelang in ein kaltes Erdloch zu stecken und es sich selbst zu überlassen – dazu noch ohne Nahrung! Es fällt nicht leicht, zu akzeptieren, dass Reptilien völlig andere Bedürfnisse haben als Säugetiere.
Die Natur sieht vor, dass auch die Kleinsten die kalte und nahrungslose Jahreszeit in ihren Winterquartieren überbrücken. Im natürlichen Lebensraum erfolgt der Schlupf in der Regel im Herbst – dann, wenn sich die älteren Schildkröten schon auf die Überwinterung vorbereiten. Obwohl die Winzlinge sehr versteckt leben, kann man noch bis etwa Mitte November beobachten, wie sie Sonnenbäder nehmen, bevor sie sich endgültig zurückziehen. Spät geschlüpfte Exemplare treten ihre Winterstarre an, oh-

Abb. 26. Auch die Kleinsten legen bereits eine Winterstarre ein.

Abb. 27. Jungtier nach der Winterstarre.

ne vorher einen einzigen Happen gefressen zu haben. Der noch vorhandene, aber eingezogene Dottersack bietet Energiereserven. Allerdings wird beobachtet, dass Schlüpflinge häufiger als adulte Exemplare dazu neigen, bereits im Februar aufzutauchen und Sonne zu tanken – selbst wenn die Umgebung noch frostig ist.

Einige Züchter und sogar manche Tierärzte empfehlen für Schlüpflinge „zum Angewöhnen" eine verkürzte Winterstarre von acht oder zehn Wochen. Hier orientiert man sich allein an den Bedürfnissen des Halters und nicht an denen der Schildkröte. Als Begründung wird angeführt, das **Immunsystem** des Tieres sei noch nicht ausgebildet und somit anfälliger als das der großen Exemplare. Jedoch haben Schlüpflinge naturgemäß vom ersten Lebenstag an Bodenkontakt, wo es von Bakterien und Bodenorganismen nur so „wimmelt". Im natürlichen Lebensraum verkriechen sie sich in feuchte Höhlen, wo Insekten und andere Tiere ihre Spuren hinterlassen haben. Bekanntermaßen fressen kleine Schildkröten sogar Kot anderer Tiere und fördern damit ihre Darmflora. Wenn Bodenkeime das Immunsystem übermäßig belasten würden, hätten Schildkröten mit ihrer Lebensweise nicht Jahrmillionen überlebt. Es gibt Hinweise darauf, dass die Babys im ersten Lebensjahr einen angeborenen Immunschutz mitbringen, der sich allmählich abbaut bzw. den äußeren Bedingungen anpasst (BROSDA 2011). Das würde das Ergebnis einer von mir durchgeführten Erhebung erklären, in der zahlenmäßig mehr Schildkröten während der zweiten Winterstarre erkranken als während der ersten (MEYER DE ROJAS 2014).

Abb. 28. Am Wuchs des Panzers ist deutlich zu sehen, dass dieser *Testudo hermanni boettgeri* in ihren ersten Lebensjahren die Winterruhe vorenthalten wurde.

Für das Tier bringt das vorzeitige Auswintern nur Nachteile:

- Mitte Januar können im Freiland keine Futterpflanzen geerntet werden. Salate aus dem Supermarkt sind nur bedingt als Futter geeignet.
- Natürliches Sonnenlicht fehlt gänzlich. Wenn nicht mit aufwändiger und hochwertiger Beleuchtung nachgeholfen wird (was in der Praxis selten der Fall ist), sind negative Auswirkungen auf das Panzer- und Knochensystem vorprogrammiert. Nicht selten ist eine Rachitis die Folge.
- Trockenheit, Hitze durch Strahler und ein reichhaltiges Nahrungsangebot stehen im Verdacht, für Höckerbildung verantwortlich zu sein. Insbesondere die ersten Lebensmonate sind entscheidend. Nicht umsonst haben Wildfänge oder Schildkröten aus konsequent naturnaher Haltung die glattesten Panzer.

3 Welche Folgen hat es, wenn die Winterstarre ausfällt?

Die Frage ist schwer zu beantworten, weil Tiere, denen die Winterstarre vorenthalten wird, meist gleichzeitig anderen Haltungsfehlern ausgesetzt sind. Langzeitstudien, in denen der Gesundheitszustand von überwinterten und nicht überwinterten Tieren gegenübergestellt wurde, sind mir nicht bekannt. Erwiesen ist, dass die Winterruhe für die Reifung der Geschlechtszellen bei Männchen und Weibchen eine Rolle spielt. Der Paarungstrieb wird bei Männchen und Weibchen durch die Gleichzeitigkeit

der Überwinterung synchronisiert (SASSENBURG 2005).
Für adulte männliche Exemplare ist eine einzelne ausgefallene Überwinterung wahrscheinlich kein weitreichendes Problem. Bei Eier legenden Weibchen gerät der Eibildungsrhythmus durcheinander. Es muss im Winterquartier eine Eiablagemöglichkeit zur Verfügung gestellt werden.
Eine Studie, die unter Benutzern eines französischen Schildkrötenforums durchgeführt wurde (siehe KRÜGER 2006) besagt, dass *Testudo*-Arten, die eine mindestens dreimonatige Winterstarre einlegen, eine höhere Lebenserwartung haben als Schildkröten, denen die Winterstarre vorenthalten wird.
Ausgefallene Überwinterungen zeigen sich bei Jungtieren häufig an wulstartigen, ineinander übergehenden Wachstumsringen, die ein Leben lang sichtbar bleiben, und an einer verstärkten Tendenz zur Höckerbildung.
Letztendlich stellt die Winterruhe in der Natur einen wichtigen Auslesefaktor dar (SASSENBURG 2005). Indem wir „Kümmerlingen" die Überwinterung und die damit verbundenen Herausforderungen an den Organismus ersparen, verlängern wir ihr Leben – und häufig auch ihr Leiden – um einige Monate oder Jahre.

4 Müssen Schildkröten das Überwintern lernen?

Auch eine Schildkröte, der jahrelang die Winterstarre vorenthalten wurde, bleibt ein wechselwarmes Tier, deren Organismus maßgeblich durch die Umgebungstemperatur und außerdem durch das Licht gesteuert wird. Der Instinkt, sich einzugraben, geht nicht verloren. Als „Gewohnheitstier" wird eine Schildkröte, die zeitlebens hinter dem Wohnzimmerschrank überwintert hat, sich vielleicht die ersten Jahre etwas schwer

Abb. 29. „Amanda" ist sichtlich glücklich, dass sie nicht mehr hinter einem Wohnzimmerschrank überwintern muss.

Abb. 31. Frühbeet.

Abb. 32. Gewächshaus.

Abb. 33. Erdkeller. Foto: H. MAYER

6 Welches ist die optimale Überwinterungstemperatur?

In den unterschiedlichen Verbreitungsgebieten der europäischen Landschildkrötenarten weichen die Wintertemperaturen sehr stark voneinander ab. Daher ist es unmöglich, allgemeingültige Temperaturempfehlungen abzugeben.

Im westlichen Mittelmeergebiet, dem Lebensraum von *Testudo hermanni hermanni*, sind frostige Phasen selten. Auch auf der Peloponnes in den Habitaten von *Testudo marginata* und *Testudo hermanni boettgeri* liegen die Temperaturen an sonnigen Dezembertagen bisweilen über 10 °C. In Bulgarien und Mazedonien hingegen müssen *Testudo hermanni boettgeri* und *Testudo graeca ibera* mit durchschnittlich 45 Frosttagen pro Winter zurechtkommen. Die Lufttemperaturen sinken dort gelegentlich in den zweistelligen Minusbereich. Am kältesten ist es in den Verbreitungsgebieten der Steppenschildkröte (*Testudo horsfieldii*), die streng genommen keine Europäische Landschildkröte ist. In allen Schildkrötengebieten Europas setzt der Winter drei bis sechs Wochen später ein als bei uns in Mitteleuropa. Die Wintertemperaturen – auch innerhalb der Überwinterungsquartiere – sind ständigen Schwankungen unterworfen (UDENA 2006, IVANCHEV 2007). Die folgenden Diagramme sollen Anhaltspunkte für die Temperaturgestaltung liefern. Weitere Diagramme präsentiert die Internetseite www.wetteronline.de.

Wenn man die ursprüngliche Heimat seiner Schildkröte kennt (was selten der Fall sein dürfte), kann man versuchen, die Überwinterungstemperaturen dem Herkunftsgebiet anzugleichen. Bei Nachzuchten aus der ersten oder zweiten Generation mit Elterntieren unterschiedlicher Herkunft ist das unmöglich. Somit bleibt nichts anderes übrig, als der Schildkröte ein breites Spektrum an Auswahlmöglichkeiten zu bieten, ihren selbst

Abb. 34. Klimadiagramme aus unterschiedlichen Habitaten von Europäischen Landschildkröten im Vergleich zu meinem Wohnort in der Gegend von Hannover (letzter Aufruf 28.04.2017). Es wurde jeweils die den Schildkrötenhabitaten nächstliegende Wetterstation gewählt. An den grauen Balken lässt sich die Zahl der durchschnittlichen Frosttage ablesen, an den roten und blauen Linien die langjährigen Durchschnittstemperaturen für den jeweiligen Monat (Höchsttemperatur rot, Tiefsttemperatur blau). Unter der Internetadresse www.wetteronline.de kann man sich weitere Einzelheiten zum Klima ansehen. Die Beispiele zeigen, wie unterschlich das Klima in den verschiedenen Schildkrötengebieten ist.

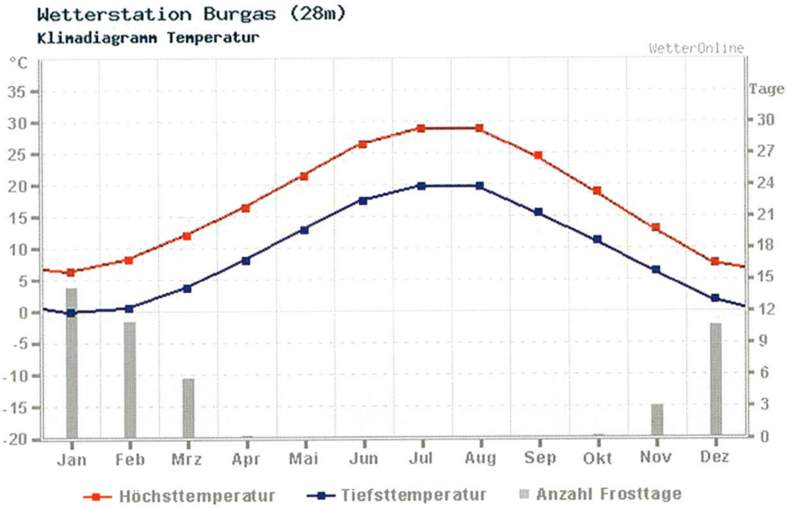

Abb. 34a. Wetterstation Burgas; die Region um Burgas ist Lebensraum von *Testudo hermanni boettgeri* und *Testudo graeca ibera*. 45 Frosttage, durchschnittliche Wintertemperatur leicht höher als in Norddeutschland bei tieferen und höheren Spitzenwerten. www.wetteronline.de/klima-temperatur/burgas

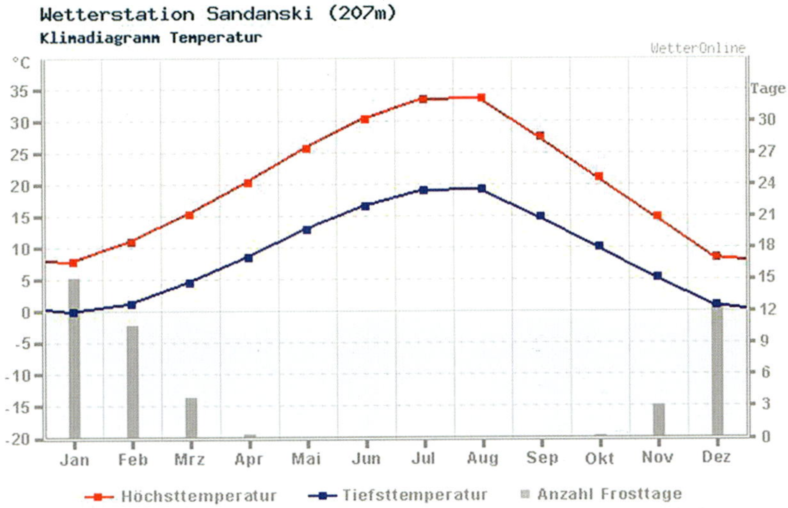

Abb. 34b. Wetterstation Sandanski; die nahegelegene Region Strumica ist Lebensraum von *Testudo hermanni boettgeri* und *Testudo graeca ibera*. 45 Frosttage, durchschnittliche Wintertemperatur leicht höher als in Norddeutschland bei tieferen und höheren Spitzenwerten. www.wetteronline.de/klima-temperatur/Sandanski

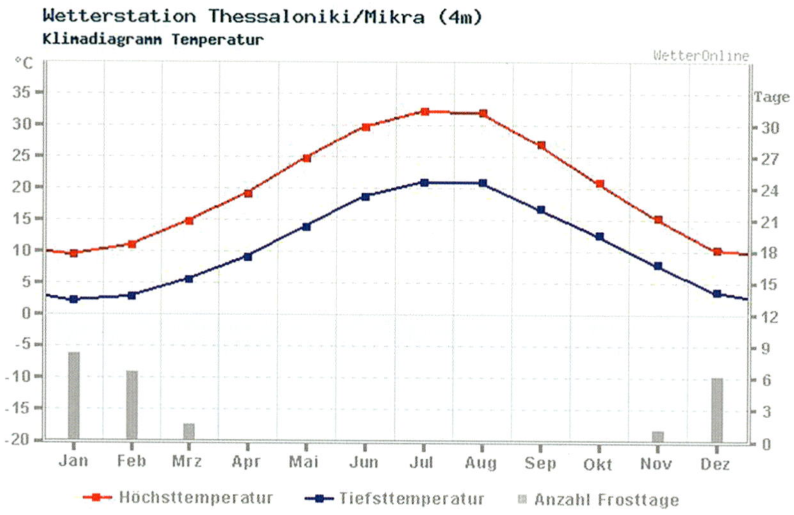

Abb. 34c. Thessaloniki, nördlich und östlich der Stadt; Verbreitungsgebiete von *Testudo hermanni boettgeri*, 24 Frosttage, durchschnittliche Wintertemperaturen um 6 °C.

www.wetteronline.de/klima-temperatur/Thessaloniki

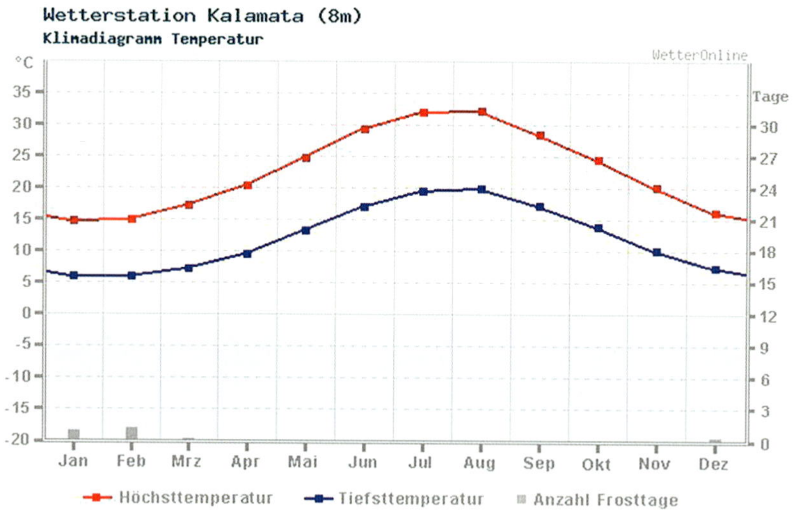

Abb. 34d. Kalamata; Lebensraum von *Testudo hermanni boettgeri*, zwei Frosttage, durchschnittliche Wintertemperaturen um 10 °C.

www.wetteronline.de/klima-temperatur/Kalamata

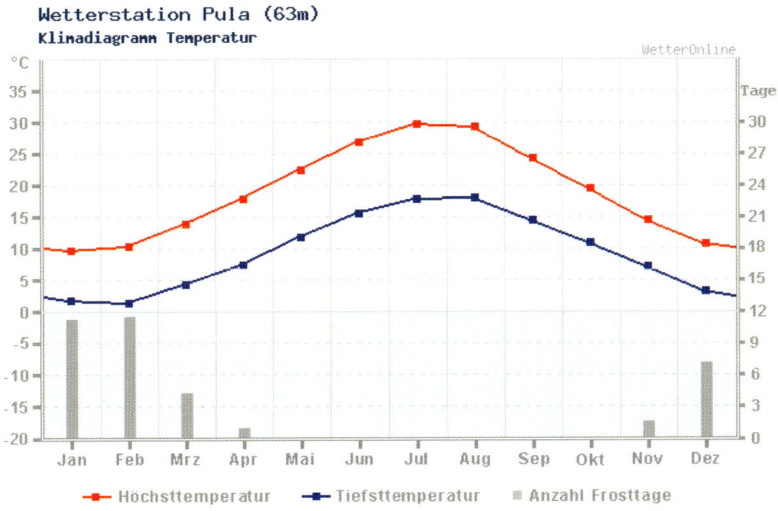

Abb. 34e. Wetterstation Pula, Istrien; Lebensraum von *Testudo hermanni hercegovinensis*: 35 Frosttage, durchschnittliche Wintertemperaturen um 6 °C

www.wetteronline.de/klima-temperatur/Pula

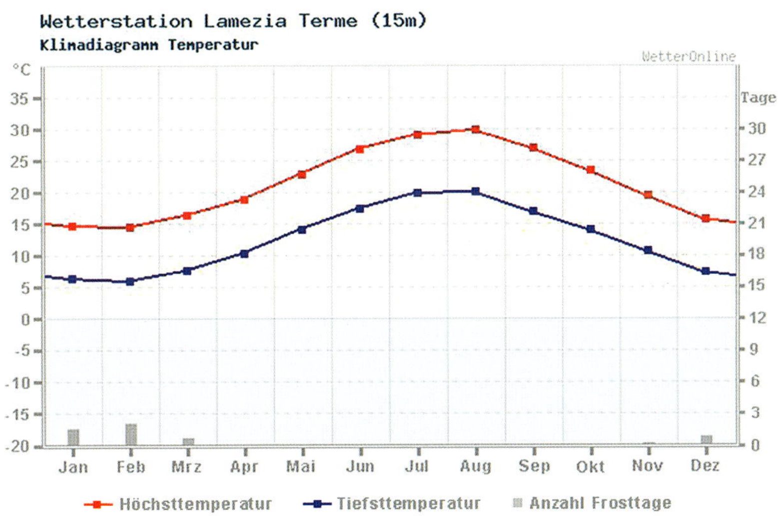

Abb. 34f. Wetterstation Lamezia Terme, Kalabrien; Lebensraum von *Testudo hermanni hermanni*: ein Frosttag, durchschnittliche Wintertemperaturen um 11 °C

www.wetteronline.de/klima-temperatur/lamezia-terme

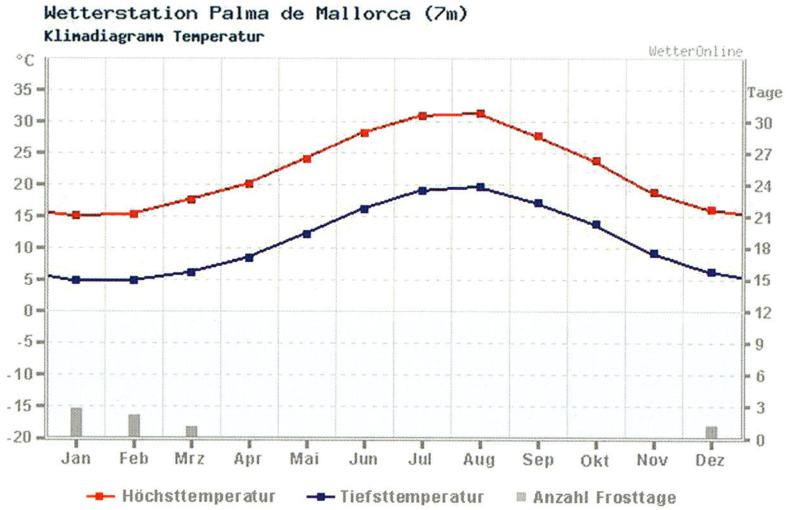

Abb. 34g. Wetterstation Palma de Mallorca, nördlich und östlich der Stadt kleine Verbreitungsgebiete von *Testudo hermanni hermanni*, ein Frosttag, durchschnittliche Wintertemperaturen um 10 °C.
www.wetteronline.de/klima-temperatur/mallorca

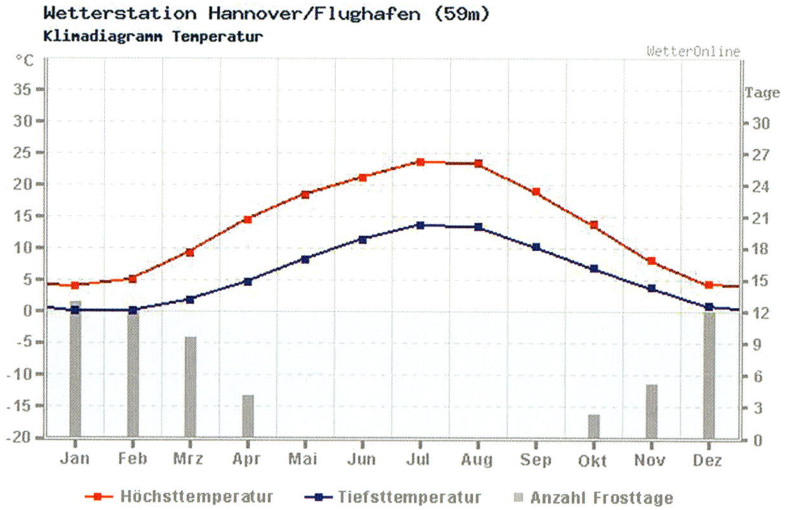

Abb. 34h. Wetterstation Hannover Flughafen; der Standort meiner Schildkrötengehege liegt in der Gegend von Hannover. 58 Frosttage (die letzten Jahre allerdings weitaus weniger), durchschnittliche Wintertemperaturen um 1 °C.
www.wetteronline.de/klima-temperatur/hannover

▸ **Abb. 35.** Selbst gewähltes Versteck unter verrottenden Pflanzenteilen.

gesuchten Überwinterungsort zu akzeptieren und sich so wenig wie möglich einzumischen. Wie bereits erwähnt, ist von allen Winterquartieren ein Gewächshaus oder Frühbeet am besten geeignet, um dem Vorbild der Natur zu folgen. Bis Anfang Dezember sinken die Bodentemperaturen in den meisten Regionen Südeuropas selten unter 6 °C. Sehr ähnliche Bedingungen herrschen in unseren Frühbeeten und Gewächshäusern, ohne dass wir mit technischen Mitteln nachhelfen müssen.

Einige Wochen nach der letzten Nahrungsaufnahme – etwa Ende November – richtet sich die Schildkröte selbstständig in ihrem bevorzugten Temperaturbereich unter der Erdoberfläche ein und fällt in die eigentliche Winterstarre. Je näher die Überwinterungstemperatur an der von der jeweiligen Art tolerierbaren **Minimaltemperatur** liegt, desto niedriger liegt die Atem- und Herzfrequenz, desto weniger Energie wird verbraucht und desto weniger schädliche Stoffwechselendprodukte reichern sich in den Körperflüssigkeiten an (BIDMON 2014). Bei welcher Temperatur genau der Stoffwechsel der Europäischen Landschildkröten seine geringste Aktivität zeigt, hängt nicht nur von der Art und dem Herkunftsgebiet, sondern vermutlich auch vom Individuum ab. Daher weisen die in der Ratgeberliteratur vorgeschlagenen Werte ein breites Spektrum auf. Richtwerte für die Einstellung der Kühlschranktemperatur reichen von 2–4 °C (SASSENBURG 2005) bis 4–8 °C (KÖLLE 2008). BIDMON (2014) empfiehlt sogar eine Absenkung der Kühlschranktemperatur auf 1–2 °C, um das Risiko von bakteriellen Infekten zu minimieren.

7 Welchen Vorteil haben konstante Überwinterungstemperaturen?

Der Stoffwechsel Griechischer Landschildkröten zeigt bei Durchschnittstemperaturen um die 4–6 °C seine geringste Aktivität. Daher gibt es immer wieder Empfehlungen, diesen Wert während der gesamten Überwinterungsperiode hinweg exakt zu halten. Diese Forderung nach dauerhaft konstanten Temperaturwerten wird in Internetforen seit Jahren ungeprüft weitergegeben und teilweise dramatisiert. Die Angst vor inneren Vergiftungen oder drastischen Gewichtsabnahmen führt zu merkwürdigen Auswüchsen: Besorgte Halter statten ihre Winterquartiere mit Kühlakkus aus, Frühbeete werden gegen Sonneneinstrahlung isoliert, und Schildkröten werden bei steigenden Temperaturen aus ihrem Erdversteck geholt und in den Kühlschrank verfrachtet. Meiner Erfahrung nach sind diese Maßnahmen nicht notwendig. Warum soll man auf künstlichem Wege andere Verhältnisse schaffen, als sie die Tiere in der Natur vorfinden?

Als Argument wird manchmal angeführt, dass im natürlichen Lebensraum auch bei stark schwankenden Außentemperaturen in den Überwinterungsgruben eine konstante Temperatur herrschen würde. Zu einem anderen Ergebnis kommen Erhebungen, die in Habitaten Nordgriechenlands und an der bulgarischen Schwarzmeerküste durchgeführt wurden (UDENA 2006, IVANCHEV 2007). Zwar werden Temperaturextreme innerhalb der Gruben ausgeglichen, und Witterungsumschwünge machen sich mit einer gewissen Verzögerung bemerkbar, jedoch wurden in den oben genannten Studien erhebliche Schwankungen ermittelt. Unterschiede von 10 °C innerhalb eines Monats waren keine Seltenheit.

In milden Wintern liegt die Temperatur im Gewächshaus manchmal tagelang über der in vielen Ratgebern empfohlenen Höchsttemperatur von 6 °C. In längeren Frostphasen liegen die Bodentemperaturen hingegen nahe dem Gefrierpunkt. Meine langjährigen eigenen Erfahrungen sowie Berichte von

Haltern bestätigen, dass *Testudo hermanni boettgeri* Überwinterungstemperaturen im Bereich von 1–10 °C verträgt, ohne Krankheitsanzeichen zu zeigen oder ein einziges Gramm abzunehmen. Im Gegenteil, einige Exemplare können sogar noch etwas zunehmen.

Alle meine auf diese Weise eingewinterten Schildkröten fingen bisher kurze Zeit nach der Auswinterung mit dem Fressen an.

Neuere Überlegungen gehen dahin, dass Temperaturschwankungen sich sogar positiv auswirken, indem das Wachstum von Keimen, die ein niedriges Temperaturoptimum haben (z. B. Schimmelpilze oder *Pseudomonas*), zwischenzeitlich gebremst wird (JENNEMANN 2013). Erfahrungsberichte bestätigen, dass Infektionen, die eine Panzerröte nach sich ziehen, tatsächlich signifikant häufiger im Kühlschrank – also bei gleichbleibenden Temperaturen – auftreten als in anderen Quartieren (MEYER DE ROJAS 2017).

8 Wieviel Frost verträgt eine Schildkröte?

Europäische Landschildkröten besitzen eine gewisse Frosttoleranz, ermöglicht durch eine erhöhte Glucosekonzentration im Blut (ERLER 2003). Dieses natürliche Frostschutzmittel ist auch dringend erforderlich, denn in einigen Schildkrötenhabitaten sinken die Außentemperaturen im

Abb. 36. Plötzlicher Kälteeinbruch im März – in einem beheizbaren Frühbeet kein Problem!

Abb. 37. Freilandterrarien im Winter.

Abb. 38. Verschneites Freilandterrarium.

Abb. 39. Die Futterpflanze *Sempervivum* überlebt auch frostige Phasen.

Winter in den zweistelligen Minusbereich und entsprechend kommt es auch in den Überwinterungsgruben zu Frost.

In der bereits erwähnten Studie aus Bulgarien (IVANCHEV 2007) wurden in den Überwinterungsgruben Temperaturen von bis zu –5 °C gemessen; die längste konstante Frostperiode mit –4 °C in einer solchen Grube betrug sieben Tage.

Unfreiwillige Experimente hat es bei mir auch schon gegeben. 2008 war ein entwichener Schlüpfling mehrere Tage komplett in der Oberfläche des Bodens festgefroren. Er hat keine bleibenden Schäden davongetragen. Andere Schildkrötenhalter berichten von ähnlichen Erfahrungen (u. a. mündl. Mittl. DWORSCHAK).

Die stärkste Gefährdung durch Frost bei wildlebenden Schildkröten sind nicht die Wintermonate, sondern der März, wenn sich die Tiere schon ausgegraben haben und es zu einem erneuten plötzlichen Kälteeinbruch kommt. Ausfälle duch derartige Temperaturstürze können wir glücklicherweise durch ein Zuheizen verhindern. Dauerhafte oder sehr plötzlich eintretende Minusgrade – womöglich gar im zweistelligen Bereich – werden nicht vertragen. In freier Wildbahn wird sich eine Schildkröte instinktiv einen Platz suchen, an dem derart niedrige Temperaturen nicht auftreten. Ist solch ein Platz nicht schnell genug erreichbar, kommt es auch im natürlichen Lebensraum zu Todesfällen. In Menschenobhut trägt der Halter die Verantwortung, dass es nicht zu Erfrierungen kommt.

9 Wie hoch ist das Risiko, dass meine Schildkröte die Winterruhe nicht überlebt?

Vom menschlichen Standpunkt aus macht man sich zunächst einmal Sorgen, dass eine

Schildkröte, die monatelang in ihrer Grube sitzt, verhungern, verdursten oder ersticken könnte. Aber keine Angst! Der Organismus eines wechselwarmen Reptils ist in dieser Hinsicht nicht mit dem eines Säugetiers zu vergleichen. Alle Körperfunktionen sind auf ein Minimum heruntergefahren. Bei einer sachgerecht durchgeführten Überwinterung werden keine Kalorien und kaum Sauerstoff verbraucht. Die allermeisten Schildkröten aus artgerechter Haltung erwachen unbeschadet aus der Winterstarre.

10 Wie kann ich die Risiken minimieren?

Risikofaktoren sind:
a) Krankheiten und Organschäden,
b) nicht abgebaute Medikamente,
c) übermäßiger Parasitenbefall sowie
d) äußere Einflüsse: Erfrieren, Ertrinken, Nagetiere.

a) Kranke Schildkröten oder Exemplare, die sich aufgrund nicht artgerechter Haltung Nieren- und Leberschäden zugezogen haben, unterliegen naturgemäß eher dem Risiko, die Winterstarre nicht zu überleben, als gesunde. Für einen kranken Organismus kann die Winterstarre eine Belastung sein. Im Zweifelsfall gibt eine entsprechende tierärztliche Untersuchung Aufschluss.
Bei herpespositiven Schildkröten kann die Winterruhe dazu führen, dass das Virus zum Ausbruch kommt (KÖLLE 2008).

b) Eine ernsthafte und oft unterschätzte Gefahr sind Medikamente, die im Herbst verabreicht wurden, zum Beispiel zur Entwurmung. Bevor die Schildkröte eingewintert wird, muss ein Medikament zur Entwurmung komplett verstoffwechselt sein. Abgestorbene Würmer und deren Überreste sollten während der Winterstarre nicht im Verdauungstrakt verbleiben. Noch 31 Tage nach einer Entwurmung wurden Würmer im Körper von Schildkröten nachgewiesen (BROSDA 2011). Es ist daher oft schwierig bis unmöglich, eine Schildkröte im Herbst mindestens fünf Wochen nach einer Wurmkur mit Licht, Wärme und Futter „bei Laune" zu halten. Im Zweifelsfall sollte man mit der Entwurmung bis zum nächsten Jahr warten. Eine spät im Jahr durchgeführte Entwurmung ist riskanter als überhaupt keine!

c) Gesunde Schildkröten mit einem geringgradigem Oxyurenbefall können getrost eingewintert werden. Dies ist nicht nur meine eigene Erfahrung, sondern auch die vieler Halter und einiger erfahrener Tierärzte. Wurde jedoch ein Massenbefall an Oxyuren festgestellt, ist eine Entwurmung durchzuführen. Ansonsten besteht die Gefahr, dass sich die Würmer im Verdauungstrakt verknäulen und zum Tod führen. Dies gilt insbesondere für die weniger häufig auftretenden Ascariden (Spulwürmer).

d) Das Überwinterungsquartier kann mit wenig Aufwand so gestaltet werden, dass Risiken durch äußere Einflüsse gegen Null gehen. Eingänge von Frühbeeten und Gewächshäusern müssen fest verschlossen werden, damit Ratten keinen Zugang haben. Überwinterungskisten in Keller, Garage oder Gartenhaus werden mit einem engmaschigen Drahtgitter abgedeckt. Regelmäßige Kontrollen von aufgestellten Mausefallen, der Bodenfeuchtigkeit und der Temperatur sollten selbstverständlich sein.

11 Wie wichtig ist eine Gewichtskontrolle?

Auf das Wiegen während der Winterruhe kann man getrost verzichten. Kein Fachbuchautor und kein Tierarzt konnte mir bisher eine Krankheit nennen, die sich durch Gewichtsverlust ankündigt.

Abb. 40. Ein Wiegeergebnis wäre hier wenig aussagekräftig.

Schildkröten, die während des Winters sterben, nehmen in der Regel im Vorfeld nicht mehr ab als gesunde Schildkröten. Erst nach Eintritt des Todes erfolgt ein Gewichtsverlust. Viel wichtiger ist eine regelmäßige Kontrolle, ob die Schildkröte sich ruhig verhält und ob das Substrat nicht zu trocken oder zu nass ist.
Ein korrektes Wiegeergebnis erzielt man ohnehin nur, wenn man die Schildkröte vorher von anhaftender Erde säubert. Dies ist kaum möglich, ohne das Tier in seiner Ruhephase nachhaltig zu stören.

12 Meine Schildkröte hat Gewicht verloren. Soll ich sie auswintern?

Wurde auf ein kontrollierendes Wiegen während der Ruhephase nicht verzichtet und ein Gewichtsverlust festgestellt, kommen dafür drei Ursachen infrage:

1. Die Schildkröte hat Kot oder Urin abgegeben. Das passiert ab und zu in der Anfangsphase der Einwinterung und ist nicht bedenklich.
2. Sie hat Feuchtigkeit verloren. Nach dem Befeuchten des Substrates erreicht die Schildkröte innerhalb weniger Tage wieder ihr Ausgangsgewicht.
3. Die Schildkröte verbraucht Energie, weil sie versucht, aus ihrem Quartier auszubrechen oder vergeblich versucht, sich in einer Plastikbox tiefer einzugraben. Dieses Problem tritt vor allem auf, wenn das Tier in einer Box überwintert wird, die im Keller, einer Werkstatt, einer Garage oder auf dem Balkon untergebracht ist. Auch habe ich schon von Schildkröten gehört, die aufgrund eines Fremdkörpers im Darm nicht zur Ruhe kamen. Wer Energie verbraucht, verliert auch Gewicht. Unruhige „Winterschläfer“ sind immer ein Grund zur Besorgnis.

13 Meine Schildkröte wird nicht starr! Was nun?

Schildkröten erstarren nicht im genauen Wortsinn. Daher kann der Ausdruck „Winterstarre“ zu Missverständnissen führen. Besonders in der Vorbereitungsphase sind Schildkröten alles andere als starr. Sie folgen der Optimaltemperatur im Boden (siehe Frage 6), indem sie sich durch Drehbewegungen nach oben oder unten „schrauben“. Aber es kommt auch vor, dass eine Schildkröte mitten im Winter ihren Standort wechselt und man sie im Frühjahr erstaunlicherweise woanders vorfindet als vermutet.

Schildkröten sind sogar – in gewissen Grenzen – in der Lage, sich während der Hibernation Fressfeinden zu entziehen. Bei Stress reichert sich das Blut mit Glukose an und verleiht dem Tier einen Energieschub (ERLER 2003).

Nur in sporadisch auftretenden „Tiefschlafphasen“ bei Temperaturen nahe 0 °C sind sie zeitweise tatsächlich starr und wirken wie tot. Dieser Zustand hält aber höchstens ein bis zwei Tage an.

14 Ich glaube, meine Schildkröte ist tot. Wie kann ich sicher sein?

Der Tod einer Schildkröte ist nicht leicht von einer vorübergehenden „Tiefschlafphase“ zu unterscheiden. Also warten Sie im Zweifelsfall einige Tage, bevor Sie das Tier begraben!

Eindeutige Kennzeichen für den Tod einer Schildkröte:

- Die Gliedmaßen sind völlig starr.
- Die Schildkröte reagiert 24 Stunden nach dem Aufwärmen nicht auf Berührungen.
- Die Augen sind in ihre Höhlen zurückgetreten.
- Ein deutlicher Gewichtsverlust ist eingetreten.
- Jungtiere, bei denen der Knochenpanzer noch nicht geschlossen ist, zeigen ein nach innen gewölbtes Plastron.
- Tote Schildkröten, bei denen der Zersetzungsprozess bereits eingesetzt hat, riechen.
- Oft findet man eine tote Schildkröte komplett in ihren Panzer zurückgezogen auf.

Möglicherweise litt das Tier an einer ansteckenden Krankheit oder an Parasiten, sodass verbleibende Artgenossen jetzt engmaschig kontrolliert werden müssen. Um Risiken zu vermeiden, sollten die mit dem verstorbenen Exemplar vergesellschafteten Schildkröten ausgewintert werden.

Wenn Sie Klarheit über die Todesursache haben möchten, schicken Sie den Kadaver umgehend luftdicht verpackt zu einem Institut, das sich auf derartige Sektionen spezialisiert hat. Hier zwei Adressen:

- Exomed, Schönhauser Straße 62, 13127 Berlin
- CVUA-OWL, Dr. med. vet. Silvia Blahak, Westerfeldstraße 1, 32758 Detmold

Auf den Homepages der Anbieter können die passenden Begleitschreiben heruntergeladen werden.

15 Wie heißt es richtig? Winterschlaf? Winterstarre? Hibernation? Winterruhe?

In den meisten Sprachen – auch in der Wissenschaftssprache Englisch – heißt es übereinstimmend **Hibernation**.

Die deutsche Sprache differenziert zwischen:

Winterruhe: Körpertemperatur wird nicht deutlich gesenkt (z. B. Braunbären, Eichhörnchen);

Winterschlaf: Körpertemperatur sinkt annähernd auf die Umgebungstemperatur ab (z. B. Igel, Murmeltiere);

Winterstarre: Körpertemperatur passt sich der Außentemperatur an (z. B. Fische, Frösche).

Bei Wikipedia und auf Webseiten für Kinder kann man sich diesbezüglich belehren lassen. Unter vielen Schildkrötenfreunden, die sich in den sozialen Netzwerken zusammengefunden haben, wird auf den Begriff „**Winterstarre**" großen Wert gelegt. Jedem, der einen anderen Begriff verwendet, wird gern Ahnungslosigkeit unterstellt und er wird mit Belehrungen überschüttet. Eingebürgert hat sich der Begriff etwa im Jahr 2003, zeitgleich mit dem Erscheinen neuerer populärwissenschaftlicher Schildkrötenliteratur und dem massenhaften Auftreten von Schildkröten-Ratgeber-Webseiten.

Wer ausdrücken möchte, dass der Zustand durch die Temperatur und nicht durch die Jahreszeit ausgelöst wird, verwendet den Begriff „**Kältestarre**".

In wissenschaftlichen Abhandlungen liest man den Begriff Winterstarre eher selten im Zusammenhang mit Schildkröten. Tierärzte und Wissenschaftler verwenden die Begriffe **Winterruhe** oder **Winterschlaf**, obwohl sie über die Überwinterungsstrategien der unterschiedlichen Wirbeltierarten durchaus Bescheid wissen dürften (FRITZ 2001, SASSENBURG 2005, KÖLLE 2008, BIDMON 2014). Letztendlich ist nicht der Begriff entscheidend, sondern dass man sich darüber im Klaren ist, dass der Organismus einer Landschildkröte durch die Außentemperatur gesteuert wird.

Bei Landschildkröten laufen während der kalten Jahreszeit alle Körperfunktionen wie Verdauung, Atmung und Herzschlag stark verlangsamt ab. Der Organismus läuft „auf Sparflamme". Er verbraucht so gut wie keine Energie, und die Körpertemperatur bleibt niedrig. Im Gegensatz zu winterschlafenden und -ruhenden Säugetieren müssen sich Schildkröten daher vor dem Winter keine Energiereserven in Form einer dicken Fettschicht anfressen. Sie graben sich je nach Bodentemperatur nach oben oder unten und sie reagieren auf Anstupsen. Sie sind also keineswegs starr.

Abb. 41. Deutsche Sprache – schwere Sprache.

Die Vorbereitungsphase

16 Woran merke ich, dass sich meine Schildkröte auf die Überwinterung vorbereitet?

Spätestens ab September wird weniger Nahrung aufgenommen. Stattdessen hinterlassen die Schildkröten massige Kothaufen im Gehege, was naturgemäß zur Gewichtsabnahme führt. Bis zu 10 % Gewichtsverlust im Herbst sind kein Grund zur Besorgnis – im Gegenteil. Es wird dadurch angezeigt, dass die Schildkröte allmählich ihren Darm leert.

Einige Tiere werden phlegmatisch und verlassen ihren Stammplatz kaum noch. Andere möchten nun plötzlich nicht mehr im „gemütlich warmen" Frühbeet übernachten, sondern suchen sich einen Platz draußen in einer feuchten Ecke oder unter einem Grasbüschel.

Wieder andere laufen und klettern unruhig herum und versuchen aus dem Gehege zu fliehen. Wenn man ein Ausweichgehege zur Verfügung hat, kann man besonders unruhige Tiere dorthin umquartieren. Diese Maßnahme wirkt manchmal Wunder.

17 Wie kann ich meine Schildkröte bei der Vorbereitung unterstützen?

Erde im vorgesehenen Winterquartier auflockern, nur noch stundenweise Wärme und Licht anbieten, eine große flache Schale mit Wasser bereitstellen. Schildkröten, die von sich aus nicht die Badeschale aufsuchen, 1–2 mal in lauwarmem Wasser baden. Stroh, Laub oder ähnliches Material zum Verkriechen anbieten.

18 Soll ich meine Schildkröte baden?

Während bis in die 1990er-Jahre lauwarme Bäder zur kompletten Darmentleerung als notwendiger Bestandteil des Einwinte-

Abb. 42. Die Schildkröten bereiten sich im Frühbeet selbstständig auf die Winterstarre vor.

Abb. 43. Schildkröten sitzen nicht gern auf dem Präsentierteller. Eine Badeschale, die Deckung bietet, wird dagegen gern freiwillig aufgesucht.

rungsrituals empfohlen wurden, baden viele erfahrene Halter heutzutage ihre Tiere nicht mehr. Mit dem Kot werden nützliche Mikroorganismen ausgeschwemmt, die vermutlich während und nach der Winterstarre eine wichtige Funktion erfüllen (VINKE & VINKE 2006). Ein klinisch reiner Darm hilft dem Tier nicht. In der Regel suchen Schildkröten während der Vorbereitungsphase nach Bedarf ihre Wasserschalen oder feuchten Quartiere auf. Deckungsarme Badeschalen mit eiskaltem Wasser sind natürlich wenig einladend. Lauwarmes Wasser und ein Büschel Moos in der Badeschale verlocken hingegen zum Baden. Wenn Schildkröten ihre Badeschale komplett ignorieren, kann der Halter etwas nachhelfen.

19 Meine Schildkröte vergräbt sich bereits im September! Was tun?

Insbesondere Schlüpflinge reagieren sofort auf kühle Nachttemperaturen und kürzere Tageslängen. Verpasst man den Zeitpunkt, vergraben sie sich schon im frühen Herbst unwiderruflich. In der Regel ist der Versuch, sie mithilfe von Strahlern und Heizmatten wieder munter zu machen, wenig erfolgreich. Es bringt nichts, sie auszubuddeln und unter eine Lampe zu setzen. Die Tiere haben jetzt nur noch ein Ziel: erneut eingraben! Dabei verbrauchen sie jedes Mal Energie und verlieren unnötig an Gewicht. Nur eine sehr hochwertige Beleuchtung in Kombination mit Wärme kann hier eventuell noch helfen.

Was tun? Es bleibt hier nichts anderes übrig, als bis zum Frühjahr zu warten. Übersteigt die Zeit bis dahin vier bis fünf Monate, kann man sie Anfang Februar auswintern und in einem gut ausgeleuchteten Übergangsterrarium halten.

20 Wie bringe ich sie dazu, im Frühbeet zu übernachten?

Schildkröten scheinen eine andere Auffassung von Gemütlichkeit zu haben als wir Menschen. Viele Schildkröten suchen sich im Herbst absichtlich den kühlsten, feuchtesten Schlafplatz im Gehege, um sich gezielt herunter zu kühlen, anstatt die Nächte dort zu verbringen, wo wir es vorgesehen haben. Insbesondere in großen, abwechslungsreich gestalteten Gehegen, wo eine reiche Auswahl an Unterschlupfmöglichkeiten besteht, meiden viele Schildkröten während der Vorbereitungsphase die beheizten Schlafhäuser und Frühbeete.

Hinzu kommt, dass sich einige Schildkröten ungern ihr Überwinterungsquartier mit Artgenossen teilen. Auch aus diesem Grund meiden manche Tiere Sammelunterkünfte und vergraben sich lieber draußen unter einem Grasbüschel oder im weichen Boden. Manchmal gibt es deswegen Kämpfe und

Abb. 44. Einige Schildkröten wählen zur Vorbereitung einen geschützten Ort im Freigehege, anstatt das geheizte Frühbeet aufzusuchen.

Verfolgungsjagden – auch unter Weibchen. Dies kündigt sich schon Mitte August an, wenn sich die bis dato friedlichen Weibchen auf einmal verfolgen oder besteigen.

Was nun? Man kann vorbereitete Schlafhäuser verlockend herrichten, indem man ausschließlich dort grabfähigen Bodengrund und feines Buchenlaub anbietet. Man kann die Tiere zwingen, im Frühbeet zu übernachten, indem man sie jede Nacht einsammelt und den Ausgang versperrt. Wie weit Sicherheit vor Wohlbefinden geht, muss jeder selbst entscheiden.

Wenn keine Gefahr durch Fressfeinde besteht, kann man die Umquartierung so lange wie möglich hinauszögern.

Ich persönlich halte es so: Erst wenn die Schildkröte das Fressen eingestellt und mehrere Tage inaktiv in ihrem selbstgewählten Unterschlupf verbracht hat, bringe ich sie ins Gewächshaus und verschließe es. Wer sich im Freigehege vergraben hat, kann bis zum Frost dort bleiben.

21 Eine Schildkröte schläft bereits, die andere ist noch aktiv. Ist das ein Problem?

Schildkröten beginnen nicht alle gleichzeitig mit der Vorbereitung auf die Überwinterung. Männchen sind oft (nicht immer) länger aktiv als Weibchen. Jedes Tier hat seinen individuellen Rhythmus, der sich nach meinen Beobachtungen sogar auf die Nachkommen vererben kann. Halter von *Testudo hermanni hercegovinensis* berichten, dass ihre Tiere die Winterstarre früher antreten und später wieder zum Vorschein kommen als Exemplare von *Testudo hermanni boettgeri*. Das gilt nicht nur für Wildfänge, sondern auch für die F1- und F2-Generationen.

22 Wie verläuft die Vorbereitung in der Wohnung?

Wenn irgend möglich, sollte sich die Schildkröte in ihrer gewohnten Umgebung – also in ihrem Freigehege, Frühbeet oder Gewächshaus – selbstständig vorbereiten können. Es ist nicht sinnvoll, das Tier bei kühleren Außentemperaturen ins Haus zu holen und ihm sommerliche Temperaturen vorzugaukeln. Die Vorbereitung im Haus ist ungleich schwieriger. Ausnahmen bilden Schildkröten, die aufgrund einer Krankheit oder einer zu spät erfolgten Entwurmung im Haus gehalten werden müssen.

Für die Vorbereitung im Haus stellt man ein Terrarium oder Zimmergehege mit reichlich Erde zur Verfügung. Eine große Schale mit frischem Wasser sollte stets bereitstehen. Grünfutter wird so lange angeboten, bis die Schildkröte von selbst das Fressen einstellt. Allerdings sollte man keine „Leckerli“ in Form von Obst oder Salat anbieten, die die Schildkröte dazu animieren würden, mehr zu fressen, als sie in dieser Phase benötigt. So lange das Tier noch Nahrung aufnimmt, sollte tagsüber für einige Stunden ein Spotstrahler in Betrieb sein, der den Rückenpanzer auf 35 °C erwärmt und den die Schildkröte nach Belieben aufsuchen kann. Die Beleuchtungsdauer reduziert man innerhalb von vier Wochen bis auf eine Stunde pro Tag. Auch die Umgebungstemperatur wird gedrosselt. Innerhalb von vier Wochen sollten die Werte unter 10 °C fallen, was man im Zimmer allerdings kaum hinbekommt. Warme Nachttemperaturen verzögern die Umstellung auf den Winterruhemodus.

Wenn möglich, stellt man die Box mit der Schildkröte gegen Ende der Vorbereitungsphase nachts in den kühleren Hausflur oder schon in den Kühlschrank. Das reduziert den Appetit ungemein.

Eine Temperaturreduzierung nach festem Zeitplan ist nicht notwendig und auch kaum umsetzbar. Auch im natürlichen Lebensraum erfolgt die Abkühlung nicht linear. Zur Orientierung kann man Temperaturdaten aus den Habitaten der Schildkröte heranziehen.

Die Überwinterung im Frühbeet oder Gewächshaus

23 Wie sollte die Überwinterungsgrube beschaffen sein?

Hier gibt es viele brauchbare Varianten, wobei die aufwändigen Lösungen nicht besser sein müssen als die einfachen. Wichtig ist ein mindestens 40 cm in die Erde eingelassener seitlicher Schutz gegen Mäuse, Maulwürfe und Ratten. Am einfachsten sind senkrecht eingelassene exakt zugeschnittene Platten aus Styrodur (kein Styropor). Entscheidet man sich für ein Fundament aus Beton oder Steinen, muss es so tief in den Boden reichen, dass der Frost es nicht anhebt – also je nach Region auch tiefer als 40 cm. Ein in den Boden gelegtes Metallgitter ist nicht unbedingt erforderlich, denn Nager graben nicht so tief.

Bei sehr hohem Grundwasserstand (und nur dann) ist ein wasserdichter Schutz von unten erforderlich. Schutz vor Grundwasser bieten große Maurerkübel, die man bis zur Oberkante eingräbt, oder eine mit dem Fundament verbundene gegossene Bodenplatte aus Beton. Der Nachteil von derart geschlossenen Systemen: Wo kein Wasser hinein kommt, fließt auch kein Wasser heraus. Wenn unkontrolliert Wasser ins Frühbeet eindringt (z. B. wegen eines schadhaften Frühbeetdeckels), können die Tiere schlimmstenfalls ertrinken – was man durch diese Maßnahme eigentlich vermeiden wollte.

Einige Halter haben mit externen Überwinterungsgruben gute Erfahrungen gemacht, die für die Schildkröten vom Frühbeet aus zu erreichen sind. Der Eingang befindet sich im Frühbeet, die Grube selbst liegt neben dem Frühbeet.

◂ **Abb. 45.** Stroh isoliert hervorragend gegen Kälte.

24 Welches ist das beste Überwinterungssubstrat?

Zum Eingraben ist **Erde** aus der gewohnten Umgebung am besten geeignet. Sehr lehm- oder tonhaltiger Boden wird mit Sand, humoser Erde oder speziellem, im Handel erhältlichen Schildkrötensubstrat aufgelockert. Die Firma *Floragard* entwickelte 2011 eine torffreie Variante. Auch getrocknetes und verrottetes

Abb. 46. Baustelle Überwinterungsquartier; hier werden Seitenwände aus Porenbeton in die Erde eingelassen. Foto: C. DWORSCHAK

Abb. 47. Rettung in letzter Minute! In einer nach unten abgedichteten Überwinterungsgrube kann das Wasser nicht abfließen. Um ein Haar wären die Jungtiere ertrunken.

Abb. 48. Externe Überwinterungsgrube mit Zugang zum Frühbeet. Von Frühling bis Herbst wird die Grube von den Schildkröten zum Übernachten genutzt. Foto: L. PRAUSER

Abb. 49. Externe Überwinterungsgrube. Foto: L. PRAUSER

Abb. 50. Im Deckel ist eine Heizmatte befestigt. Foto: L. PRAUSER

Abb. 51. Begeistert wird das frische Buchenlaub genutzt.

Abb. 52. Gleich ist die Schildkröte für den Rest des Winters verschwunden.

Laub aus dem Überwinterungsquartier des Vorjahres kann eingearbeitet werden.

Zum Abdecken gibt es mehrere geeignete Substrate, beispielsweise **Buchenlaub, Eichenlaub, gemischtes Laub oder Stroh.** Stroh – am besten Bio-Weizenstroh aus demselben Jahr – isoliert besonders gut vor Kälte, schimmelt aber bei Bodenkontakt, wenn die Erde feucht ist bzw. befeuchtet wird. Buchen- und Eichenlaub nimmt Feuchtigkeit besonders gut auf und leitet sie ohne zu schimmeln weiter, isoliert aber nicht ganz so gut wie Stroh. Frisches Buchen- und Eichenlaub ist erst Ende Oktober verfügbar, während Stroh ganzjährig zur Verfügung steht. Trockenes Hainbuchen-, Haselnuss-, Walnuss-, Ahorn- oder Birkenlaub ist ebenfalls geeignet, zersetzt sich aber schneller. Weniger gut eignet sich meiner persönlichen Erfahrung nach Laub von Apfel- oder Birnbaum, da es bei Feuchtigkeit zusammenklebt.

Ich verwende das Laub direkt, wie es aus dem Wald kommt – also ohne es vorher zu trocknen. Es ist eine Freude zu sehen, wie begeistert meine Schildkröten sich in frisches „waldfeuchtes" Buchenlaub hineinwühlen. Inaktiv gewordene Tiere bekommen einen regelrechten Energieschub, bevor sie endgültig abtauchen.

25 Braucht meine Schildkröte ein Schlafhaus?

Hier gibt es keine eindeutig richtige oder falsche Antwort. Es kommt auf persönliche Vorlieben an.

Für ein Schlafhaus spricht:

Ein großzügiges Schlafhaus ist eine gute Möglichkeit, um Schildkröten bei strengem Frost vor Kälte zu schützen, denn unter dem Dach und an den Wänden lassen sich Heizmatten oder Heizkabel befestigen. Ein Schlafhaus erleichtert das Auffinden der Schildkröte.

Kleinere Schlafhäuser mit Boden sind hilfreich, um Schlüpflinge wiederzufinden und um sicherzustellen, dass sie sich nicht im ungeheizten Bereich vergraben. Geeignete Materialien für Schlafhäuser sind Nadelholz, Hartholz oder Siebdruckplatten. Hartschaum ist nur geeignet, wenn das Haus ausschließlich zur Überwinterung verwendet wird. Mäuse mögen dieses Material, und auch Schildkröten nagen gern daran herum. Wenn es sich um ein Schlafhaus mit Boden handelt, sollte es so tief wie möglich ins Erdreich eingelassen werden.

Gegen ein Schlafhaus spricht:
Viele Schildkröten lehnen Schlafhäuser instinktiv ab und ziehen es vor, sich im Wurzelbereich von Pflanzen einzugraben. Einige verhaken sich regelrecht darin. Eine niedrige „Höhle“ aus Backsteinen und einer aufgesetzten Steinplatte wird lieber angenommen als ein Schlafhaus. Wenn das Gewächshaus/Frühbeet ringsherum mit einem Fundament von mindestens 40 cm mäusesicher gemacht wurde, ist ein Schlafhaus nicht erforderlich.

Statt eines Schlafhauses mit Boden kann auch ein großer, in der Erde versenkter Maurerkübel die Suche erleichtern. In diesem Fall ist besonders darauf zu achten, dass sich in einem solchen Kübel kein Wasser sammeln kann. Gut gemeinte Bohrlöcher lassen Wasser nicht nur aus-, sondern auch eintreten.

26 Warum gräbt sich meine Schildkröte nicht ein?

Um „störrische“ Schildkröten in der Vorbereitungsphase zum Eingraben zu bewegen, müssen die Umgebungstemperaturen spürbar kühl sein. Heizung aus! Bei Temperaturen um die 5 °C verspüren viele Schildkröten keinen Anreiz, sich zu vergraben.
Selbstverständlich ist sicherzustellen, dass die Schildkröte nicht krank ist oder Eier legen möchte.

Abb. 53. Überwinterungskiste aus Siebdruckplatten mit Deckelheizung aus einem Heizkabel. Foto: S. Zeiler

27 Gibt es eine Schritt-für-Schritt-Anleitung für die Überwinterung?

Da die klimatischen Gegebenheiten sowohl bei uns als auch in den natürlichen Habitaten sehr unterschiedlich sind und sich die Witterungsverhältnisse Jahr für Jahr unterscheiden, ist es nicht möglich und auch nicht sinnvoll, einen allgemeingültigen Wochen- oder gar Tagesplan zu erstellen. Die Abfolge der einzelnen Schritte ist aber immer gleich.

Der folgende Ablaufplan bezieht sich auf meine eigenen Schildkröten mit ihrem Lebensraum in Nordwestdeutschland. Er dient als Orientierung. Die Monatsangaben können auf die eigenen klimatischen Verhältnisse abgestimmt werden:

Mitte September – Mitte Oktober: Bei herbstlichen Temperaturen stellen die Tiere allmählich das Fressen ein. Sie verkriechen sich an einem geschützten Platz oder beginnen sich zu vergraben. Beliebt sind Grasbüschel oder Wurzelbereiche von Sträuchern, von denen Laub herabfällt. Einige Individuen versuchen in dieser Phase energisch, aus ihrem Gehege auszubrechen. In dieser Phase sollte täglich kontrolliert werden, dass die Schildkröte nicht verschwindet; einige sind

Abb. 54. Überwinterungskiste mit Dämmung aus Styrodur. Foto: S. Zeiler

Abb. 55. Fertig zum Einzug! Foto: S. Zeiler

wahre Meister darin, sich im Gehege zu verstecken. Jeden Herbst häufen sich die Meldungen über vermeintlich gestohlene oder entlaufene Schildkröten, wobei die Tiere glücklicherweise öfter als gedacht im nächsten Frühjahr wieder im eigenen Gehege auftauchen. Die Überwinterung im Freigehege ist bekanntlich eine nicht ganz ungefährliche Angelegenheit. Damit es nicht zu ungewollten Freilandüberwinterungen kommt, hilft es, das Gehege rechtzeitig provisorisch zu verkleinern, beispielsweise mit Brettern oder aufgestapelten Ziegelsteinen.

Mitte Oktober – Anfang November: Die Tiere werden an den endgültigen Überwinterungsplatz im Gewächshaus oder Frühbeet gebracht, falls sie sich nicht von selbst dort eingefunden haben. Viel Stroh oder Laub wird aufgehäuft. Das Stroh oder Laub bleibt so lange liegen, bis sich die Schildkröten komplett in der Erde vergraben haben. Die Heizung bleibt in dieser Phase noch aus – es sei denn, es herrscht Dauerfrost.

November: Für die Sammelunterkünfte meiner derzeit neun adulten Exemplare wird ein Gitterrahmen auf provisorisch aufgestapelte Steine oder Bretterkonstruktionen gelegt. Dafür lässt sich ein Abdeckgitter, das im Sommer über dem Jungtiergehege liegt, gut verwenden. Ein Abstand von 20–25 cm zum Boden ist ideal. Kleine Schildkröten überwintern unter einem Schlafhaus ohne Boden, das einfach über die vergrabenen Tiere gestülpt wird. Heizkabel oder Heizmatten werden am Schlafhausdeckel oder an den Gitterrahmen angebracht und mit den Thermostaten verbunden. Zur Befestigung der Kabel am Schlafhaus eignen sich Nagelschellen oder festes Klebeband („Panzertape"). Am Gitterrahmen befestige ich die Kabel mit Pflanzenclips oder flechte sie durch die Maschen. Der Gitterrahmen wird

Abb. 56. Schlafhaus aus einer Hartschaumbox im Frühbeet mit Heizmatte unter dem Holzdeckel.

Abb. 57. Ein Maurerkübel bietet Sicherheit gegen Nager und eindringendes Grundwasser.

Abb. 58. Ein niedriger Unterschlupf aus Stein wird sehr gern angenommen.

mit Kokosmatten, alten Wolldecken, locker aufgelegten Dämmplatten oder anderem verfügbaren Material abgedeckt. Kein dicht schließendes Plastik – Schimmelgefahr! Der Eingang des Schlafhauses wird mit Tannengrün oder Moos verschlossen.

Ende November: Stroh wird bis auf eine dünne Schicht entfernt; Laub kann liegen bleiben. Jetzt kann die Heizung in Betrieb gehen. Die Thermostate werden so eingestellt, dass die Heizung bei etwa 3 °C anspringt. Die Fühler der Thermostate stecken einige Zentimeter tief unter der Erde und werden mit einem Stein beschwert. Zur Kontrolle werden in jedem Einzelquartier Thermometer angebracht. Die Heizung nimmt normalerweise erst bei einer Außentemperatur von deutlich unter 0 °C ihren Betrieb auf. Es ist also eine sehr energiesparende Heizmethode. Möglich ist es auch, das komplette Gewächshaus/Frühbeet mit einem elektrischen Frostwächter zu beheizen, was aber deutlich kostenintensiver ist.

Dezember – Februar: Die Minimum-Maximum-Thermometer werden regelmäßig abgelesen. Die Thermostate werden gegebenenfalls nachreguliert. Ein Datenlogger, der die Temperatur auf einen Computer übermittelt, ist zwar nicht unbedingt erforderlich, leistet aber gute Dienste. Gelegentlich wird die Abdeckung angehoben, um nach dem Rechten zu sehen. Schildkröten, die von sich aus an die Erdoberfläche kommen, werden auf Pilzbefall und Panzerröte kontrolliert. *Testudo hermanni hermanni* und *Testudo marginata* neigen dazu, an wärmeren Tagen kurz nach oben zu kommen, sich etwas aufzuwärmen und anschließend wieder in ihren unterirdischen Verstecken zu verschwinden. Dies ist auch im natürlichen Lebensraum der Fall und kein Grund zur Besorgnis (WEGEHAUPT 2006, JENNEMANN 2013). Mausefallen oder -köder werden ebenfalls regelmäßig kontrolliert.

Abb. 59. Die Schildkröten werden an ihren endgültigen Überwinterungsort gebracht. Substrat zum Eingraben steht zur Verfügung.

März: Die Abdeckungen werden von den Quartieren entfernt. Die Sonne erwärmt Boden und Substrat. Eine Schildkröte nach der anderen kommt zum Vorschein. Einige meiner Schildkröten regen sich schon bei einer Bodentemperatur von etwa 9 °C, andere bleiben bis zu Tagestemperaturen von etwa 14 °C unter der Erde. An trüben Tagen spendet eine thermostatgesteuerte Lampe Wärme. Ich verwende für den Außenbereich geeignete PAR-38-Strahler aus der Zeit vor der Energiewende mit einer Stärke von 70 oder 100 Watt. Die heutzutage erhältlichen Halogenstrahler haben eine geringere Wärmeausbeute, können aber ebenfalls verwendet werden. In den Nächten heize ich nur bei Frost ein wenig zu.

28 Was tun bei strengem Frost?

Bei eisiger Kälte wird das Winterquartier mit einer zusätzlichen Strohschicht, alten Wolldecken, gefüllten Strohsäcken, Tannengrün (z. B. vom ausgedienten Weihnachtsbaum) oder ähnlichem isolierenden Material zugedeckt. Bei extremen Minustemperaturen lege ich rings um das Ge-

Abb. 60. Die Heizung bleibt in dieser Phase noch aus. Ein zu frühes Heizen würde verhindern, dass sie sich tief genug eingraben.

Abb. 61. Heizmatten und Heizkabel werden installiert.

Abb. 62. Robuster Thermostat der Firma *Biogreen*: feuchtraumgeeignet und kinderleicht zu programmieren.

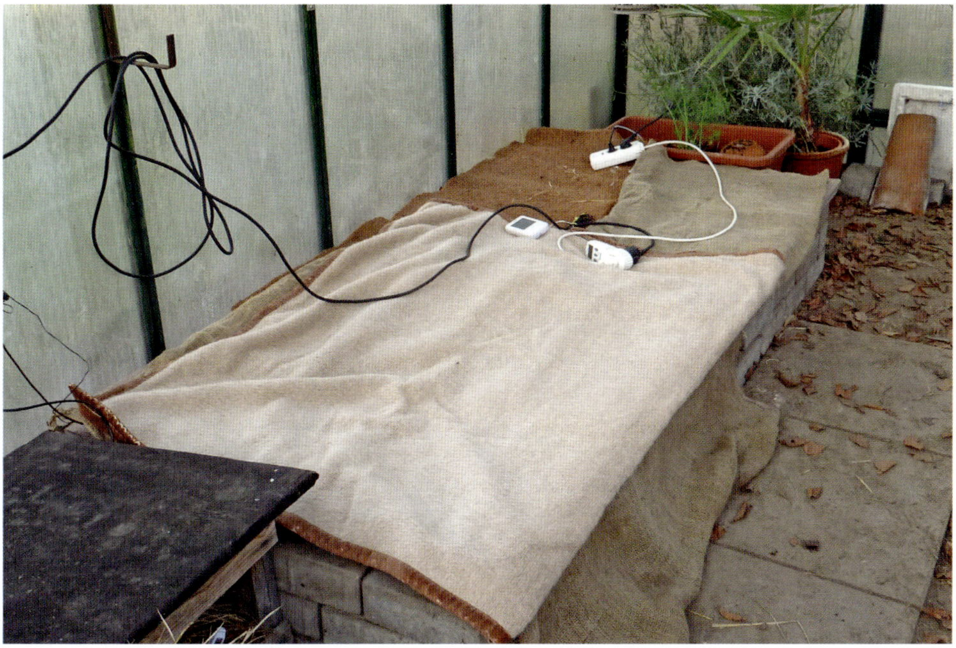

Abb. 63. Der Gitterrahmen wird mit Kokosmatten, alten Wolldecken, locker aufgelegten Dämmplatten oder anderem verfügbaren Material abgedeckt. Nun kann die Heizung in Betrieb gehen.

Abb. 64. Eiszeit im Schildkrötengehege

▸ **Abb. 65.** Frühlingswerwachen: Eine nach der anderen kommt zum Vorschein.

Abb. 66. Bei strengem Frost werden die Quartiere zusätzlich in Stroh und Decken eingehüllt.

Abb. 67. Selbstgebaute Heizung aus wassergefülltem Kanister mit einem Aquarienheizstab.

wächshaus außen eine Dämmschicht aus Strohballen, Tannenzweigen, Grün von Koniferen oder was sonst gerade verfügbar ist. Schnee hat eine ausgesprochen gute Isolationswirkung – ist aber leider in Norddeutschland, dem Standort meiner Freilandterrarien, Mangelware.

In einem strengen Winter hatte ich einen mit Wasser gefüllten Kanister mit einem 50-W-Aquarienheizstab als Zusatzheizung im Einsatz. Eine eisige Nacht mit Temperaturen um –18 °C überstand der Heizstab allerdings nicht. Die Schildkröten hingegen erlitten keinen Schaden.

Wenn man mehrere große Tee- oder Grablichter in einen Metallkorb stellt (z. B. Papierkorb) hat man eine kleine Zusatzheizung, die sich natürlich nicht für den Dauerbetrieb eignet. Achtung! Diese Heizmethode ist nur für geräumige Frühbeete oder Gewächshauser geeignet. Stroh oder trockenes Laub darf nicht in unmittelbarer Nähe liegen, Brandgefahr!

Schildkröten vertragen kurzfristige Minusgrade in ihren Überwinterungsgruben, die in der Regel durch Heizmatten oder Heizkabel gegen Dauerfrost geschützt sind (vgl. dazu Klimatabellen, Frage 6). Wer dieser Heizmöglichkeit nicht traut, nimmt zusätzlich einen Frostwächter in Betrieb. Darüber freut sich besonders der Stromanbieter.

29 Wie schütze ich meine Schildkröten vor Fressfeinden?

In sehr kalten Wintern oder wenn eine gewohnte Nahrungsquelle versiegt, gehen hungrige Wanderratten auch an Schildkröten. Aus eigener Erfahrung kann ich bestätigen, dass Brandmäuse sich in Notzeiten ebenfalls an Schildkröten vergreifen, auch wenn diese ansonsten nicht in ihr Beuteschema gehören. Gefährdet sind Schildkrö-

Abb. 69. Grausiger Fund: leergefressene Panzer.

Abb. 68. Tannenzweige als Wärmeschutz.

Abb. 70. Der Übeltäter – eine Brandmaus.

ten, die sich nicht komplett in der Erde eingegraben haben, und ganz besonders Schlüpflinge mit ihren noch nicht zusammengewachsenen Knochenplatten unter den Hornschilden des Bauchpanzers.

Ein Fundament von mindestens 40 cm Tiefe oder ein in die Erde versenkter Maurerkübel schützt gegen Ratten, Maulwürfe und Wühlmäuse. Auch wenn die Nager es nicht in jedem Fall auf Fleisch abgesehen haben, können sie die überwinternden Schildkröten durch ihre Grabaktivitäten doch nachhaltig stören. Brandmäuse kommen auch durch bleistiftschmale Schlitze im Eingangsbereich eines Frühbeets, beispielsweise durch eine nicht dicht schließende Pendelklappe. Hier hilft nur eine gute Mausefalle, die so aufgestellt ist, dass die Schildkröten auf keinen Fall hineingeraten. Als Köder haben sich Schokolade oder Nuss-Nougat-Creme bestens bewährt.

Schildkröten, die ungeschützt im Freiland überwintern, sind nicht nur durch Nager, sondern auch durch Hunde, Füchse und Wildschweine gefährdet.

30 Wie heize ich das Winterquartier?

Nachfolgend eine Gegenüberstellung meiner subjektiven Erfahrungen mit verschiedenen Heizmöglichkeiten. Die Darstellung macht deutlich, warum ich mich für Heizmatten entschieden habe.

Abb. 71. Schlafhaus aus Holz mit einer thermostatgesteuerten Heizmatte als Deckelheizung.

	Heizmatte	Heizkabel	Frostwächter	Dunkelstrahler
				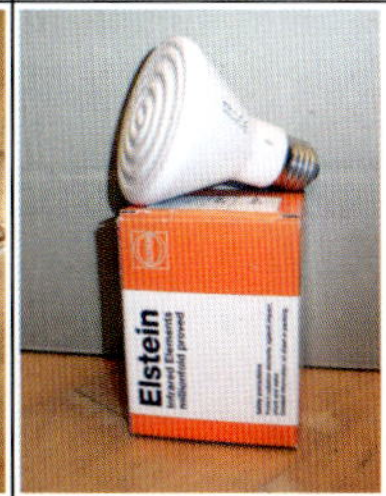
Montage	direkt über der Überwinterungsgrube im Deckel des Schlafhauses oder auf ein Gitter gelegt	direkt über der Überwinterungsgrube in ein Gitter geflochten oder an einem Deckel angebracht	Wand des Gewächshauses oder Frühbeetes an einer speziellen Vorrichtung	hängend im Gewächshaus, Frühbeet oder großem Schlafhaus
Stromverbrauch	sehr niedrig	niedrig	sehr hoch	mittel – hoch
Preis	für 30–40 W ab 30 €	für 50 W ab ca. 28 €	für 500 W ab 15 €	für 60–100 W ab 15 €
Vorteile	gleichmäßige Verteilung der Wärme sehr effektiv	flexibel in jeder Form verlegbar	–	im Schlafhaus hohe Wärmeerzeugung
Nachteile	–	Beheizung weniger effektiv und weniger gleichmäßig als mit einer Heizmatte	wenig effektiv; warme Luft steigt nach oben, bringt Schnee auf dem Frühbeet zum Schmelzen (Isolierfunktion geht verloren); Deckel kann dadurch festfrieren, genügend Abstand zu Stroh und Laub erforderlich	

Abb. 72. Nicht nur die Schildkröten fühlen sich in diesem Gewächshaus wohl.

Die Kühlschranküberwinterung

31 Welcher Kühlschrank ist geeignet?
Jeder handelsübliche Kühlschrank ohne Gefrierfach ist geeignet. Wer Energie sparen möchte, stimmt das Volumen des Kühlschranks auf die Zahl der zu überwinternden Tiere ab: Wenige Tiere – kleiner Kühlschrank.
Viele Halter bevorzugen Weinkühlschränke. Diese lassen sich genauer regulieren und sind, da sie mit Peltierelementen betrieben werden und keinen Kompressor besitzen, vibrationsärmer. Manche Geräte arbeiten allerdings erst ab einem Temperaturbereich von 8 °C. Darauf ist bei der Anschaffung zu achten.
Die Überwinterung in Inkubatoren mit Kühlfunktion erfordert Erfahrung und engmaschige Kontrollen. Nutzer berichten von Abweichungen der im Display angezeigten und der tatsächlichen Temperatur.

Abb. 73. Überwinterungsboxen in einem handelsüblichen Lebensmittelkühlschrank. Foto: B. Papenburg

Abb. 74. Inkubator mit Kühlfunktion. Foto: A. Wendt

32 Wann können sie in den Kühlschrank?

Bis zum ersten Dauerfrost bleiben die Schildkröten in ihrer gewohnten Umgebung, also in der Regel im Frühbeet oder Gewächshaus. Wenn die Bodentemperatur in der Überwinterungsgrube 3–5 °C beträgt, ist der perfekte Zeitpunkt für den Umzug in den Kühlschrank gekommen. Die Tiere werden dann so fest „schlafen", dass sie den Umzug nicht bemerken.

33 Wie sollte die Überwinterungsbox beschaffen sein?

Geeignet sind Kunststoffbehältnisse. Kein Holz, kein Pappkarton! Je nach Feuchtigkeitsmanagement kann man offene oder geschlossene Boxen oder auch Plastikkörbe verwenden. Die Box sollte so groß sein, dass sich die Schildkröte bequem drehen kann. Es können mehrere kleine Schildkröten in ein und derselben Box untergebracht werden. Falls die Boxen gestapelt werden, muss für ausreichend Abstand zwischen den Boxen gesorgt werden, damit Luft zirkulieren kann.

34 Wie richte ich die Überwinterungsbox her?

In der Box sollte es leicht feucht, keinesfalls nass sein. Eine zu hohe Substatfeuchte und bakterielle Infekte scheinen in einem engen Zusammenhang zu stehen. Darauf weisen Erfahrungsberichte hin, wie man sie in sozialen Netzwerken und in Schildkrötenforen lesen kann. Besonders die Steppenschildkröte (*Testudo hosfieldii*) ist anfällig für Nekrosen und Schnupfen bei zu hoher Feuchtigkeit (Fass 2013). Luftaustausch verhindert die Verbreitung kälteliebender Keime, z. B. Schimmel. Nachfolgend zwei von vielen erprobten Methoden:

Methode 1

Man nehme eine Plastikbox ohne Löcher und fülle sie etwa zur Hälfte mit lockerer Gartenerde. Bei sehr lehmigem Boden kann man spezielles Schildkrötensubstrat, wie es beispielsweise von der Firma *Floragard* angeboten wird, beimischen. In die Erde drückt man eine Mulde, in die die Schildkröte gesetzt wird. Die Erde mitsamt Schildkröte

Abb. 75. Methode 1 – Überwinterung in mit Erde gefüllten Boxen. Abgedeckt werden sie mit einem durchlöcherten Deckel oder einem Handtuch.

wird mit Laub oder Moos aus dem Garten abgedeckt. Auch Torfmoos (*Sphagnum*) wird häufig verwendet. Bei diesem Substrat ist besonders darauf zu achten, dass es nicht zu viel Wasser aufgesogen hat. Wenn beim Auswringen kein Wasser heraustropft, ist der Feuchtigkeitsgrad in Ordnung.
Abgedeckt wird die Box mit einem Küchenhandtuch, das etwa alle 10–14 Tage nachgefeuchtet wird. Entscheidet man sich für einen Deckel, muss dieser unbedingt mit mehreren großen Luftlöchern versehen sein. Sollte eine Schildkröte während der Winterstarre unruhig werden, hat sie unter einem geschlossenen Deckel allerdings wenig Chancen, sich bemerkbar zu machen. Daher halte ich das Handtuch zum Abdecken für die bessere Lösung.

Methode 2

Als Behälter dienen Gitterkörbe, die mit trockenem Biostroh gefüllt werden. Damit der Kühlschrank nicht verschmutzt, kann man die Körbe mit Insektengaze auslegen. Oben sind die Behälter offen. Das Stroh wird ab und zu mit Wasser besprüht, sodass die Luftfeuchtigkeit stets um die 50 % beträgt.

Abb. 76. Methode 2 – Überwinterung in mit Stroh gefüllten Körben.

Unabhängig von der gewählten Methode muss der Kühlschrank alle paar Tage geöffnet werden, um Frischluft hineinzulassen.

35 Alles unter Kontrolle?

Was muss ich alles kontrollieren?

Aktivität

Besonders in der Anfangsphase sollte alle paar Tage kontrolliert werden, ob sich die Schildkröten ruhig verhalten. Später reicht eine Kontrolle pro Woche. Die Tiere bewegen sich und suchen manchmal einen anderen Platz auf. In dieser Phase wird sogar gelegentlich noch Kot abgegeben, was kein Grund zur Besorgnis ist. Wenn die Schildkröte jedoch nicht zur Ruhe kommt, sogar versucht, an den Wänden hochzuklettern oder den Halter anblickt, ist Auswintern angesagt. Das Tier ist mit ziemlicher Sicherheit nicht gesund.

Schimmel

Das Substrat muss auf Schimmelbefall kontrolliert und nötigenfalls ausgetauscht werden.

Temperatur

Die Temperatur wird am besten mit einem oder mehreren außen ablesbaren Thermometern überwacht; deren Fühler wurden zu-

Frühlingserwachen

40 Wie lange dauert die Winterruhe im natürlichen Lebensraum?

Je nach Klimazone und Schildkrötenart kann die Winterruhe bei Europäischen Landschildkröten zwischen dreieinhalb und fünfeinhalb Monate dauern – also von Mitte November bis Anfang März oder auch von Ende Oktober bis Mitte April (IVANCHEV 2007).
Testudo hermanni hermanni überwintert in der Regel kürzer als *Testudo hermanni boettgeri*. Am längsten hält es die Steppenschildkröte (*Testudo horsfieldii*) unter der Erde aus. Im südlichen Usbekistan sind Steppenschildkröten weniger als drei Monate des Jahres aktiv, da deren Sommerruhe (Ästivation) nahtlos in die Winterstarre übergehen kann (FASS 2013). Aber auch innerhalb der Unterart hat jede Schildkröte ihren individuellen Rhythmus. Männchen haben oft eine längere Aktivitätsphase als Weibchen. Je eher ein Tier die Winterruhe antritt, desto später kommt es nach meinen Beobachtungen wieder zum Vorschein.

41 Wie lange dauert die Winterruhe in menschlicher Obhut?

„3–5 Monate (gerechnet vom Tag der letzten Futteraufnahme)" – so lauten gängige Empfehlungen. Das heißt, Schildkröten in menschlicher Obhut steht durchschnittlich weniger Überwinterungszeit zur Verfügung als beispielsweise ihren wildlebenden Artgenossen in Nordgriechenland oder Mazedonien. Dies hat Auswirkungen auf das Wachstum, aber auch auf den Paarungs- und Eiablagerhythmus.
Ich persönlich würde die Ruhephase einer zu überwinternden Schildkröte nach spätestens 5,5 Monaten beenden, wenn sie von selbst nicht aktiv wird. Mir sind aber auch Schildkröten bekannt, die nach über sechs Monaten offensichtlich gesund wieder aufgetaucht sind.

42 Meine Schildkröte hat einen rötlichen Bauchpanzer. Soll ich sie auswintern?

Dieses Phänomen tritt bei im Kühlschrank überwinterten Schildkröten hin und wieder auf, während es in anderen Überwin-

◂ **Abb. 78.** Juvenile *Testudo hermanni boettgeri* gräbt sich ans Tageslicht.
Abb. 79. Schildkröte mit behandlungsbedürftiger Sepsis. Foto: C. DWORSCHAK

terungsquartieren sehr selten ist bzw. von selbst zurückgeht und deshalb gar nicht erst bemerkt wird. Noch vor einigen Jahren wurde bei einer Rotfärbung des Plastrons generell von einer Sepsis (Blutvergiftung) ausgegangen. Neueren Veröffentlichungen zufolge (JENNEMANN 2013, BIDMON 2014) handelt es sich aber in den meisten Fällen nicht um eine lebensbedrohliche Sepsis, sondern um eine bakterienfreie Einblutung in das Unterhautbindegewebe des Plastrons, die von selbst zurückgeht, sobald die Schildkröte sich erwärmt und der Stoffwechsel sein normales Niveau erreicht hat – was nicht heißt, dass die Schildkröte gesund ist. Sie sollte auf jeden Fall ausgewintert werden. Diese Einblutungen werden beispielsweise durch eine ungesunde Anreicherung von Stoffwechselprodukten im Körper der Schildkröte ausgelöst. In anderen Fällen kann es sich um eine Schutzreaktion gegen von außen eindringende Keime handeln (JENNEMANN 2013).

Wie erkennt man nun als Laie, ob es sich um eine Sepsis oder um vergleichsweise harmlose Einblutungen handelt?

Abb. 80. Behandlungsbedürftiger Pilzbefall am Plastron …

Abb. 81. … und am Carapax.

Wird die Schildkröte aktiv und nimmt von sich aus Futter auf, ist eine Sepsis unwahrscheinlich. Die Einblutungen werden innerhalb weniger Tage zurückgehen. Je dunkler die Verfärbung, desto höher ist das Risiko, dass eine Sepsis vorliegt. Letztendlich gibt nur ein Labortest durch den Fachtierarzt Aufschluss (BIDMON 2014).

Bei der Diagnose Sepsis wird der Tierarzt Antibiotika verabreichen. Wenn irgend möglich, sollten die Erreger vorab bestimmt und gezielt behandelt werden. Antibiotika stellen eine enorme Belastung für Niere und Leber dar, deren Langzeitfolgen manchmal erst Monate oder sogar Jahre nach der Behandlung zutage treten können.

Um die Ursachen für Einblutungen von vornherein zu vermeiden, werden möglichst niedrige Überwinterungstemperaturen empfohlen, außerdem ausreichende Sauerstoffzufuhr und ein nicht übermäßig feuchtes Substrat. Bei Schildkröten, die zu Panzerröte neigen, kann man die Winterruhe für 2–3 Wochen unterbrechen, um ihnen die Gelegenheit zu geben, mit dem Harn angereicherte Stoffwechselprodukte auszuscheiden (JENNEMANN 2013, BIDMON 2014). Denn auch in freier Wildbahn oder im Gewächshaus ist es nicht unüblich, dass Schildkröten an sonnigen Tagen von selbst nach oben kommen, sich sonnen, eventuell sogar ein paar Häppchen fressen, Harn abgeben und schließlich wieder in ihrem Versteck verschwinden.

43 Weiße Verfärbungen am Panzer – ist eine Auswinterung erforderlich?

Ein Phänomen, das im Kühlschrank, im Frühbeet, aber auch in freier Wildbahn auftreten kann, sind hornzersetzende Pilze und Bakterien. Sie äußern sich als weiße oder hellgelbe Flecken am Panzer, die sich nicht abwischen lassen. Bei Befeuchtung der betreffenden Stelle oder nach der Behandlung mit Öl scheinen die Flecken zu verschwinden; nach dem Trocknen sind sie wieder da. Schildkröten, die bereits vor der Winterstarre infiziert waren, laufen Gefahr, dass sich der Befall weiter ausbreitet. Feuchtes Substrat fördert die Ausbreitung. Aber auch die Überwinterung in trockenem, vergleichsweise hygienischen Substrat (Papier, Küchentücher) stoppt den Befall nicht, wenn die Schildkröte die Erreger bereits in sich trägt. Gefährdete Tiere sollten ab Februar engmaschig kontrolliert und gegebenenfalls ausgewintert werden. Die befallenen Stellen müssen vom Tierarzt restlos abgeschliffen und mit einer entsprechenden Tinktur behandelt werden.

44 Wie lange dauert die Phase des Aufwachens?

Wer mehrere Schildkröten hält, weiß, dass sich das „Frühlingserwachen" von Tier zu Tier unterschiedlich gestaltet. Wird eine Schildkröte Mitte Januar ausgewintert und ins Terrarium gesetzt, kann es zwei Wochen dauern, bevor sie zum ersten Mal Nahrung aufnimmt. Denn leider sehen nur wenige Halter die Notwendigkeit, passende Lichtverhältnisse zu schaffen. Wenn eine Schildkröte Mitte März im sonnenbeschienen Gewächshaus, Frühbeet oder Wintergarten von selbst aufwacht, nimmt sie meist noch am gleichen Tag Futter an und läuft neugierig herum. Die Männchen beginnen sofort mit Balzaktivitäten. Aber auch eine Schildkröte, die tagelang von ihrem Erdloch aus ihre Umgebung beobachtet, bevor sie sich zu ihren ersten Aktivitäten „entschließt", muss kein Anlass zur Sorge sein – sofern sie dieses Verhalten Jahr für Jahr in ähnlicher Weise an den Tag legt.

▸ **Abb. 82.** Frühlingserwachen!

45 Wie beende ich die Winterstarre im Kühlschrank?

Bei der Kühlschranküberwinterung entscheidet der Halter über den Zeitpunkt der Auswinterung. Gesunde Exemplare bleiben im Kühlschrank, bis es im Freilandterrarium keinen strengen Dauerfrost mehr gibt – also in der Regel bis zur ersten oder zweiten Märzwoche. Dann werden sie im Ruhezustand zurück in ihr Frühbeet gebracht und erwachen idealerweise an der Stelle, wo sie sich im Herbst vergraben haben.

Sollte die Schildkröte trotz konstanter Kühlschranktemperaturen von selbst wach werden und womöglich mit geöffneten Augen durch ihre Box wandern, hat dies höchstwahrscheinlich gesundheitliche Ursachen. Das Tier muss kontrolliert und auf „Betriebstemperatur“ gebracht werden, notfalls in einem Übergangsterrarium.

46 Wie unterstütze ich den Auswinterungsvorgang?

Ein lauwarmes Bad tut den Schildkröten zwei bis drei Tage nach dem Erwachen gut. Manche Tiere trinken in tiefen Zügen und geben anschließend den typischen schleimigen „Winterurin“ ab.

In der Nacht und an kühlen Tagen, wenn die Sonneneinstrahlung nicht reicht, um das Frühbeet ausreichend hoch zu temperieren, muss moderat zugeheizt werden. Dabei sollte man sich an den Temperaturen im Habitat orientieren. Keinesfalls sollte jetzt schon der Hochsommer simuliert werden.

Abb. 83. Die Tiere haben ihre Überwinterungsgrube verlassen.
◂ **Abb. 84.** Jungtiere beim Beenden der Winterstarre.

Abb. 85. In der Regel wird 2–3 Tage nach Beenden der Winterstarre schleimiger Urin abgegeben, der Urate enthält.

47 Brauche ich ein Übergangsterrarium?

Steht kein beheizbares Frühbeet zur Verfügung, handelt es sich um ein sehr kaltes Frühjahr oder ist eine Schildkröte krank, kann die Unterbringung in einem Übergangsterrarium oder Innengehege notwendig werden. Hier heißt die Devise Licht! Licht!! Und noch einmal Licht!!! Ein ungeheiztes Zimmer mit einem Südfenster oder ein Wintergarten sind ideale Standorte. Das Innengehege oder Terrarium wird so hoch mit Erde gefüllt, dass man junge Futterpflanzen mit Wurzel einsetzen kann. Die Fläche wird teilweise mit Laub oder Moos bedeckt, denn Schildkröten – insbesondere Jungtiere – sitzen nicht gern auf dem „Präsentierteller". Die Temperaturen sollten sich an den Frühjahrstemperaturen des natürlichen Lebensraums orientieren. Nachts werden die Temperaturen kräftig abgesenkt. Ein Spot, unter dem sich die Schildkröte aufwärmen kann, bietet schon vom ersten Tag an stundenweise Temperaturen von 30–35 °C. Keine Angst vor einem Kreislaufkollaps! In einem Terrarium, das groß genug für unterschiedliche Temperaturzonen ist, wird die Schildkröte instinktiv wissen, wieviel Wärme sie verträgt.

48 Was bedeutet „Posthibernale Anorexie"?

Ein Expertenrat lautet, dass Schildkröten spätestens vier Tage nach der Auswinterung Futter aufnehmen sollen, da ein sinkender Blutglucosespiegel dazu führe, dass der Stimulus für die Nahrungsaufnahme verlorengehe (CHRISTEN 2005). Dieses Phänomen wird „Posthibernale Anorexie" genannt – wörtlich übersetzt „Nachwinterliche Appetitlosigkeit".

Was wie der Name einer Krankheit klingt, ist eigentlich die Folge einer Erkrankung oder die Folge falschen Temperatur- und Lichtmanagements. Möglich ist auch, dass die

Abb. 86. Übergangsterrarium – eine hochwertige Beleuchtung ist ein MUSS.

Abb. 87. Erde, Laub, eingepflanzete Futterpflanzen – so fühlen sich junge Schildkröten im Übergangsterrarium wohl. Unebenheiten helfen, damit sich Schildkröten, die auf den Rücken gefallen sind, von selbst wieder umdrehen können.

Abb. 88. Wildpflanzen, die bereits im zeitigen Frühjahr (Ende Februar/Anfang März) zur Verfügung stehen, bieten einen abwechslungsreichen Speiseplan. Gerade nach einer Posthibernalen Anorexie ermöglichen sie in Verbindung mit dem richtigen Licht- und Temperaturmanagement einen guten Start in die neue Saison.

Giersch
Aegopodium podagraria
Giersch ist eine der ersten Pflanzen, die sich im Frühjahr zeigen. Wenn die Blätter noch jung und glänzend sind, werden sie von den Schildkröten gern angenommen. Später werden sie nur noch „im Notfall" gefressen.

Hauswurz
Sempervivum tectorum
Hauswurz ist eine winterharte Pflanze, die man Jungtieren zum Knabbern ins Frühbeet oder Terrarium setzen kann.

Karde
Dipsacus silvestris
Auf der Wiese überlebt die Rosette der Karde zweistellige Minusgrade. Das Verpflanzen verträgt sie gut. Falls im Winter ein Terrarienaufenthalt nötig sein sollte, dient sie als willkommenes Frischfutter.

Kriechender Hahnenfuß
Ranunculus repens
Der Kriechende Hahnenfuß bildet bereits im Februar das erste Grün. Schildkröten, die aus der Winterstarre kommen, sind verrückt danach. Selbst „mäkelige" Tiere bekommt man damit zum Fressen. Er gilt als schwach giftig, allerdings **erst beim Auftreten der Blüte.**

Wilde Malve
Malva sylvestris
Ein unverwüstliches „Unkraut", das auch an milden Wintertagen frisches Grün bildet. Besonders üppig gedeiht sie am Komposthaufen.

Nachtviole
Hesperis matronalis
Die Blätter der Nachtviole schmecken den Schildkröten in der Zeit von Februar bis April. Danach werden sie normalerweise nicht mehr angerührt.

Raue Gänsedistel
Sonchus asper
Die extrem anspruchslose Pflanze überwintert als Rosette. Sie kann problemlos ins Terrarium gepflanzt werden, wo sie schnell zu einer beachtlichen Größe heranwächst.

Polsterglockenblume
Campanula portenschlagiana
Die Staude fühlt sich im Steingarten wohl und säht sich gern in Plattenritzen aus. Sie ist unempfindlich gegen Frost. Den gesamten Winter hindurch kann man die feinen Blätter ernten.

Zimbelkraut
Cymbalaria muralis
Eine Pflanze aus der Heimat der mediterranen Landschildkröten. Mit den filigranen Blättern des Zimbelkrauts bekommt man zwar keine ausgewachsene Schildkröte satt, aber sie eignen sich als schmackhaftes Beifutter.

Schildkröte einfach noch nicht bereit für die Auswinterung war. Tiere, die sich selbstständig auswintern, leiden so gut wie nie unter Posthibernaler Anorexie. Wenn organische Ursachen ausgeschlossen werden können, verabreicht der Tierarzt Glucose und Vitamine und die Tiere beginnen anschließend normalerweise zügig mit dem Fressen. Von meinen bisher 150 Nachzuchten ist noch kein Exemplar an Posthibernaler Anorexie zugrunde gegangen, selbst wenn einige von ihnen eine Woche oder länger bis zur ersten Nahrungsaufnahme brauchten. Bevor man einen Tierarzt einschaltet, kann man selbst Maßnahmen ergreifen, um eine „mäkelige" Schildkröte zum Fressen zu animieren.

49 Wie animiere ich sie zum Fressen?

Lauwarme Bäder wirken Wunder. Natürliches Sonnenlicht wirkt appetitanregend. Wenn keine natürliche Sonne zur Verfügung steht, tut es auch eine hochwertige Licht- und UV-Quelle, beispielsweise die 300 W starke *Ultra Vitalux* der Firma *Osram* oder eine baugleiche Lampe. Jungtiere sind gierig auf tierisches Eiweiß. „Mäkelige" Tiere bekommen zum Anfüttern ein paar Messerspitzen (nicht mehr!) Katzenfutter aus der Dose. Es ist immer wieder überraschend, wie aufgeregt und interessiert sie sich fleischlicher Kost zuwenden. Ist der Appetit erst einmal geweckt, nehmen sie auch Grünfutter an. Unwider-

Abb. 89. Ein lauwarmes Bad wirkt appetitanregend.

stehlich im zeitigen Frühjahr sind Kriechender Hahnenfuß, Broccoli aus dem eigenen Garten, Raps oder Feldsalat – auch wenn es zugegebenermaßen gesündere Futterpflanzen gibt. Nehmen sie erst einmal Grünfutter an, kann man zu Löwenzahn, Gänsedisteln, Rainkohl, zarten Gierschblättchen oder Sukkulenten übergehen.

50 Auf welche Alarmzeichen muss ich nach der Auswinterung achten?

Für geschwächte Tiere ist die Umstellung auf den Frühjahrsmodus eine besondere Herausforderung. Manche Krankheiten treten erst zutage, nachdem die Schildkröte schon einige Tage aktiv gewesen ist.

Sitzt die Schildkröte übermäßig lange unter der Wärmelampe und sucht auch abends nicht ihren Schlafplatz auf? Verweigert sie Futter? Nimmt sie stark ab? Läuft die Nase? Zuckt sie häufig unwillkürlich zusammen, zieht den Kopf ein und macht Pressbewegungen? Hält dieser Zustand über mehrere Tage an? Helfen auch lauwarme Bäder und eine hochwertige Lichtquelle nicht? Dann ist eine Untersuchung beim Fachtierarzt angesagt.

Abb. 90. (oben). Unterteilte Pflanzschalen einfach im Herbst mit Gartenerde füllen und im Gewächshaus aufbewahren. Frühjahrsfutter entwickelt sich von selbst.
Abb. 91. Die erste Mahlzeit nach der Winterstarre.
▸ **Abb. 92.** Eine Pflanzschale (vgl. Abb. 105) mit Frühjahrsfutter wurde im Terrarium platziert.

Anhang

Checkliste für eine erfolgreiche Überwinterung

- Es sind keine gesundheitlichen Beeinträchtigungen wie Einblutungen in den Panzer oder Pilzbefall festzustellen.
- Die Schildkröte hat keine Bissverletzungen durch Nagetiere.
- Sie nimmt spätestens nach einigen Tagen Nahrung auf.
- Sie sucht tagsüber helle und warme Plätze auf und zieht sich nachts in einen kühleren, dunklen Unterschlupf zurück. Die Augen sind nach wenigen Tagen weit geöffnet und glänzen wie schwarze Stecknadelköpfe.
- Das Tier erkundet bei Licht und Wärme munter seine Umgebung.
- Innerhalb der ersten Woche werden Urin und Urat abgegeben. Spätestens zwei Wochen nach der ersten Nahrungsaufnahme wird Kot ausgeschieden.

Trifft einer dieser Punkte nicht zu? Dann ist genaues Beobachten und gegebenenfalls spezielle Pflege und eine tierärztliche Untersuchung notwendig.
Alle genannten Punkte treffen zu? **Herzlichen Glückwunsch!** Ihre Schildkröte hat gute Voraussetzungen für ein gesundes und zufriedenes Schildkrötenjahr.

Datenblatt zur Kontrolle und zum Vergleich von Eckdaten (Kopiervorlage)

Jahr: .... / ....

Name/Nr.	Letzte Nahrungsaufnahme	Vergraben von ... bis ...	Gewicht vor der Überwinterung	Gewicht nach dem Auswintern
			Datum: Gewicht:	Datum: Gewicht:
			Datum: Gewicht:	Datum: Gewicht:
			Datum: Gewicht:	Datum: Gewicht:
			Datum: Gewicht:	Datum: Gewicht:

◂ **Abb. 93.** Dieses Tier hatte sich im Frühbeet nur sehr oberflächennah eingegraben.

Danksagung

Danken möchte ich allen meinen Schildkrötenfreunden und -freundinnen, die mich bei diesem Buch mit Erfahrungsberichten und der Bereitstellung von Fotos unterstützt haben, insbesondere bei den Mitgliedern des *Schildkrötenstammtisches Hannover* und des Diskussionsforums auf der Internetseite www.landschildkroeten-forum.eu. Mein ganz besonderer Dank geht an CHRISTINE DWORSCHAK, BERND PAPENBURG und SUSANNE NOLTE, die mich zu diesem Buchprojekt ermutigt haben. Ich danke IVO IVANCHEV und IVA LALOVSKA für die Beantwortung meiner vielen Fragen und für aktuelle Informationen über den Überwinterungsverlauf im natürlichen Lebensraum. Ein großes Dankeschön geht an meinen Mann EMILIO – unentbehrlich bei der Schildkrötensuche in freier Wildbahn. Mein Dank gilt außerdem ANDREAS S. HENNIG für die intensive Auseinandersetzung mit dem Manuskript und ANDREA K. HENNIG für das Layout.

Abb. 94. Alle Schlüpflinge sind vollzählig! Ein neues Schildkrötenjahr beginnt.

Literatur

BIDMON, H.-J. (2014): Was tut man, wenn neue Erkenntnisse gängiger Praxis widersprechen und man seine Haltungsbedingungen nicht so einfach ändern kann? Ein Kommentar. – Schildkr. Fokus, Bergheim, **11** (1): 3–14.

BRINGSØE, H., J. R. BUSKIRK & R. E. WILLEMSEN (2001): *Testudo marginata* Schoepff, 1792 – Breitrandschildkröte. – S. 291–334. In: FRITZ, U. (Hrsg.): Handbuch der Reptilien und Amphibien Europas Band 3/IIIA Schildkröten (Testudines) I. – Wiebelsheim (Aula Verlag), 595 S.

BROSDA, A. (2011): Untersuchungen zur Infektion mit Oxyuren bei mediterranen Landschildkröten in menschlicher Obhut und ihr Einfluss auf die Entwicklung juveniler *Testudo graeca*. – Berlin (Mensch & Buch Verlag), 164 S.

BUSKIRK, J. R., C. KELLER & A. C. ANDREU (2001): Testudo graeca Linnaeus, 1758 – Maurische Landschildkröte. – S. 125–178. In: FRITZ, U. (Hrsg.): Handbuch der Reptilien und Amphibien Europas Band 3/IIIA Schildkröten (Testudines) I. – Wiebelsheim (Aula Verlag), 595 S.

CHEYLAN, M. (2001): *Testudo hermanni* GMELIN, 1789 – Griechische Landschildkröte. – S. 179–289. In: FRITZ, U. (Hrsg.): Handbuch der Reptilien und Amphibien Europas Band 3/IIIA Schildkröten (Testudines) I. – Wiebelsheim (Aula Verlag), 595 S.

CHRISTEN, C. (2005): Die posthibernale Anorexie – ein häufig gesehenes Problem in der Tierarztpraxis. – Testudo, Bubendorf, **14** (1): 5–8.

ERLER, M. (2003): Saisonale Veränderungen hämatologischer und blutbiochemischer Werte bei europäischen Landschildkröten (Testudo graeca, Testudo hermanni, Testudo marginata). – Diss., München, 295 S.

FASS, U. (2013): Die Haltung der Steppenschildkröten *Agrionemys horsfieldii*. – Biebertal (Kleintierverlag), 183 S.

FRITZ, C. & B. PFAU (2002): Pflege und Vermehrung der Steppen- oder Vierzehenschildkröte *Testudo horsfieldii*. – Radiata, Haan, **11** (4): 21–41.

FRITZ, U. (Hrsg., 2001): Handbuch der Reptilien und Amphibien Europas Band 3/IIIA Schildkröten (Testudines) I. – Wiebelsheim (Aula Verlag), 595 S.

GEIER, T. (2013): Winterstarre bei Europäischen Landschildkröten. – Biebertal (Kleintierverlag), 199 S.

HERZ, M. (2007): Die Breitrandschildkröte *Testudo marginata*. – Münster (Natur und Tier - Verlag), 64 S.

— (2013): Maurische Landschildkröten *Testudo graeca*. – Münster (Natur und Tier - Verlag), 144 S.

IVANCHEV, I. E. (2007): Überwinterung von *Testudo hermanni* und *Testudo graeca* in der Natur und unter sehr naturnahen Bedingungen in Bulgarien. – Schildkr. Fokus, Bergheim, **4** (2): 3–21.

JENNEMANN, G. (2013): Panzerröte (rote Plastra und Carapaxe) bei Landschildkröten nach der Hibernation – Was sind die Ursachen? – Schildkr. Fokus, **10** (2): 3–22.

KRÜGER, E. (2008): Feuchte Wurzelhöhlen für Schlüpflinge. – Radiata, Lingenfeld, 17 (2): 14–18.

KÖLLE, P. (2008): Die Schildkröte. Heimtier und Patient. – Stuttgart (Enke Verlag), 256 S.

LEONE, C. & A. HERMES (2016): *Testudo marginata*: Haltung und Pflege in verschiedenen Teilen der Vereinigten Staaten, mit Bemerkungen zu möglichen Unterarten. – Radiata, Berlin, **25** (2): 16–44.

MASCORT, R. (2010): Die Schildkröten von Bosnien und Herzegowina: Ein Überblick. – Radiata, Lingenfeld, **19** (1): 35–52.

— (2015): Bemerkungen zu Taxonomie, Verbreitung, Status, Verbreitung, Habitat, geografischer Variabilität, Biologie, Lebensweise und Schutz von *Testudo graeca ibera* PALLAS, 1814 in Südeuropa. – Radiata, Berlin, **24** (3): 3–34.

SASSENBURG, L. (2005): Handbuch Schildkrötenkrankheiten. – 3. Aufl. Ruhmannsfelden (bede Verlag), 127 S.

SCHWEIGER, M. (2014): „Man sieht nur die im Licht sind, die im Dunkeln sieht man nicht." Beobachtungen an *Testudo hermanni* in der Toskana (Italien). – Radiata, Leipzig, **23** (3): 20–35.

TROMMER, W. (2009): Die Iberische Landschildkröte *Testudo graeca ibera*. – Münster (Natur und Tier - Verlag), 64 S.

VETTER, H. (2006): Griechische Landschildkröte, Dalmatinische und Italienische Landschildkröte – *Testudo boettgeri, hercegovinensis* und *hermanni*. – Frankfurt/Main (Edition Chimaira), 327 S.

— (2011): Schildkröten der Welt Band 1. Afrika, Europa und Westasien. – 2. Aufl. Frankfurt/Main (Edition Chimaira), 152 S.

VINKE, T. & S. VINKE (2006): Nach der Winterstarre ist vor der Winterstarre! – S. 69–82. In: DAUBNER, M. & T. VINKE (Hrsg.): *Testudo* – häufig gehaltene Arten – Schildkröten im Fokus Sonderband. – Bergheim (dauvi-Verlag), 160 S.

WEGEHAUPT, W. (2006): Natürliche Haltung und Zucht der Griechischen Landschildkröte. – Kressbronn (Wegehaupt Verlag), 352 S.

WILMS, T. (2004): Die Steppenschildkröte *Testudo horsfieldii*. – Münster (Natur und Tier - Verlag), 64 S.

Internetquellen

BAUR, M. (1999): Die Haltung und Pflege europäischer Landschildkröten. – www.evas-tierparadies.de/service/haltung/baur.pdf

Floragard (2017): Floragard Schildkrötensubstrat. – www.floragard.de/shop/terraristik-aquaristik-und-kleintiereinstreu/floragard-schildkroetensubstrat-6

HIGHFIELD, A. C.& N. HIGHFIELD (2011): Safer hibernation and your tortoise. – www.tortoisetrust.org/articles/newhibernation.html

KRÜGER, E. (2006): Einfluss der Winterstarre auf die Sterblichkeitsrate bei Jungtieren der Gattung Testudo. – www.graeca-home.de/GraecaZUSterblichkeitsrate.htm

Liebherr (2016): blog.liebherr.com/hausgeraete/at/funktioniert-der-kaeltekreislauf-im-kuehlschrank

MEYER DE ROJAS, G. (2014): Nachdenkliches zur Überwinterung. – www.testudowelt.de/?p=7290

— (2017): Datenerhebung zu Todesfällen während der Hibernation 2012 bis 2017 – testudoland.npage.de/datenerhebung2017.html

UDENA, W. (2006): www.udena.ch/wilf/Wintertemperatur-GR.html

Wetter online (2016): www.wetteronline.de

Hennig, A.S.:
Inkubation von Schildkröteneiern,
Frankfurt am Main 2018,
gebunden, ca. 252 Seiten,
zahlreiche Illustrationen.
ISBN 978-3-89973-505-5

Das Buch gibt einen umfassenden und aktuellen Überblick zur Inkubation von Eiern von über 200 in Menschenobhut vermehrten Land- und Wasserschildkrötenarten bzw. -unterarten. Für die mehr als 200 Tabellen mit Angaben zu Gelegegrößen, Bruttemperaturen, Luftfeuchtigkeit, Inkubationsdauer sowie zu verwendeten Brutapparaten und -substraten wurden zahlreiche Publikationen aus mehreren Jahrzehnten sowie bisher unveröffentlichte Zuchtdaten von Schildkrötenfreunden ausgewertet. Zudem geht das Buch ausführlich auf geeignete Inkubatoren, Brutsubstrate und die Geschlechterfixierung ein.

Hennig, A.S.:
Tropfen- & Waldbachschildkröte,
Frankfurt am Main 2016,
kt., 94 Seiten, 90 Farbfotos.
ISBN 978-3-89973-054-8

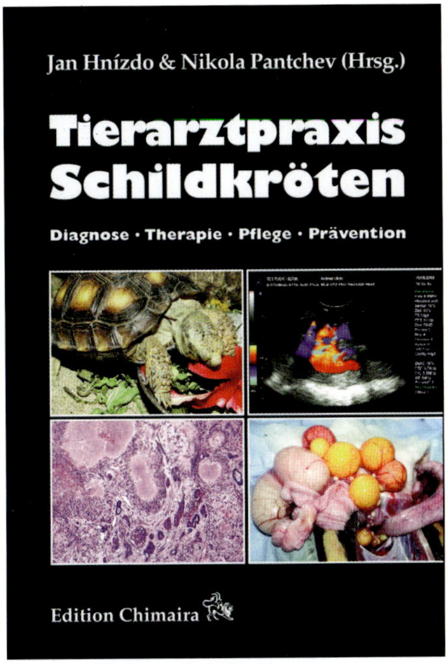

HNÍZDO, J. & N. PANTCHEV
Tierarztpraxis Schildkröten.
Diagnose · Therapie · Pflege · Prävention
Frankfurt 2011,
gebunden, 559 Seiten,
mehr als 600 farbige Illustrationen
ISBN 978-3-89973-492-8

Unter Mitarbeit von Jiri Zych und Ondrej Hes. Mit Kapiteln zu folgenden Aspekten, Anatomie, Haltung und Zucht, Artenschutz, Dietätik, Untersuchungsgang, Radiologie, Ultraschall, CT und MRT, Endoskopie, Labor, Parasiten, Elektronenmikroskopie, Pathologie, Applikation, Anästhesie, Chirurgie, Hospitalisation, Anorexie, URTD, Kardiologie, UATD, Ösophagus, Magen, Pankreas, Darm, Kloake, Leber, Niere, Harnblase, Gynäkologie, Dermatologie, MBDS, Neurologie, Bewegungsapparat, Ophthalmologie, Mykobakteriose, Tumor.

SCHNELLER, P. & N. PANTCHEV
Parasitologie bei Schlangen,
Echsen und Schildkröten.
Ein Handbuch für die Reptilienhaltung.
Frankfurt am Main,
2. korrigierte Auflage 2011,
gebunden, 205 Seiten,
192 meist farbige Abbildungen.
Mit einem Vorwort von Ingo Pauler.
ISBN 978-3-89973-472-0

Vetter, H.:
Panther- und Spornschildkröte.
Stigmochelys pardalis und *Centrochelys sulcata*
Frankfurt, 2. korrigierte Auflage 2018
gebunden, 190 Seiten
120 Farbfotos
ISBN 978-3-89973-501-7

Vetter, H.:
Griechische Landschildkröte.
Testudo hermanni
Frankfurt 2006,
gebunden, 325 Seiten
180 Farbfotos
ISBN 978-3-89973-502-4

Vinke, S. et al:
Südamerikanische Landschildkröten.
Chelonoidis carbonaria, C. denticulata und *C. chilensis*
Frankfurt 2008,
gebunden, 355 Seiten,
285 Farbfotos
ISBN 978-3-89973-503-1

Rogner, M.:
Europäische Sumpfschildkröte.
Emys orbicularis
Frankfurt 2009,
gebunden, 255 Seiten,
150 Farbfotos
ISBN 978-3-89973-504-8